普通高等学校精品教材
基于“课程思政”的高等教育系列教材

数字媒体基础与应用

SHUZIMEITI JICHU YU YINGYONG

主　编　施卫华　虞亚楠　龚小龙
副主编　王　景　任小艳　刘　畅
　　　　浦晨洁　戴靖桐

上海交通大学出版社
SHANGHAI JIAO TONG UNIVERSITY PRESS

内容提要

本书是一本系统介绍数字媒体基础理论和实践的教材，是编者多年来从事数字媒体教学和研究的总结。本书共包括5章，主要内容包括数字媒体的基本概念，人工智能基础，图像编辑工具Photoshop，动画制作工具Animate，网页制作工具Dreamweaver。每章都有学习提要、学习导图，每一小节都有学习内容、学习目标、思政目标和课后练习。书中例题全部配有微课讲解。本书着重于对学生动手能力的培养，将应用场景引入课堂教学，让学生提前进入工作角色。

本书适合作为职业院校公共基础课程的教材，也可作为各类培训学校相关课程的教材，同时还可供数字媒体制作人员、数字影音设计与制作人员等参考。

图书在版编目 (CIP) 数据

数字媒体基础与应用 / 施卫华，虞亚楠，龚小龙主编. —上海：上海交通大学出版社，2025.1.（2026.2重印）—ISBN 978-7-313-32273-9

Ⅰ. TP37

中国国家版本馆 CIP 数据核字第20257B918E号

数字媒体基础与应用

SHUZIMEITI JICHU YU YINGYONG

主　　编：施卫华　虞亚楠　龚小龙
出版发行：上海交通大学出版社　　地　　址：上海市番禺路951号
邮政编码：200030　　电　　话：021-64071208
印　　制：常熟市大宏印刷有限公司　　经　　销：全国新华书店
开　　本：787mm×1092mm 1/16　　印　　张：17
字　　数：392千字
版　　次：2025年1月第1版　　印　　次：2026年2月第2次印刷
书　　号：ISBN 978-7-313-33273-9
定　　价：59.80元

前言

信息技术的发展使人类社会进入了新媒体时代，数字媒体已逐步替代传统媒体形式，成为人们获取信息和发布信息的有效手段，也成为人与人之间快捷交流沟通的利器。

在数字经济快速发展的今天，人才培养面临着新的挑战与机遇。如何抓住当前的产业转型机遇，提升学生的就业能力，成为教育界广泛关注的话题。党的二十大报告明确指出，要加快发展数字经济，促进数字经济和实体经济的深度融合。在这个背景下，为满足市场对高素质应用型人才的迫切需求，特组织了多位具有丰富教学经验的一线教师编写了《数字媒体基础与应用》一书。

本书内容

全书内容分为数字媒体基础、人工智能基础与应用、图像基础与应用、动画基础与应用、网页基础与应用等 5 章，并附 8 份模拟试题。本书注重基础理论知识、秉持技术与艺术两条教学主线相结合，遵循初学者的认知层次，由浅及深、全面系统地介绍了数字媒体的基本原理、知识架构及实践应用。

本书特色

体例新颖，内容丰富：本书采用模块化设计，每章设置“学习目标”和“学习导图”，对章节内容和学习要求一目了然。围绕高等院校“数字媒体基础”课程教学目标精选案例，特别增设了人工智能基础与应用一章。

人工智能，赋能教学：智能时代教育新生态的重构已经开始，未来已来。通过人工智能的赋能，本书力图探索差异化的教、个性化的学，通过人工智能赋能“数字媒体基础”课程教学。

立德树人，思政引领：本书精心设计，因势利导，每章设置“思政目标”，以巧妙的方式融入思政元素，弘扬中华优秀传统文化，体现人类文化积累和创新成果，坚定文化自信，传承大国工匠精神，培养学生的职业素养和创新意识。

产教融合，理实一体：本书探讨了图像、动画、视频类媒体数字化的基本原理，通过实践体验掌握各种数字媒体的获取和处理方法，以及多种媒体的集成和发布，并探索了数字媒体在信息社会中的应用与发展。

配套资源，新型立体：本书配有丰富的教学资源，微课资源可扫描书中二维码，教学素材、实例、课件等均已上传，可联系邮箱 744414891@qq.com 免费下载，以便于教师组织教学、学生自主学习。

本书创作团队

本书由上海交通职业技术学院施卫华、上海农林职业技术学院虞亚楠、上海科创职业学院龚小龙任主编，上海建设管理职业技术学院王景，上海科学技术职业学院任小艳、浦晨洁，上海电影艺术职业学院刘畅、戴靖桐任副主编。

在编写过程中，编者参阅了大量的书籍、文献和网络资料，在此向所有资源的作者表示衷心的感谢，同时感谢所有对本书写作和出版提供帮助的人。

本书虽经多次勘校，限于时间与精力，加之编者水平有限，书中定有未尽与不妥之处，希望广大读者不吝指正，我们将在再版时予以修正。

编者

2024 年 10 月

素材资源　　客观题参考答案

目录

第 1 章　数字媒体概述

学习提要

知识目标：掌握数字媒体技术的基本理论和实践技能，了解数字创意产业的发展趋势和前沿技术。

能力目标：具备独立分析和理解数字媒体技术的发展现状和趋势的能力，能够运用所学知识解读数字媒体创意作品。

思政目标：培养学生的创新意识、团队合作精神和良好的职业道德，提高学生的综合素质和职业素养。

重点提示：数字媒体、数字媒体技术、数字媒体的表示与存储。

学习导图

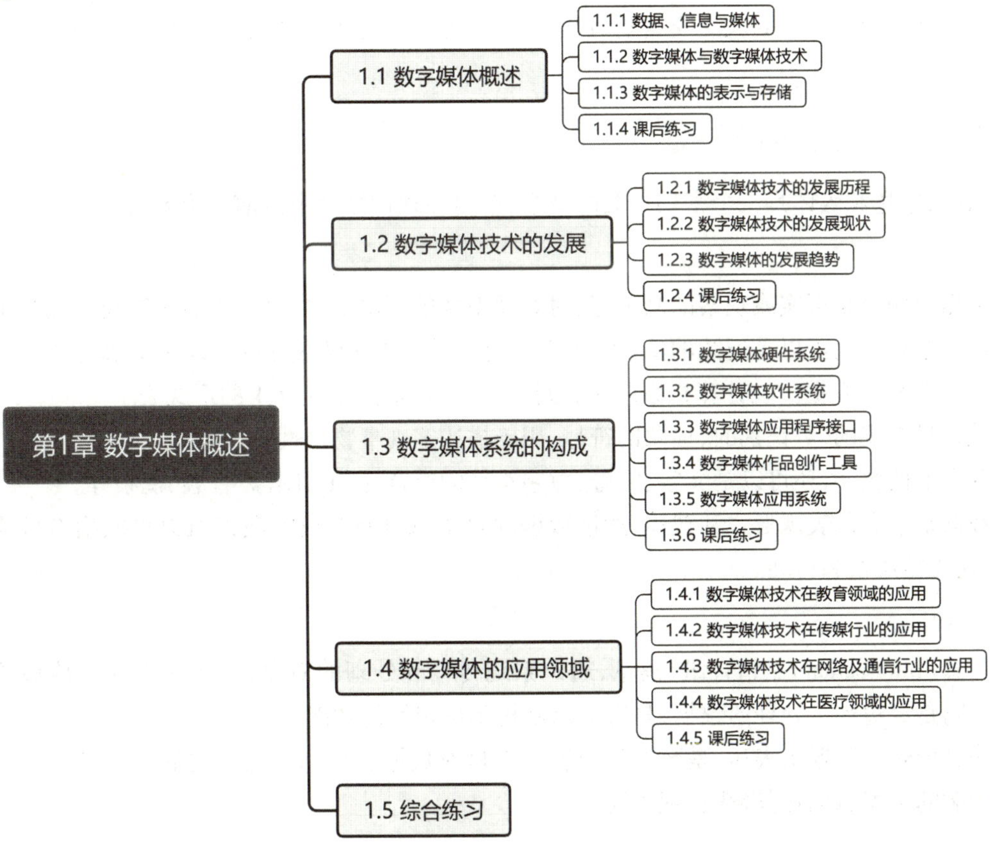

数字媒体是以信息科学和数字技术为主导,以大众传播理论为依据,以现代艺术为指导,将信息传播技术应用到文化、艺术、商业、教育和管理领域的科学与艺术高度融合的综合交叉学科。数字媒体包括图像、文字、音频、视频等各种形式,以及传播形式和传播内容中采用数字化,即信息的采集、存取、加工和分发的数字化过程。数字媒体已经成为继语言、文字和电子技术之后最新的信息载体。

1.1 数字媒体概述

学习内容

✧ 了解媒体、数字媒体的内涵及特性;

✧ 了解数字媒体的研究及应用开发领域。

学习目标

✧ 掌握数字媒体及其分类;

✧ 理解数字媒体的表示与存储。

思政目标

✧ 具备国际视野和跨文化交流能力,能够适应全球化背景下的数字媒体工作环境。

1.1.1 数据、信息与媒体

数据、信息和媒体是三个密切相关的概念,各自在现代社会中扮演着重要角色。

1. 数据

数据(Data)是事实或观察的结果,是对客观事物的逻辑归纳,是用于表示客观事物的未经加工的原始素材。它可以是连续的值(如声音、图像),称为模拟数据;也可以是离散的值(如符号、文字),称为数字数据。在计算机系统中,数据以二进制信息单元0、1的形式表示。

数据是客观的、可识别的、抽象的符号,用于描述客观事物的性质、状态以及相互关系。它不仅指狭义上的数字,还可以是文字、字母、数字符号的组合、图形、图像、音频、视频等。

数据是信息的表现形式和载体,通过数据的收集、处理和分析,我们可以提取出有价值的信息,进而支持决策和行动。

2. 信息

信息(Information)是指音讯、消息、通讯系统传输和处理的对象,泛指人类社会传播的一切内容。它是经过加工处理的数据,具有消除随机不确定性的功能。

信息依赖于数据来表达,是数据的内涵。它是对数据进行加工处理之后所得到的并对决策产生影响的数据,具有逻辑性和观念性。

信息是决策和行动的基础。通过获取、识别和利用信息，人们可以更好地认识和改造世界。

3. 媒体

媒体(Media)一般指信息在传递过程中，从信息源到信息接受者之间，承载并传递信息的载体和工具。它可以是实体媒体，如书籍、报纸、电视等，也可以是数字媒体，如互联网、社交媒体等。媒体是信息的载体，用于记录和传播信息，包括实物载体和逻辑载体。实物载体是指承载信息的物体，如纸张、磁盘、内存、U 盘等。逻辑载体是指由人类发明创造或定义的用于记录和表示信息的载体，如文字、符号、条形码等。

媒体具有多样性、互动性、实时性等特点。随着科技的发展，媒体形式也在不断变化，新媒体的兴起为人们提供了更多获取和传播信息的途径。

媒体在信息传播中起着至关重要的作用。它能够将信息快速、准确地传递给目标受众，促进信息的交流和共享。

国际电话电报咨询委员会(CCITT)把媒体分成以下 5 类：感觉媒体、表示媒体、显示媒体、存储媒体和传输媒体(见图 1-1-1)。

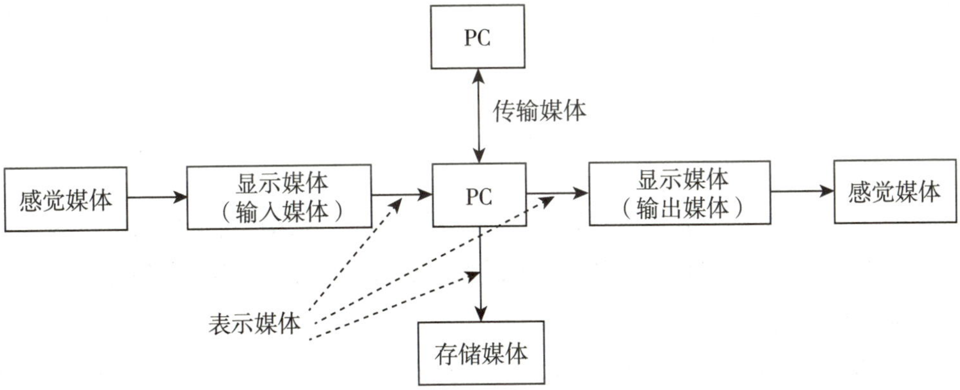

图 1-1-1　5 类媒体

(1) 感觉媒体。感觉媒体指直接作用于人的感觉器官，使人产生直接感觉的媒体，如可以引起人的视觉反应的文本、图形、图像等，可以引起听觉反应的声音等。

(2) 表示媒体。表示媒体是为了加工处理和传输感觉媒体而人为研究、构造出来的一种媒体，如为了计算机存储定义的文本编码(ASCII 码、汉字机内码等)，为了存储或传输图像定义的图像编码(JPEG、GIF 等)，以及用于产品标识的条形码等。

(3) 显示媒体。显示媒体指用于电信号和感觉媒体之间进行信息转换的媒体，一般指进行信息输入输出的媒体，如键盘、鼠标、扫描仪、话筒、摄像机等为输入媒体；显示器、打印机、喇叭等为输出媒体。

(4) 存储媒体。存储媒体指用于存储某种媒体的物理介质，如硬盘、软盘、磁盘、光盘、内存等。

(5) 传输媒体。传输媒体指传输某种媒体的物理介质，如电话线、电缆、光纤等。

总体来说，数据、信息和媒体是相互关联、相互作用的。数据是信息的表现形式和载体，信息是数据加工处理后的结果，而媒体则是信息传播的媒介。三者共同构成了现代社会信息传播的基础和框架。

1.1.2 数字媒体与数字媒体技术

1.1.2.1 数字媒体

1. 概念

数字媒体是指以数字化的形式获取、记录、存储、处理和传播信息的载体,这些载体包括数字化的文字、图形、图像、声音、视频影像和动画等感觉媒体,以及表示这些感觉媒体的编码,通称为逻辑媒体,也包含存储、传输、显示逻辑载体的实物载体。

2. 分类

根据属性特点的不同,数字媒体有以下几种分类:

按时间属性分,数字媒体可分成静止媒体(Still Media)和连续媒体(Continues Media)。静止媒体是指内容不会随着时间而变化的数字媒体,比如文本和图片。连续媒体是指内容随着时间而变化的数字媒体,比如音频、视频、虚拟图像等。

按来源属性分可分成自然媒体(Natural Media)和合成媒体(Synthetic Media)。自然媒体是指客观世界存在的景物,如声音、环境等经过专门的设备进行数字化和编码处理之后得到的数字媒体,比如数码照片、数字影像、数字音乐、数字电影电视等。合成媒体是指以计算机为工具,采用特定符号、语言或算法表示的由计算机生成(合成)的文本、音乐、语音、图像和动画等,比如用3D制作软件制作出来的动画角色。

按组成元素来分,可以分成单一媒体(Single Media)和多媒体(Multi Media)。顾名思义,单一媒体指单一信息载体组成的媒体,而多媒体指多种信息载体的表现形式和传递方式。

1.1.2.2 数字媒体技术

数字媒体技术是实现数字媒体的表示、记录、处理、存储、传输、显示、管理等各个环节的软硬件技术,一般分为数字媒体表示技术、数字媒体存储技术、数字媒体创建技术、数字媒体显示技术以及数字媒体管理技术等。

简单来讲,数字媒体技术一般就是指多媒体技术,是由数字技术支持的信息传输载体,其表现形式更复杂,更具视觉冲击力,更具有互动特性。其一,由于数字媒体采用二进制数记录信息,而不是用物理量记录信息,因此在信息的存储、传递和再现过程中不会失真。其二,可以采用数字压缩技术对数字信息进行压缩和解压缩,从而减少信息的存储容量和传输时间。其三,数字媒体可以方便地借助相应软件进行复制、创新编辑等。

数字媒体技术有集成性、交互性和数字化等主要特点。集成性是指结合文字、图形、图像、声音、视频、动画等各种媒体的一种应用,并且是建立在数字化处理的基础上的。交互性是数字媒体技术的主要特征,且数字媒体系统的最终用户界面必须是人机交互式,这也正是它和传统媒体最大的不同。通过交互,用户可以按照自己的意愿来进行主动选择和控制,更可借助这种交互式的沟通来帮助用户进行思考,以达到增进知识及解决问题的目的。而传统媒体只能单向地、被动地传播信息。数字化是指数字媒体技术必须由计算机控制,必须以数字化的形式存储、记录、变换、传递和再现。

小·贴士

数字媒体技术与中国传统文化的融合

数字媒体技术的发展为文化遗产保护、文化创意产业发展提供了新的手段和路径，实现了技术与文化的深度融合。

1. 数字化保存与修复

通过高精度扫描、3D 建模等技术，对文物进行数字化保存和修复，避免文物因自然因素或人为因素而损坏（见图 1-1-2）。

图 1-1-2　故宫博物院数字文物库

2. 虚拟展示与传播

利用虚拟现实、增强现实等技术，将文化遗产以虚拟展览、互动体验等方式呈现给观众，打破时间和空间的限制，提高文化遗产的展示效果和传播范围（见图 1-1-3）。

图 1-1-3　虚拟展示与传播

小贴士

3. 文化创意产品开发

基于文化遗产的数字资源，开发具有文化内涵和创意价值的数字产品，如数字动画、互动游戏等，丰富文化遗产的呈现方式和利用价值，提升民族文化自信（见图 1-1-4）。

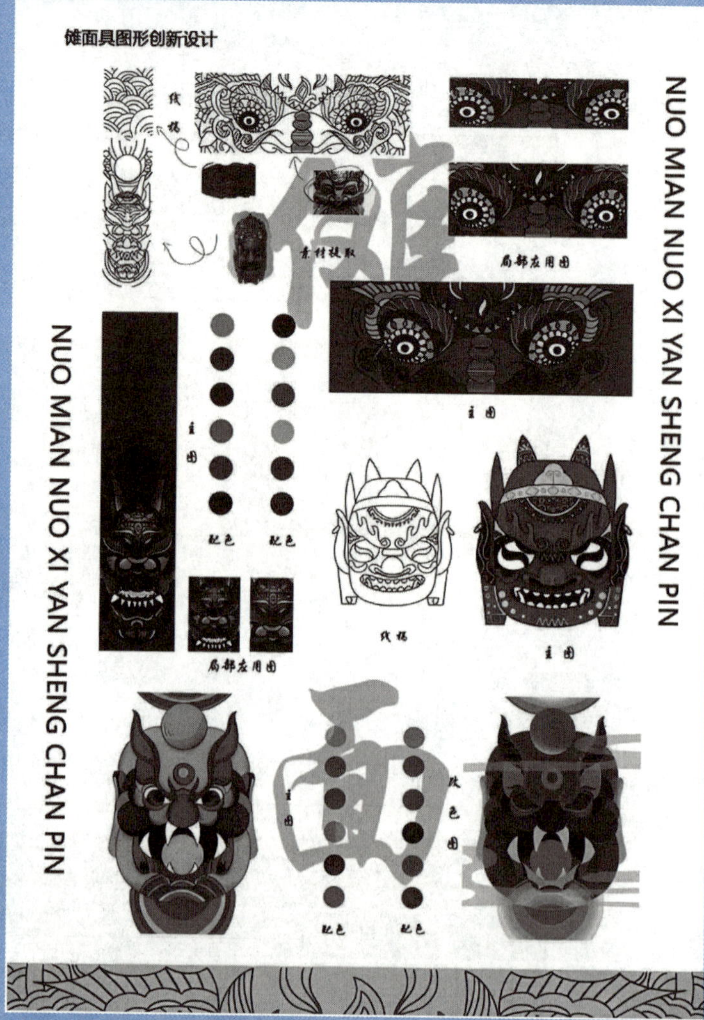

图 1-1-4　文化创意产品开发与贵州傩戏

1.1.3　数字媒体的表示与存储

计算机中的信息以二进制形式进行存储，数字媒体也是一样。本小节从文本、图形、图像、声音、动画与视频的表示与存储进行阐述，并介绍数字媒体的数字水印技术和数字媒体传输技术。

1.1.3.1　文本的表示与存储

在数字媒体时代，文本作为信息传递的基本单位，其表示、存储、处理、显示、安全、传输及格式规范等方面均扮演着至关重要的角色。汉字从录入到计算机中一直到打印输出，至少需要设计三种编码，包括汉字输入码、机内码和字形码。

1. 文本编码

文本编码是将字符转换为计算机可识别和处理的数字形式的过程。不同的编码标准支持不同的语言和字符集的表示，是实现文本信息跨平台、跨国界交流的基础。

（1）ASCII（American Standard Code for Information Interchange）：最早的字符编码标准，主要支持英文字符和少量特殊符号，采用 7 位二进制数表示，共 128 个字符。

（2）Unicode：一种全球字符编码标准，旨在为世界上所有的文字和符号提供一个统一且唯一的编码，由 Unicode 联盟开发和维护，该联盟是一个非营利组织，成员包括主要的计算机公司和其他对字符编码感兴趣的机构。Unicode 的目标是解决在多语言环境下不同编码系统之间的兼容性问题，促进全球信息的交换。

（3）UTF-8（Unicode Transformation Format-8 bits）：Unicode 是一种可变长度字符编码方式，用 1 到 4 个字节表示每个符号，兼容 ASCII 编码，是互联网上使用最广泛的编码方式之一。

（4）GBK/GB2312/GB18030：中国国家标准下的字符编码体系，其中 GB18030 是扩展版本，支持包括繁体中文在内的几乎所有汉字和符号，是中文环境下常用的编码方式之一。

2. 文本显示和存储

文本显示是将存储在计算机中的文本数据通过显示器或其他输出设备呈现给用户的过程，包括选择合适的字体、字号、颜色等，以确保文本内容的清晰可读和视觉美感。随着数字媒体技术的发展，文本显示方式也日益丰富，如富文本编辑、动态文本展示等。

文本存储是将编码后的文本数据保存在计算机存储介质（如硬盘、内存、闪存等）上的过程。根据不同的应用场景，文本数据可能以纯文本文件、数据库记录、XML/JSON 格式等多种形式存在，有效的文本存储管理对于数据的安全性和访问效率至关重要。数字媒体中的文本表示与存储涉及多个方面，这些方面的协同发展推动了信息处理的智能化和高效化。

1.1.3.2 图像的表示与存储

图像也称位图图像，是由被称作像素的单个点组成的。数字图像是通过记录像素点的颜色信息来记录图像的。每个像素的颜色表示有三种方法，包括真彩色、伪彩色和直接色。PPI（Pixel Per Inch）即每英寸的像素点数，它是决定图像分辨率的主要因素。PPI 值越大，图像分辨率就越高。同样一幅图，像如果分辨率越高，记录该图像所使用的像素点数就越多，图像就越清晰。

黑白图像主要包括二值图像和灰度图像，如图 1-1-5 所示。二值图像即图像的每一个像素只有两种可能的取值，即 0 或 1，人们经常用黑白、B&W、单色图像表示二值图像。

图 1-1-5 二值图像和灰度图像

彩色图像的 RGB 颜色采用三维直角坐标系，用红（red）、绿（green）、蓝（blue）三种分量来表示任何一种颜色的色彩模型。任意色光 F 都可以用 R、G、B 三色不同分量的相加混合而成：F=r[R]+g[G]+b[B]。r、g、b 分别表示 R、G、B 三种色光的比例。三种色光等比例混合如图 1-1-6 所示，红光和绿光混合为黄色，红光和蓝光混合为品红，蓝光和绿光混合为青色，红光、绿光和蓝光混合为白光。RGB 色彩模型通常采用如图 1-1-7 所示的三维立方体来表示。

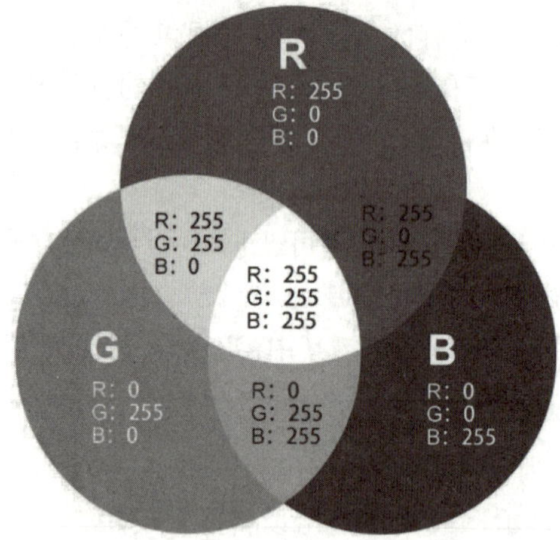

图 1-1-6　RGB 颜色的色彩模型

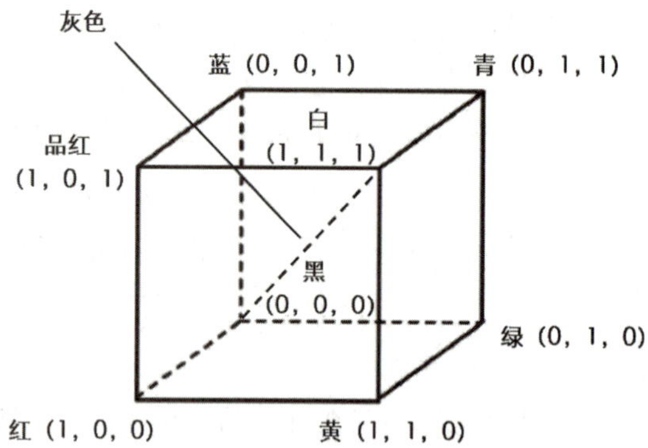

图 1-1-7　RGB 色彩模型

1.1.3.3　图形的表示与存储

图形是通过指令来记录图的，一般是用图形软件或程序设计生成，它是由计算机制作生成的媒体。图形也被称为矢量图，矢量图形是由被称作矢量的数学对象定义的直线和曲线构成的，由计算机绘制的直线、圆、矩形、曲线、图表等。

矢量图形是按照矢量图形标准记录的构成图形的元素。图像记录的是一个个像素点信息。通常情况下，矢量文件大小与图形中图素的个数以及图素的复杂程度成正比，与图形的面积大小无关。图像的大小与分辨率成正比。通常图形存储空间与图形的复杂程度有关，而图像则与分辨率有关。

在显示方面，矢量图形非常利于图形的各种变换，如图形的放大、缩小和旋转等，并且这种变换不会增加图形的数据量，而图像经过放大、缩小等则会失真。矢量图形适用于描述轮廓不是很复杂、色彩不是很丰富的对象，如几何图形、工程图纸、CAD、3D 造型软件等。

JPEG 是 Joint Photographic Experts Group（联合图像专家小组）的缩写，国际标准化组织和国际电报电话咨询委员会联合成立的联合图像专家小组于 1991 年 3 月制定了 JPEG 标准，即连续色调静态图像的数字压缩和编码。JPEG 是一种支持 8 位和 24 位色彩的压缩位图格式，适合在网络上传输，是目前流行的图形文件格式。JPEG 压缩标准应用了人眼的视觉和心理特征，在彩色模型上采用亮度与色差模型，在编解码算法上采用多种压缩编码，因而具有较大的压缩比。

1.1.3.4　声音的表示与存储

计算机或电子设备中的声音来源于两种渠道，一种是模拟声音通过数字化得到的波形声音，一种是利用合成设备合成的电子音频。

1. 波形音频

声音从物理学上讲是一种声波，声波的波形是正弦波。音调也称音高，表示人耳对声音调子高低的主观感受。客观上音高大小主要取决于声波基频的高低，频率高则音调高，反之则低，频率的单位用赫兹（Hz）表示。

声音的音量主要取决于声波的振幅。振幅越大，声音的音量就越大。

现实中的声音信号是模拟信号，它表现为正弦波形式。模拟信号是在时间和数值上连续变化的一类信号。模拟信号利用对象的一些物理属性来表达、传递信息。例如，非液体气压表利用指针螺旋位置来表达压强信息。在电学中，电压是模拟信号最普遍的物理参数。除此之外，频率、电流和电荷也可以被用来表达模拟信号。

数字信号是在时间和数值上不连续变化的一类信号。数字信号用离散时间信号的数字化表示，通常可由模拟信号获得。

采样频率越高，则采样后的采样点排列越密集，得到这种脉冲序列值越接近原信号，或者说明脉冲序列表示的原信号失真越小，它可恢复的音频信号分量越丰富，其声音保真度越好（见图 1-1-8）。这样看来，采样频率越高，声音越接近原始信号。但采样频率的提高，将对同一长度的信号增加采样点，进而增加了数字处理的运算量。如果采样频率太低，就会产生信息丢失，在恢复信号时会产生失真。例如，如果电影画面每秒钟只保留一幅画面，就会影响到画面播放的流畅性。为了既减少采样点和数据量，又能使采样后的信号不失真，选择合适的采样频率非常关键。瑞典科学家奈奎斯特和美国数学家香农经过研究得出了重要的采样定理。

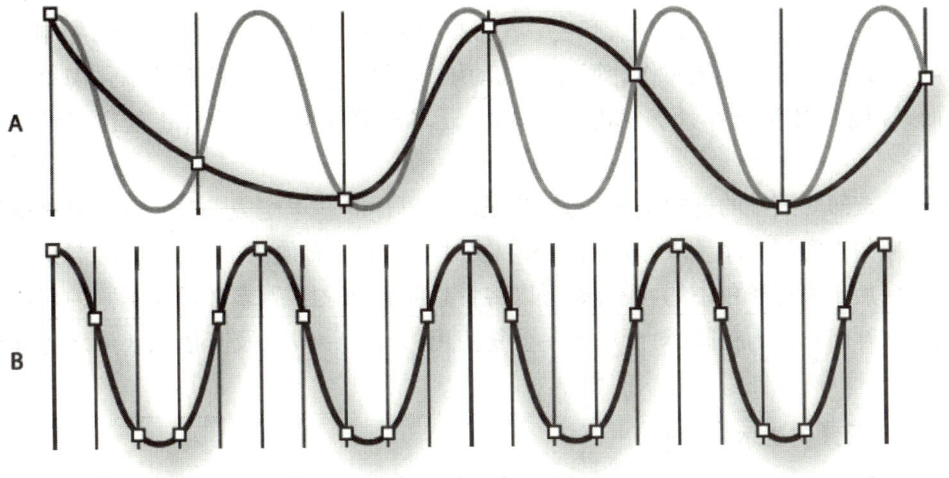

图 1-1-8　两个采样频率

采样定理说明了一个频带限制在 0~fm（信号最高频率）之间的低通模拟信号能被一个离散取样序列所替代而不会有任何信息的丢失，还描述了如何从取样中重建原始的连续信号，并且进一步指出：fs（采样频率）必须至少是 fm 的两倍，即 fs≥2fm，才能不失真地从采样值恢复出原始信号。

模拟音频经过采样、量化、编码转变为数字音频，为了获得高质量的数字音频，必须提高采样的分辨率和频率，以采集更多的信号样本。然而采样数越多，音频数据量也就越大。音频数字化的过程中,其数据传输率与在计算机中的实时传输有直接关系。对于无压缩的数字音频来说,数据传输率按如下公式计算:数据传输率=采样频率×量化位数×声道数。

2. 合成声音

在计算机中,电子音乐也被称为 MIDI(Musical Instrument Digital Interface,乐器数字接口)音乐,它是一个由世界主要电子乐器制造厂商建立起来的通信标准,并于 1988 年正式提交给 MIDI 制造商协会,成为数字音乐的一个国际标准。MIDI 音乐记录的是 MIDI 指令,是由计算机、MIDI 设备和软件构成的 MIDI 系统产生的,所以它属于计算机生成的媒体。

MIDI 音乐合成的方法主要有两种,即频率调制合成法和波形表合成法。频率合成的本质是用数学模型描述乐音波形。由于乐音的波形是周期性的曲线,无论它多复杂,在任一时刻都可以分解成一系列正弦曲线的叠加,在这些波中,有基波和谐波,找到生成这些波的方法,并且将其用数字的方法合成乐音是数字乐音频率合成的核心。波形表合成法的原理,首先采集乐器一个或多个周期的波形作为基础,确定其周期的起点和终点,并且对该采样波形的振幅进行处理和测试,以满足声音回放的要求。然后用传统的包络来模拟乐器自然演奏时的效果,必要时进行滤波处理,把波形和相应的合成系数写入电子合成器的 ROM 存储器或软波表中。

1.1.3.5 动画的表示与存储

根据视觉空间的不同,数字动画分为二维动画与三维动画。当前研究的动画理论不局限于视觉暂留,更进一步研究画面和色彩。

在二维动画中,计算机起辅助作用,其中包括:输入和编辑关键帧,计算和生成中间帧,定义和显示运动路径,交互式给画面上色,产生一些特技效果,实现画面与声音的同步,控制运动系列的记录等。三维动画之所以被称作计算机生成动画,是因为参加动画的对象不是简单地由外部输入的,而是根据三维数据在计算机内部生成的,运动轨迹和动作的设计也是在三维空间中考虑的。

动画软件按照时间帧的播放实现动画,帧是动画影片的基本组成部分,Flash 影片播放的过程就是每一帧的内容按顺序呈现的过程。每一帧对应一幅静态的画面,其画面绘制是在图层上进行的。图层用于管理舞台中的元素,如可以将背景元素和文字元素放置在不同的层中。可以通过实现形状补间和动画补间,对于动画中重复使用的动画片段以及其他元素可以将其制作成元件,放在元件库中,方便以后每次使用。

1.1.3.6 视频的表示与存储

视频是由现实世界捕获的运动画面和伴随画面所捕获的音频信息的总称。数字视频是以数字形式记录的视频,它通过数字摄像机拍摄,也可以通过模拟视频信号经模拟/数字(A/D)转换采集获得。模拟图像数字化需要经过三个步骤:模拟信号采样、量化处理以及压缩编码。

S-Video 是一种两分量的视频信号,它把亮度和色度信号(U,V)分成两路独立的模拟信号,用两路导线分别传输并可以分别记录在模拟磁带的两路磁轨上。这种信号不仅其亮度和色度都具有较宽的带宽,而且由于亮度和色度分开传输,可以减少互相干扰。

对模拟彩色视频采样,通常采用色差模型,其亮度信号 Y 和色差信号 Cr、Cb 的采样频率可以相同,也可以不同。当对色差信号的采样频率低于亮度信号的采样频率时,这种采样称为子采样。子采样利用了人眼对亮度敏感、对色差不敏感的特点,减少视频采样的信息量,起到数据压缩的作用。因此,子采样是最简单和最起码的视频图像压缩方法。

视频文件大小=视频编码率×影片总长度(字节)

视频编码率=帧频×每一帧图像分辨率×量化位数/8(字节/s)

视频文件大小=影片总长度×帧频×每一帧图像分辨率×量化位数/8(字节)

1.1.4 课后练习

1.1.4.1 选择题

(1)在以下所采集的波形中,声音质量最好的是(　　)。

A. 单声道、16 位量化、22.05kHz 采样频率

B. 双声道、16 位量化、44.1kHz 采样频率

C. 双声道、8 位量化、44.1kHz 采样频率

D. 单声道、8 位量化、22.05kHz 采样频率

(2)汉字从录入到计算机中一直到打印输出,至少涉及三种编码,包括汉字输入码、(　　)和字形码。

A. BCD 码　　B. ASCII 码　　C. 机内码　　D. 区位码

(3)模拟视频信号转换为数字视频信号的过程称为(　　)转换。

A. D/A　　B. S/M　　C. M/S　　D. A/D

(4)在数字媒体领域,图形也被称为(　　),是指由计算机绘制的直线、曲线、圆、矩形和图表等。

A. 矢量图　　B. 灰阶图　　C. 二值图　　D. 位图

(5)在 RGB 模型的图像中,白色所对应的红绿蓝颜色分量值分别为(　　)。

A. 255,255,255　　B. 255,255,0　　C. 255,0,0　　D. 0,0,0

1.1.4.2 判断题

(1)动画与视频是利用了人眼的视觉暂留特征的数字媒体。(　　)

(2)数字化后的多媒体数据中存在着大量的冗余数据,图像画面在空间上存在大量相同的色彩信息,被称为时间冗余。(　　)

(3)在计算机中,电子音乐被称为 MIDI 音乐,MIDI 是一种数字乐器接口标准。(　　)

(4)常见的音频文件格式有 WAV、MID、MP4 和 WMF 等。(　　)

(5)数字视频文件格式很多,压缩编码方式各不相同,不同的文件格式需要相应的解码器进行解码播放。(　　)

1.2 数字媒体技术的发展

学习内容

✧ 掌握数字媒体技术的基础理论;

✧ 了解数字媒体行业的前沿动态和发展趋势。

学习目标

✧ 掌握数字媒体的传输技术。

思政目标

✧ 引导学生关注社会热点问题，利用数字媒体技术为社会发展贡献力量。

1.2.1　数字媒体技术的发展历程

数字媒体技术的发展历程可以分为三个阶段：

第一，基础阶段。20 世纪 80 年代至 90 年代初期，这个阶段主要是建立数字技术的初步发展理论，包括数字音频技术、数字视频技术、数字图像技术等基础技术的研究和应用。

第二，应用阶段。20 世纪 90 年代中期至 21 世纪初期，数字媒体技术开始广泛应用于电影、电视、广告、游戏等行业，产生了数字电影、数字电视、网络视频、移动媒体等应用。

第三，整合阶段。21 世纪初期至今，数字媒体技术开始向多媒体整合方向发展，包括多媒体信息的数字储存、数字传输和数字处理等技术的融合，形成了数字出版、数字内容制作等新兴领域。

1.2.2　数字媒体技术的发展现状

伴随计算机技术以及互联网的快速发展和普及，现阶段已经逐渐形成一种“万物皆媒”的新环境，这对于数字媒体技术的发展具有很大的促进作用，也让数字媒体技术得到了更加广泛的运用。数字媒体技术的发展现状表现在以下几个方面：

小贴士

数字媒体技术提升国家文化软实力

创新驱动发展。在数字创意产业中，创新是推动发展的核心动力。通过运用数字媒体技术，不断推动文化创新和产品创新，才能保持产业的活力和竞争力。

提升国家文化软实力。数字媒体技术在提升国家文化软实力中发挥着重要作用。通过加强技术研发和应用推广，提高我国在国际文化交流中的地位和影响力，对实现中华民族伟大复兴具有重要意义。

1. 数字水印技术

数字水印技术（Digital Watermarking）的基本思想是将经过适当变换后的特殊信息（数字水印），利用数字嵌入的方法隐藏在载体对象（数字作品）中。水印信息可以是 ID 序列号、签名、图章、商标、图片等权利人身份标识或其他具有特定意义的内容，用来标明作品的来源、版本、著作者、出版者、发行者、日期、权限等权利管理信息。数字水印技术可以保护信息安全、实现防伪溯源、实现版权保护等。

2. 数字媒体的压缩与编码

在当今数字化信息时代，数字技术已经成为人们日常生活中不可或缺的一部分。无论是视频、音频还是图像，它们都是数字媒体的重要组成部分。然而，由于数字数据量庞大，为了更好地存储、传输和展示，就需要对其进行编码和压缩。

首先，数字编码是将原始的数字数据转换成数字信号的过程。在视频方面，常见的编码标准有 H. 264、H. 265、VP9 等，它们通过对视频进行帧间预测、变换编码和熵编码等技术，实现了对视频数据的高效压缩。而在音频方面，AAC、MP3、Opus 等编码标准也起到了类似的作用。这些编码标准的出现，大大提高了数字数据的传输效率和存储空间利用率。

其次，数字压缩是指通过编码技术将数字数据压缩到更小的体积，以便于存储和传输。在视频压缩方面，除了编码标准外，还有 MPEG-2、MPEG-4 等压缩标准，它们通过去除冗余信息和利用人眼视觉特性来减小视频数据量。在音频压缩方面，除了编码标准外，还有 ADPCM、PCM 等压缩标准，它们通过减小采样率和量化精度来减少音频数据量。通过应用这些压缩标准，数字数据在存储和传输时占用的空间大大减小。

总的来说，数字编码及压缩标准在数字化信息时代起到了至关重要的作用。它们不仅提高了数字数据的传输效率和存储空间利用率，还为人们的日常生活带来了便利。随着技术的不断发展，相信数字编码及压缩标准会变得更加高效和先进，为人们的数字体验带来更多的惊喜。

3. 数字媒体传输技术

数字媒体传输技术是指利用网络将音频、视频等数字数据传输到远程设备的技术，广泛应用于视频会议、实时直播、在线教育、远程医疗等领域，而这些完全依赖于流媒体传输技术的发展。

流媒体技术是一种实现数字媒体实时传输的技术，技术发展的基础在于数据压缩技术和缓存技术。其特点是能够快速地在接收端进行播放，而无需等待整个文件下载完毕。流媒体技术通过将数字数据分割成一系列小的数据包，并以流的方式通过网络传输，使接收端能够边接收边播放。

在流媒体传输中，常用的协议有实时流协议（RTSP）、实时传输协议（RTP）和实时传输控制协议（RTCP）等。RTSP 是一种由客户端和服务器共同协作的协议，用于控制流媒体的传输，RTP 负责实际传输音视频数据，RTCP 用于监控网络状况和提供反馈信息。

与传统下载方式相比，流媒体技术具有快速启动、较低的延迟和较好的用户体验等优势。它将连续的视频和声音经过压缩后，放在网络媒体服务器上，让用户边下载边收看。用户无需等待整个文件下载完毕，即可实时收看音视频内容。此外，流媒体技术还支持多种压缩格式和编码标准，以适应不同的网络环境和终端设备的需求。

1.2.3 数字媒体的发展趋势

随着数字技术的快速发展，数字媒体技术在各个领域发挥着越来越重要的作用。数字媒体技术涉及计算机科学、通信技术、图像处理、音频处理等多个技术领域，可以为用户带来更好的媒体体验和互动效果。从社交媒体到在线视频，从虚拟现实到增强现实，数字媒体正在以前所未有的速度改变着我们的世界。目前，数字媒体的发展趋势可以总结为以下几个方面。

第一，数字媒体将与更多的计算机技术结合起来，实现更加宽泛的网络化应用。比如，数字媒体与科学研究结合起来,将复杂抽象的科研内容转化为具体形象的图形或者动画信息。此外,数字媒体与远程传输技术相结合,可实现远程信息传播、远程处理事务、远程沟通交流等。由此可见,数字媒体与其他技术相结合是未来计算机技术发展的主流趋势之一。

第二,数字媒体改革的另一个趋势是更加家庭化。将数字媒体封存在数字媒体终端里,应用在家用电器中,可以使得电器更加自动化、人性化。家用计算机的普及,进一步促进了数字媒体的家庭化进程。此外,将数字媒体带入工作、学习、生活中,能够使更多的人接触到数字媒体,进一步推动数字媒体的发展进程。

第三,人工智能和大数据技术将为数字媒体提供强大的支持。数字媒体技术结合人工智能可以提供更智能化的产品和服务。例如,通过人工智能技术可以实现语音识别和图像识别,用户可以通过语音或图像与设备进行交互。人工智能和大数据技术还可以用于智能推荐系统,根据用户的偏好和历史数据为用户推荐个性化的内容。

第四,虚拟现实和增强现实技术也将成为数字媒体的重要发展方向。这两种技术能够提供沉浸式的体验,用户能够更加深入地参与到内容中,为媒体内容生产带来无限的可能性。虚拟现实技术是一种可以模拟和创造虚拟场景的技术。随着硬件设备的不断进步和成本的降低,虚拟现实技术的应用领域越来越广泛。虚拟现实技术可以在游戏、教育、医疗等领域中提供沉浸式的体验,增强用户的参与感和观看体验。增强现实技术是将虚拟场景与现实世界叠加在一起的技术。通过增强现实技术,用户可以在现实世界中看到虚拟对象。增强现实技术在游戏、广告、建筑等领域有着广泛的应用。随着智能手机和平板电脑的普及,增强现实技术也越来越受到关注。

数字媒体的发展趋势是多元化、个性化和沉浸式的,能为用户带来更好的媒体体验和服务。同时,数字媒体技术也将对社会和经济产生深远的影响,推动数字经济的发展。随着技术的不断进步,数字媒体技术有望在更多领域中得到应用,为人们创造更美好的生活。

1.2.4 课后练习

1.2.4.1 选择题

(1)目前常用的新型身份识别技术有指纹识别、虹膜识别、(　　)等。

A. 空间识别　　B. 动作识别　　C. 笔画识别　　D. 人脸识别

(2)(　　)不属于数字水印所能提供的功能。

A. 防伪　　B. 美观　　C. 版权保护　　D. 保护信息安全

(3)把连续的影视和声音信息经过压缩后,放到网络媒体服务器上,让用户边下载边收看,这种技术称为(　　)。

A. 网络信息传输技术　　B. 流媒体技术

C. 媒体技术　　D. 网络媒体技术

(4)数字信号传输时,传送速率 bps 是指(　　)。

A. 每秒传输的字节数　　B. 每分钟传输的字节数

C. 每分钟传输的位数　　D. 每秒传输的位数

(5)流媒体技术的基础是数据压缩技术和(　　)。

A. 解压缩技术　　B. 传输技术　　C. 缓存技术　　D. 网络技术

1.2.4.2 判断题

(1) Windows 10 系统中有一个 Cortana(小娜)搜索框,是微软发布的一款个人智能助理,也是微软在数字机器学习和人工智能领域的尝试。 ( )

(2) 数字媒体的数据压缩是在确保还原信息质量能满足要求的前提下,采用代码转换或消除信息冗余量的方法实现对采样数据量的大幅缩减,从而减少数字媒体所占的存储空间和传输数据量。 ( )

(3) 数据可视化是指将一些抽象的数据以图形图像的方式来表示,并利用数据分析和开发工具发现其中未知信息的处理过程。 ( )

(4) 设置帧频就是设置动画的播放速度,帧频越大,播放速度越快。 ( )

(5) 利用支付宝刷脸支付,这属于图像识别应用中的人脸识别。 ( )

1.3 数字媒体系统的构成

学习内容

✧ 数字媒体硬件系统、软件系统;
✧ 数字媒体应用程序接口;
✧ 数字媒体作品创作工具;
✧ 数字媒体应用系统。

学习目标

✧ 了解数字媒体硬件系统和软件系统的基本概念;
✧ 了解数字媒体应用程序接口、数字媒体作品创作工具和数字媒体应用系统的构成。

思政目标

✧ 培养学生系统性、整体性地看待问题和解决问题的能力。

数字媒体系统是多种信息技术的集成,把多种媒体技术综合应用到一个计算机系统,实现数字媒体的数据输入、处理、输出等多种功能。一个完整的数字媒体系统,按组成和实现的功能,可分为 5 个层次结构,自下到上依次为数字媒体硬件系统、数字媒体软件系统、数字媒体应用程序接口、数字媒体作品创作工具、数字媒体应用系统,如图 1-3-1 所示。

1.3.1 数字媒体硬件系统

数字媒体硬件系统是指组成数字媒体系统的物理设备,包括计算机硬件、音频/视频处理设备、数字媒体输入/输出设备、信号转换装置、通信传输设备及通信接口装置等,如图 1-3-2 所示。

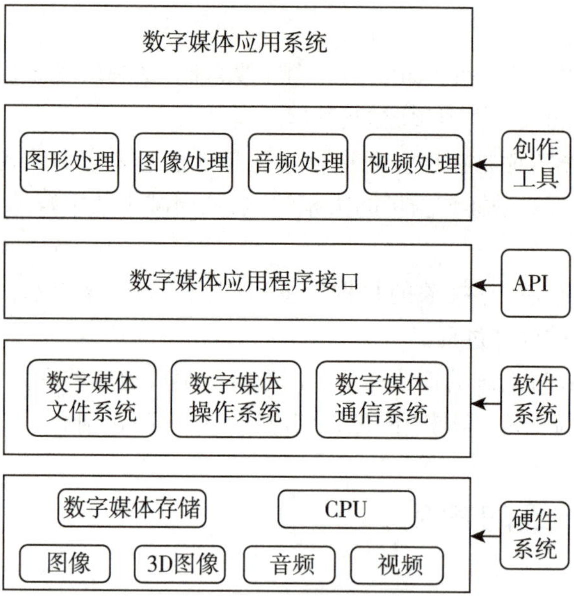

图 1-3-1　数字媒体系统

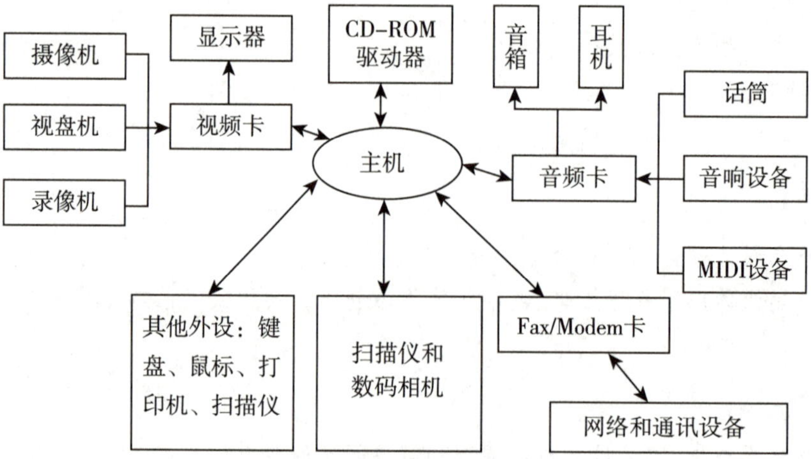

图 1-3-2　数字媒体硬件系统

数字媒体硬件系统的核心是综合处理多种媒体信息的计算机,它可以是一台工作站,也可以是一台高性能的个人计算机。若以个人计算机作为主机,配以必要的数字媒体设备、数字媒体操作系统及相关软件,可构成一台数字媒体个人计算机。

数字媒体硬件系统主要包括以下设备:

(1) 数字媒体主机,如工作站、超级微机、个人计算机等。

(2) 数字媒体输入设备,如摄像机、麦克风、录像机、扫描仪、数字多功能光盘(digital versatile disc,DVD)驱动器、声音输入/输出设备、视频输入/输出设备、数字媒体通信传输设备等。

(3) 数字媒体输出设备,如打印机、绘图仪、音响、电视机、音箱、显示器等。

(4) 数字媒体存储设备,如硬盘、可重写式 DVD(DVD-rewritable)、各类存储卡等。

(5) 数字媒体功能卡,如视频卡、声卡、压缩卡、家电控制卡、通信卡等。

(6) 操纵控制设备,如鼠标、操纵杆、键盘、触摸屏等。

1.3.2 数字媒体软件系统

数字媒体软件系统是指管理数字媒体计算机软件与硬件系统资源,控制计算机运行的程序、命令、指令和数据的软件,它主要包括数字媒体操作系统、数字媒体文件系统和数字媒体通信系统等系统级软件。

数字媒体操作系统负责控制和管理计算机的数字媒体软硬件资源,并对各种资源进行合理的调度和分配,最大限度地发挥计算机的效能,改善工作环境,向用户提供友好的人机交互界面。数字媒体操作系统具有综合使用各种媒体的能力,能调度多种媒体数据并能进行相应的传输和处理,且使各种媒体硬件协调合作。它负责数字媒体环境下多任务的调度,保证音频、视频同步控制和信息处理的实时性,提供数字媒体信息的各种基本操作和管理。目前微型计算机常用的数字媒体操作系统有微软公司的 Windows、苹果公司的 mac OS 等。

数字媒体文件系统是指对数字媒体文件存储器空间进行组织和分配,负责数字媒体文件的存储并对存储文件进行保护和检索的系统。具体来说,数字媒体文件系统的主要功能有:①建立数字媒体文件;②存入、读出、修改、转储数字媒体文件;③控制数字媒体文件的存取;④当用户不再使用时撤销数字媒体文件。

数字媒体通信系统是指实现数字媒体信息通信的系统,即在通信过程中能同时提供文本、图形、图像、音频、视频、动画等多种媒体信息通信的系统。

1.3.3 数字媒体应用程序接口

数字媒体应用程序接口(Application Programming Interface,API)是指一些预先定义的函数。这些函数给使用者提供无须访问源码或理解计算机内部工作机制,就可直接调用系统硬件与软件的功能。

应用程序接口是一组数量上千、极其复杂的函数和副程序,可让程序员做很多任务,譬如“读取文件”“显示菜单”“在视窗中显示网页”等。操作系统的 API 可用来分配存储器或读取文件。许多系统应用程序借由 API 接口来实现,像图形系统、数据库、网络 Web 服务,甚至是在线游戏。

应用程序接口有诸多不同设计,用于快速执行的接口通常包括函数、常量、变量与数据结构。也有其他方式,如通过解释器,或是提供抽象层以屏蔽同 API 实现相关的信息,确保使用 API 的代码无需更改而实现变化。

API 本质上是操作系统留给应用程序的一个调用接口,应用程序通过调用操作系统的 API 而使操作系统去执行应用程序命令。如微软公司推出的 DirectX 程序设计工具,可方便程序员直接使用操作系统的函数库,将 Windows 系统变成一个集声音、视频、图形、动画于一体的增强平台。

1.3.4 数字媒体作品创作工具

数字媒体作品创作工具是指在数字媒体操作系统支持下,利用图形图像编辑软件、视频编辑软件、音频编辑软件、动画制作软件等编辑与制作数字媒体素材,并在相应软件中集成数字媒体作品的软件。常用的数字媒体作品创作工具主要包括以下4种类型:

1. 以时间为基础的数字媒体创作工具

以时间为基础的数字媒体创作工具,提供了可视的时间轴,各种对象和事件利用时间轴组织,通过时间轴控制事件播放顺序和对象显示时段。时间轴包含多个通道,可安排多种对象同时呈现。该类创作工具可编辑或控制跳转到时间轴的任何位置,从而增加数字媒体作品的导航和交互控制,以时间为基础的数字媒体创作工具的典型产品有Director、Action和Flash等。

2. 以图标为基础的数字媒体创作工具

以图标为基础的数字媒体创作工具,提供了图标和流程线。图标用于存储和控制媒体信息,创作数字媒体作品时,根据设计将不同类型的图标放置在创作工具提供的流程线里,并对图标进行编辑,如添加数字媒体素材、设置素材的显示属性等,形成数字媒体作品。使用图标与流程线构造程序,数字媒体素材的呈现次序以流程线为依据,这类创作工具代表有Authorware、IconAuthor等。

3. 以页面或卡片为基础的数字媒体创作工具

以页面或卡片为基础的数字媒体创作工具,提供一种可将对象连接于页面或卡片的工作环境。一页或一张卡片便是数据结构中的一个节点,可将页面或卡片连接成有序的序列。

这类数字媒体创作工具是以面向对象的方式来处理数字媒体元素,这些元素用属性来定义,用剧本来规范,允许播放声音元素以及动画和数字化视频节目,在结构化的导航模型中,可以根据命令跳至所需的任何一页,形成数字媒体作品。这类创作工具主要有Tool Book、Hyper Card等。

4. 以传统程序语言为基础的创作工具

以传统程序语言为基础的创作工具如Visual C++、Visual Basic等,可以通过编程组织管理数字媒体素材,创作出数字媒体作品。其缺点是需要大量编程,可重用性差,不便于重新组织和管理数字媒体素材,且调试困难。

1.3.5 数字媒体应用系统

数字媒体应用系统是指根据数字媒体系统终端用户要求而定制的数字媒体应用软件。该类软件直接面向用户,为满足用户的各种具体需求而设计制作,通常是面向某一领域的用户定制的应用软件系统。数字媒体应用系统是由各种应用领域的专家或开发人员,利用数字媒体开发工具软件或计算机语言,组织编排的数字媒体产品。

1.3.6 课后练习

1.3.6.1 选择题

(1)数字媒体系统中最核心的硬件组件是(　　)。

A. 显示器　　B. 处理器(CPU)　　C. 打印机　　D. 扫描仪

(2)以下(　　)是专门用于数字音频处理的软件。

A. Photoshop　　B. Audacity　　C. Premiere Pro　　D. Blender

(3)数字媒体系统中的存储设备,主要用于长期保存数据,其中(　　)类型的存储设备读写速度最快。

A. SSD(固态硬盘)　　B. HDD(机械硬盘)

C. USB 闪存盘　　D. 光盘

(4)在数字媒体创作过程中,GPU(图形处理单元)主要负责(　　)任务。

A. 数据处理　　B. 文本渲染　　C. 图形和视频渲染　　D. 网络通信

(5)下列(　　)不是数字媒体制作过程中可能用到的专业硬件。

A. 数字摄像机　　B. 绘图板　　C. 音频混音器　　D. 普通打印机

1.3.6.2　判断题

(1)数字媒体系统的软件部分包括操作系统、应用软件以及驱动程序等。　(　　)

(2)高性能的 GPU 对于数字媒体创作中的 3D 建模和渲染工作至关重要。　(　　)

(3)所有数字媒体创作任务都可以在低端硬件上高效完成。　(　　)

(4)数字媒体系统硬件和软件的发展是相互独立的,互不影响。　(　　)

(5)专业的音频编辑软件如 Audition,能够提供丰富的音频处理功能,包括降噪、剪辑、混音等。　(　　)

1.4　数字媒体的应用领域

学习内容

✧ 数字媒体技术在教育领域的应用;
✧ 数字媒体技术在传媒行业的应用;
✧ 数字媒体技术在网络及通信行业的应用;
✧ 数字媒体技术在医疗领域的应用。

学习目标

✧ 了解数字媒体技术在教育领域、传媒行业的应用;
✧ 掌握数字媒体技术在网络及通信行业、医疗领域的应用。

思政目标

✧ 认识科学技术在推动社会发展和提高人们生活水平中的重要作用。

数字媒体是当今信息技术领域发展得较快、较活跃的一项技术,是新一代电子技术发展和竞争的焦点。它的出现使得计算机世界更加丰富多彩,也使得计算机世界充满了人性的气息。数字媒体从问世起即引起人们的广泛关注,并迅速由科学研究走向应用、走向市场,其应用领域遍及人类社会的各个方面。

1.4.1 数字媒体技术在教育领域的应用

数字媒体技术在教育领域的应用广泛而深远,它已经成为现代教学的重要组成部分,为学生提供了更加丰富和多样化的学习体验。与传统教学不同,数字媒体技术可以用来增强教学效果,例如通过展示丰富的图像、视频和动画来激发学生的兴趣和提升他们的理解能力。这种多媒体教学方式能够帮助学生更好地理解抽象概念,提高学习效率。

数字媒体技术还可以实现在线教育的便利和高效。通过网络视频会议、在线讨论等方式,教师和学生可以在任何时间、任何地点进行互动学习,打破了传统教学的时间和空间限制。这种灵活的学习方式既适合在校教育,也适合远程教育和终身教育。

数字媒体技术还可以为教学提供更多元化的资源和工具。比如在线课程(见图 1-4-1)、虚拟实验室、智能教育平台(见图 1-4-2)等,都可以帮助教师更好地进行教学设计和评估学生学习情况。这些工具不仅提高了教学效率,丰富了教学内容,也为学生提供了更加个性化和自主的学习体验。

图 1-4-1 在线教育智慧树网站

图 1-4-2 国家智慧教育公共服务平台

数字媒体技术在教育领域的应用正在不断拓展和深化，为教育带来了新的机遇和挑战。未来，随着技术的不断发展和创新，数字媒体技术将继续发挥重要作用，为教育提供更加智能化、个性化和全面化的服务。

1.4.2 数字媒体技术在传媒行业的应用

数字媒体技术在传媒行业中扮演着越来越重要的角色，其应用范围也在不断扩大。传媒行业是数字媒体技术最早得到应用并持续发展的领域之一，它为传统媒体带来了全新的发展机遇和挑战。

数字媒体技术在传媒行业中推动了媒体内容的多样化和个性化。传统媒体受限于纸媒、电视和广播的限制，内容呈现形式单一，无法满足不同受众的需求。而数字媒体技术的出现，使得媒体机构可以基于用户的兴趣、需求和行为数据，为其提供个性化定制的媒体内容，从而提高用户体验和粘性。

数字媒体技术为传媒行业的内容生产和传播方式带来了革命性的改变。传统媒体受限于版面和时段的限制，传播效果有限。而数字媒体技术的网络化传播方式，可以实现实时更新、全球传播，并且能够与用户直接互动，使内容生产和传播更加高效、直观和立体。

数字媒体技术还为传媒行业注入了新的商业模式。通过互联网技术，传媒机构可以直接与广告主和用户进行交互，实现广告内容的精准投放和效果监测，从而提高广告的转化率和投资回报率。

1.4.3 数字媒体技术在网络及通信行业的应用

数字媒体的一个重要应用领域就是数字媒体通信系统。数字媒体网络是网络技术未来的发展方向。随着这些技术的发展，可视电话、视频会议、家庭间的网上聚会交谈等日渐普及和完善。

数字媒体应用到通信上，将电话、电视、图文传真、音响、摄像机等电子产品与计算机融为一体，由计算机完成音频、视频信号的采集、压缩和解压缩，音频、视频的特技处理，数字媒体信息的网络传输，音频播放和视频显示，形成新一代的家电类消费，建立提供全新信息服务的数字媒体个人通信中心。

1. 可视电话

数字媒体通信的初级形式主要是可视电话，相距遥远的用户能够在通话的同时看到对方的形象，并传输所要传递的各种媒体信息。

2. 协同工作

数字媒体通信技术不仅能让处于不同地点的多个用户通过屏幕看到对方的形象，自由地交谈，而且还能在双方的屏幕上同时显示同一文件或图表，对同一文件或图表展开讨论、进行修改，在达成协议后再存储或打印出来。一切复杂的、需要面对面讨论的问题，都可以在短短的十几分钟内解决。这样，人们就可以在家办公，不用为通勤花费时间，从而可以大大地减轻交通负担，进一步提高工作效率(见图 1-4-3)。

图 1-4-3　钉钉“办公协同”功能

3. 视频会议

视频会议系统是数字媒体通信的重要应用之一。其基本功能是利用数字媒体计算机系统，反映各个会场的场景、人物、图片、图像以及讲话的相关信息，同时进行数字化压缩，根据视频会议的控制模式，经过数字通信系统，向指定方向传输。与此同时，在各个会议场点的数字媒体计算机上，通过数字通信系统，实时接收、解压缩数字媒体会议信息，并在显示屏上实时显示会议参加方的现场情况，取得实时沟通的效果(见图 1-4-4)。

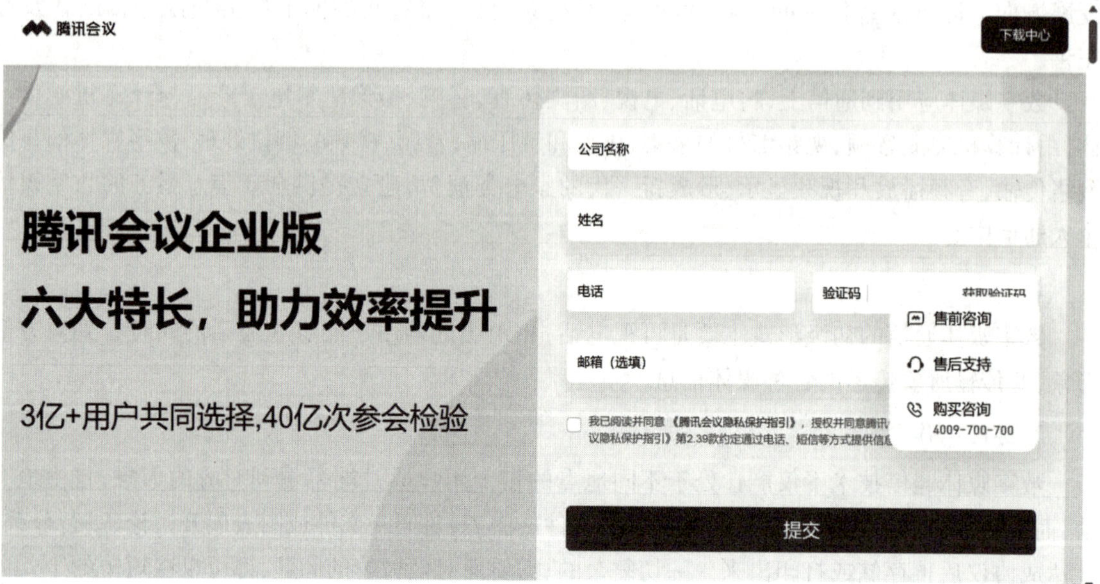

图 1-4-4　腾讯视频会议界面

视频通信与自动控制相结合，还可用于远距离现场监测和指挥，用于军事通信、交通控制和生产管理等方面，使指挥或调度中心能根据现场情况准确地作出判断，并对现场进行实时控制和指挥。

1.4.4 数字媒体技术在医疗领域的应用

数字媒体技术在医疗领域的应用越来越广泛，为医疗行业带来了许多新的机遇和挑战。在医学影像诊断领域，数字媒体技术已经取代了传统的影像诊断方式，如X光片和CT扫描。通过3D影像重建技术，医生可以更清晰地观察病灶位置和大小，从而提高诊断准确性和治疗效果。

数字媒体技术在远程医疗领域的应用也日益普及。通过互联网和手机应用，患者可以随时随地与医生进行在线咨询和诊断，减少了患者排队等候的时间，提高了医疗资源的利用效率。

在医学教育领域，数字媒体技术也发挥着重要作用。通过虚拟现实技术，医学生可以进行仿真手术，提高实践能力和学习效果。医学教育视频和在线课程也使得医学知识的传播更加便捷和高效。

数字媒体技术在医疗领域的应用不仅提高了医疗服务的质量和效率，还为医疗行业带来了更多创新和发展机遇。随着技术的不断进步和应用，相信数字媒体技术将在医疗领域发挥出更大的潜力，为人类健康事业作出更大贡献。

1.4.5 课后练习

1.4.5.1 选择题

(1)以下(　　)不是数字媒体在教育领域的典型应用。

A. 在线课程　　B. 电子图书　　C. 虚拟现实教学　　D. 传统黑板教学

(2)数字媒体在广告行业中的核心优势之一是(　　)。

A. 成本高　　B. 不可互动性　　C. 易于精准定位受众　　D. 难以更新内容

(3)社交媒体平台，如微博、微信，属于数字媒体的(　　)应用形式。

A. 交互式媒体　　B. 静态图像展示　　C. 单向广播媒体　　D. 传统纸媒电子版

(4)在影视制作中，数字媒体技术的主要应用不包括(　　)。

A. 特效制作　　B. 场景建模　　C. 胶片拍摄　　D. 后期剪辑

(5)数字游戏作为数字媒体的一种应用，其核心特点是(　　)。

A. 单一故事线　　B. 线性游戏体验　　C. 互动性和沉浸感　　D. 无需网络连接

1.4.5.2 判断题

(1)数字媒体技术使得信息传播更加迅速、广泛，打破了传统媒体的地理和时间限制。(　　)

(2)在医疗领域，数字媒体技术主要用于娱乐和休闲，对诊断和治疗没有实质性帮助。(　　)

(3)通过数字媒体平台，企业和品牌可以更有效地与目标受众进行互动和沟通。(　　)

(4)所有数字媒体应用都需要高度专业化的技能和知识才能有效使用。(　　)

(5)数字媒体在娱乐产业中占据了重要地位，如电影、音乐、游戏等，极大地丰富了人们的娱乐生活。(　　)

1.5 综合练习

1.5.1 选择题

(1)(　　)不属于与数字媒体技术相关的人工智能技术。

A. 自动控制　　B. 推荐系统　　C. 多模态人机交互　　D. 智能视频检索

(2)根据媒体展示时间属性的不同,数字媒体可分为静止媒体和(　　)。

A. 合成媒体　　B. 自然媒体　　C. 连续媒体　　D. 动态媒体

(3)音频压缩编码分为无损压缩和有损压缩两种,属于无损压缩编码的是(　　)。

A. 波形编码　　B. 参数编码　　C. 熵编码　　D. 感知编码

(4)关于数字视频,以下描述错误的是(　　)。

A. 可以通过摄像机进行数字视频的捕捉

B. 数字视频采用模拟数据的形式记录视频

C. 数字视频可以采用不同格式进行存储

D. 模拟视频一般采用分量数字化方式进行数字化

(5)在视频剪辑时,通过添加(　　),可以实现两段视频画面间的自然过渡。

A. 滤镜特效　　B. 转场特效　　C. 抠图特效　　D. 马赛克特效

(6)根据数字媒体计算机产生数字音频方式的不同,可将数字音频划分为除了(　　)之外的三类形式。

A. 波形音频　　B. MIDI 音频　　C. 流式音频　　D. CD 音频

(7)(　　)是在计算机技术的支持下,使用合适的编辑软件,对数字视频素材在“时间线”上进行任意修改、剪接、渲染、特效等处理。

A. 插入编辑　　B. 组合编辑　　C. 线性编辑　　D. 非线性编辑

(8)数字媒体技术主要处理的对象是(　　)。

A. 文本数据　　B. 音频、视频和图像数据

C. 数值数据　　D. 所有类型的数据,但主要是文本和数值

1.5.2 判断题

(1)目前研究的动画产生理论已不仅限于视觉暂留特征这一简单的解释,更进一步研究画面和色彩变化使人脑产生运动幻觉。(　　)

(2)非线性编辑是指在计算机技术的支持下,充分利用合适的编辑软件,对视频素材在时间线上进行修改、拼接、渲染和特效等处理。(　　)

(3)MP3 文件格式属于视频影像文件。(　　)

(4)数字视频文件格式很多,压缩编码方式各不相同,不同的文件格式需要相应的解码器进行解码播放。(　　)

(5)美观不属于数字水印所能提供的功能。(　　)

(6)数字媒体技术只能处理数字化的音频和视频数据,不能处理传统的模拟信号。(　　)

(7)数字媒体技术的主要特点是信息存储、传输和处理的数字化。(　　)

(8)数字媒体相较于传统媒体,具有更高的信息存储密度和更广的传播范围。(　　)

第 2 章　人工智能基础与应用

学习提要

知识目标：了解人工智能技术，掌握人工智能应用程序的使用，了解人工智能对社会的影响。

能力目标：能理解人工智能的技术与工作原理，能用人工智能应用程序解决问题。

思政目标：培养学生的科学精神和创新精神，以积极的态度面对科技发展。促使学生思考人类在人工智能时代的价值和地位，增强主体意识和责任感。

重点提示：人工智能关键技术及原理，人工智能应用程序的使用。

学习导图

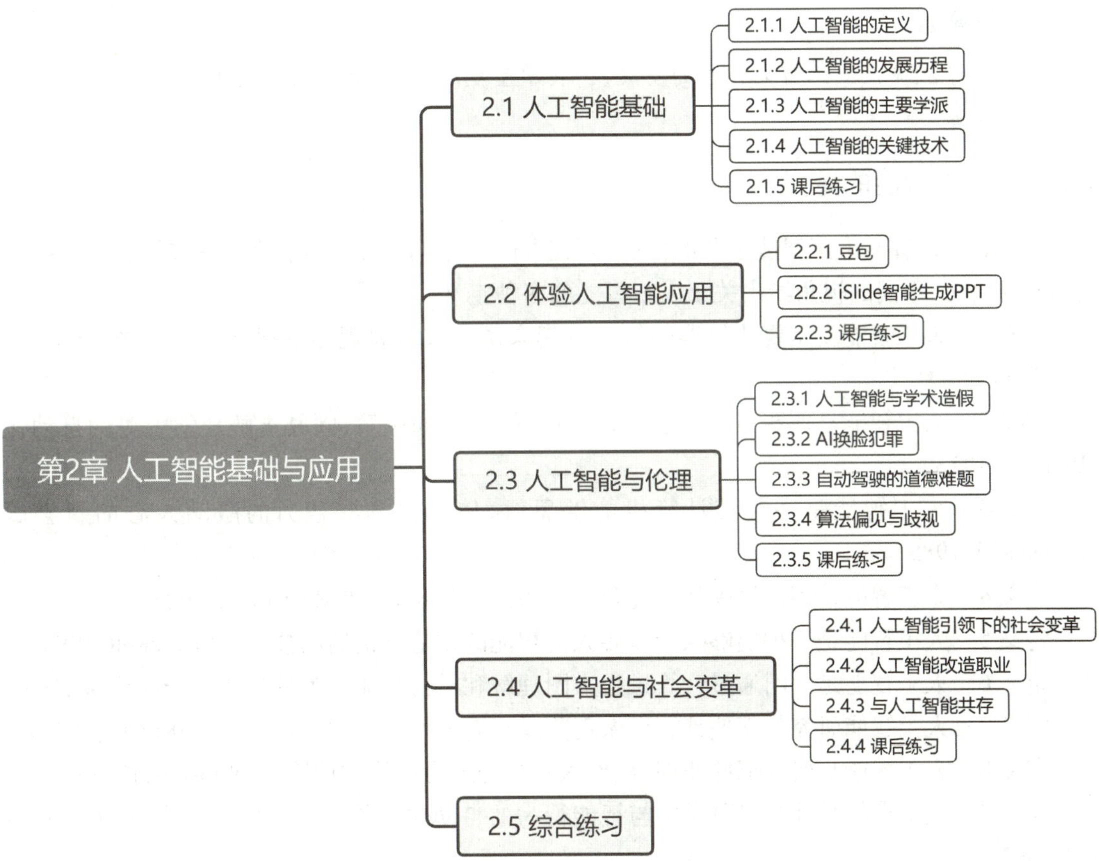

人工智能(Artificial Intelligence,AI)是计算机科学的一个分支,是研究智能的实质并使计算机表现出类似人类智能的学科。它的近期主要目标在于研究用机器来模仿和执行人脑的某些智力功能,并开发相关理论和技术。人工智能是智能机器所执行的通常与人类智能有关的智能行为,这些智能行为涉及学习、感知、思考、理解、识别、判断、推理、证明、通信、设计、规划、行动和问题求解等活动。

2.1 人工智能基础

学习内容

✧ 人工智能的定义;

✧ 人工智能的发展历程与各学派的研究内容。

学习目标

✧ 掌握人工智能的关键技术及其原理和应用场景;

✧ 了解人工智能关键技术的发展趋势和挑战。

思政目标

✧ 引导学生关注人工智能技术的发展,扩展学生视野,了解前沿科学技术。

2.1.1 人工智能的定义

为了更方便针对人工智能学科的性质、研究方向、方法学、研究问题给予一些阐释,一些学者从不同的层面、不同的视角给出关于人工智能的多种定义:

定义 1　人工智能就是要让机器的行为看起来像是人所表现出的智能行为一样。(McCarthy,1956)

定义 2　人工智能是那些与人的思维相关的活动,诸如决策、问题求解和学习等的自动化。(Bellman,1978)

定义 3　人工智能是一种使计算机能够思维,使机器具有智力的激动人心的新尝试。(Haugeland,1985)

定义 4　人工智能是用计算模型研究智力行为。(Charniak 和 McDermott,1985)

定义 5　人工智能是一种能够执行需要人的智能的创造性机器的技术。(Kurzwell,1990)

定义 6　人工智能是一门通过计算过程力图理解和模仿智能行为的学科。(Schalkoff,1990)

定义 7　人工智能研究如何使计算机做现阶段只有人做得好的事情。(RichKnight,1991)

定义 8　人工智能是研究那些使理解、推理和行为成为可能的计算。(Winston,1992)

定义 9　人工智能是计算机科学中与智能行为的自动化有关的一个分支。(1uge 和 Stubbefeld,1993)

定义10　广义地讲,人工智能是关于人造物的智能行为,而智能行为包括知觉、推理、学习、交流和复杂环境中的行为。(Nilsson,1998)

以上定义基本反映了人工智能的基本思想和基本内容,即人工智能是研究人类智能活动的规律,构造具有一定智能的人工系统;研究如何让计算机去完成以往需要人的智力才能胜任的工作;研究如何应用计算机的软硬件来模拟人类某些智能行为的基本理论、方法和技术。它由人类设计,为人类服务,本质为计算,能感知环境,产生反应,可以与人交互,有适应性,有学习能力,可以演化迭代,有连接扩展。

2018年,我国出版的《人工智能标准化白皮书》,将其定义为"利用数字计算机或者数字计算机控制的机器模拟、延伸和扩展人的智能,感知环境、获取知识并使用知识获得最佳结果的理论、方法、技术及应用系统"。

随着心理学、脑科学、计算机等学科的发展和相关应用产品的出现,人们对人工智能的理解将不断深入,将来还会出现新的人工智能的定义和理解。

2.1.2　人工智能的发展历程

1956年暑假,一群科学家在美国宁静的汉诺思小镇达特茅斯学院开展了为期两个月的封闭式讨论会,会议的主题为"人工智能夏季研讨会",旨在对人工智能进行研究。会议期间,从事人工智能研究的10多位先驱麦卡锡、明斯基、纽厄尔、西蒙等进行讨论,在会议中正式提出了"人工智能(Artificial Intelligence,AI)"一词,人工智能正式诞生。人工智能从诞生至今,经历了多番繁荣与低谷的循环,其发展历程大体上可以分三个阶段,分别是"孕育阶段"、"形成阶段"和"发展阶段"。

2.1.2.1　孕育阶段(1956年以前)

1956年之前为人工智能孕育阶段,此时期以描绘人类智能行为为目标,多学科进步为人工智能奠定理论、思想及物质基础。主要成果包括:古希腊时期亚里士多德在《工具论》中提出知识表示和推理过程的形式化表述,奠定逻辑推理基础,其三段论逻辑和欧几里德形式推理仍是演绎推理的基本参照;1642年帕斯卡创造第一台机械计算器——加法器,开启机械计算时代;莱布尼茨对加法器进行功能拓展,制造出四则运算器,其万能符号和推理计算理念为数理逻辑发展及现代机器思维设计奠定基础(见图2-1-1)。

1936年,英国数学家图灵(Turing)在他的论文《论可计算数及其在判定问题上的应用》中提出了理想的计算机数学模型——图灵机,证明了图灵机可以处理非常复杂的计算,包括逻辑演算,为后来电子数字计算机的问世奠定了理论基础。图灵认为智能机器不能只是简单地复制人类思维,而应该具备学习能力。为了检验机器的学习能力,需要对人工智能有个确定的评价标准,1950年图灵提出了著名的图灵测试(见图2-1-2)。测试时将测试者(一个人)与被测试者(另一个人和一台机器)隔离开,然后让测试者进行对话。测试者不知道对方是人类还是机器,只能根据对方的回答来判断其身份。如果测试者无法准确分辨出被测试者中哪一个是机器,那么这台机器就可以被认为是通过了图灵测试,即表现出了具有欺骗性的人类智能。图灵测试为人工智能的发展提供了一个重要的评估标准和思考框架,激发了人们对人工智能的深入研究,推动了人工智能技术的不断进步。

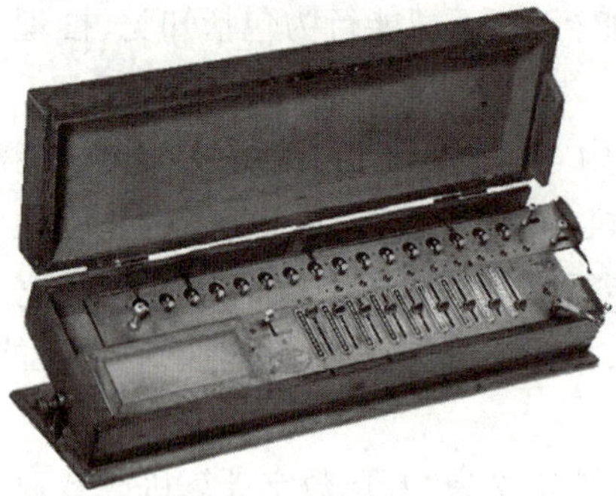

图 2-1-1　莱布尼茨四则运算器

图 2-1-2　图灵测试示意图

1943 年,美国神经生理学和控制论科学家麦克洛奇以及美国计算神经学科学家皮兹提出了首个二值神经元模型——MP 神经元。他们将神经元视作二值开关,凭借不同的组合形式达成不同的逻辑运算。他们归纳了生物神经元的一些基本生理特点,提出了人工神经元形式化的数学表述方式,由此开启了人工神经网络研究的阶段。图 2-1-3 分别展示了 MP 神经元结构与神经元结构。

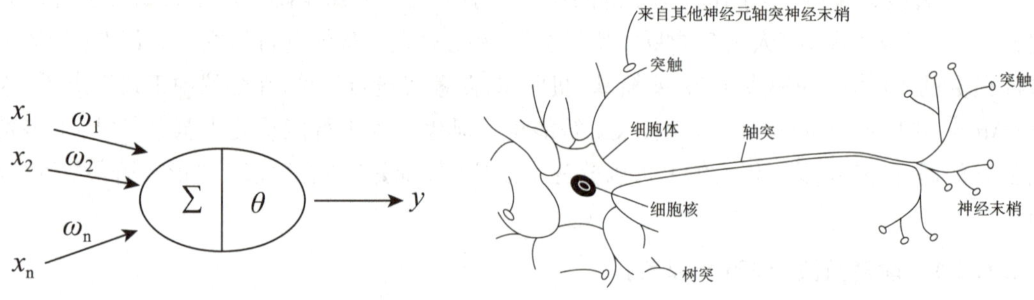

(a)　　(b)

图 2-1-3　MP 神经元结构与神经元结构

1945 年,冯·诺依曼与戈德斯坦等人,共同发布了一篇长达 101 页的报告,也就是在计算机发展史上著名的“101 页报告”,阐明了计算机设计的基本准则,即为人熟知的“冯·诺依曼结构”。1946 年,美国数学家马士利和埃克特研制成功第一台电子计算机 ENIAC,每秒能完成 5000 次加法和 400 次乘法等运算。1951 年,马士利和埃克特根据冯·诺依曼结构对 ENIAC 进行了改进,发明了著名的 EDVAC 计算机,为快速逻辑演算提供了工具,为人工智能的诞生奠定了物质基础。图 2-1-4 是冯诺依曼与 EDVAC 计算机。

1949 年,加拿大著名的生理心理学家唐纳德·赫布(Donald Hebb)依照生物神经元突触调整的机制,提出了一条简易的能够用于人工神经元训练的规则,也就是大名鼎鼎的 Hebb 学习规则,此后,Hebb 规则始终被应用于人工神经网络模型的训练。

1950 年,两名哈佛大学的本科生马文·明斯基(Marvin Minsky)和邓恩·埃德蒙(Dean Edmonds)在本科学习的最后一年,建造了世界第一台神经网络计算机(见图 2-1-5),这也被看作是人工智能的一个起点。马文·明斯基后来被称为“人工智能之父”。

20 世纪 50 年代,知识表示与推理、电子计算机、图灵测试、神经网络等陆续登上历史舞台,

图 2-1-4 冯诺依曼与 EDVAC 计算机

图 2-1-5 明斯基与第一台神经网络计算机

这给人工智能后续的实践筑牢了理论根基。

2.1.2.2 形成阶段(1956–1969 年)

在达特茅斯会议之后,人工智能迎来了它的第一个春天,在这段长达十余年的时间中,在数学和自然语言领域里广泛使用计算机来解决代数、几何等问题。这也让很多研究者看到了机器向人工智能发展的信心。人工智能的研究在机器学习、定理证明、模式识别、问题求解、专家系统及自然语言等方面都取得了许多引人注目的成就。这个阶段出现了如下标志性研究成果:

1956 年,塞缪尔在 IBM704 计算机上研制出西洋跳棋程序,具备自主学习等能力,先后击败了塞缪尔本人和康涅狄格州跳棋冠军。

1957 年,纽厄尔等人研制逻辑理论机,证明《数学原理》中的部分定理,1958 年王浩在 IBM740 机器上证明《数学原理》中的全部定理,1959 年鲁宾孙提出消解原理,为定理机器证明作出突破性贡献。

1960 年,纽厄尔等人研制通用问题求解程序,揭示人类解题思维过程三阶段;1961 年,明斯基发表论文推动人工智能发展;1963 年,伦纳德 · 武赫和查尔斯 · 瓦斯乐发表关于模式识别的论文,描述首个机器学习程序。

1965 年,费根鲍姆研制成功世界上第一个专家系统 DENDRAL,可分析推断化合物的分子结构。

1969 年,国际人工智能联合会议成立,标志着人工智能这门新兴学科得到了世界范围的公认。

以上这些早期的成果表明了人工智能作为一门新兴学科有了蓬勃发展。

2.1.2.3 发展阶段(1970 年至今)

20 世纪 70 年代,人工智能进入发展期,许多国家都相继开展了这门新兴学科的研究工作。2011 年,“沃森”作为 IBM 公司开发的使用自然语言回答问题的人工智能程序参加美国智力问答节目,打败两位人类冠军,赢得了 100 万美元的奖金。

2012 年,加拿大神经学家团队创造了一个具备简单认知能力,拥有 250 万个模拟“神经元”的虚拟大脑,命名为“Spaun”,并通过了最基本的智商测试。

2013 年,Facebook 人工智能实验室成立,探索深度学习领域,借此为 Facebook 用户提供更加智能化的产品体验;Google 收购了语音和图像识别公司 DNNresearch,推广深度学习平台;百度创立了深度学习研究院等。2015 年,Google 开源了利用大量数据直接就能训练计算机来完成任务的第二代机器学习平台 TensorFlow;剑桥大学建立人工智能研究所等。

2016 年 3 月 15 日,Google 人工智能产品 AlphaGo 与围棋世界冠军李世石的人机大战最后一场落下了帷幕,人机大战第五场经过长达 5 小时的搏杀,最终李世石与 AlphaGo 的总比分定格在 1:4,以李世石认输结束。这一次的人机对弈让人工智能正式被世人所熟知,整个人工智能市场也像被引燃了导火线,开始了新一轮爆发。

2022 年 11 月,OpenAI 公司推出 AI 聊天机器人 ChatGPT,向世人展现出了前所未有的能力,掀起人工智能研究新一轮的浪潮。

2.1.3 人工智能的主要学派

人工智能研究产生了很多学派,其中主要学派有三种,分别是符号主义、联结主义和行为主义,不同学派对人工智能有不同的看法,共同推动着人工智能技术的进步。

符号主义(Symbolicism),又称为逻辑主义(Logicism)、心理学派(Psychlogism)或者计算机学派(Computerism)。符号主义认为人工智能源于数理逻辑,旨在用数学和物理学中的逻辑符号来表达思维的形成,通过大量的“如果—就”规则定义,产生像人一样的推理和决策。在人工智能其他学派出现后,该学派仍然是人工智能研究的主流学派。符号主义的代表技术有专家系统、知识图谱和决策树。

联结主义(Connectionism),又称仿生学派(Bionicsism)或者生理学派(Physiologism),该学派认为智能活动是由大量神经元通过复杂连接后并行运行的结果。主张通过人工方式构造神经网络,再训练人工神经网络产生智能,其核心是对人类大脑的结构和学习机制进行模拟。联结主义的代表技术有神经网络和深度学习。

行为主义(Actionism),又称为进化论学派(Evolutionism)或者控制论学派(Cyberneticsism)。

该学派认为人工智能源于控制论，智能依赖于感知和行动，强调通过与环境的交互和行为的反馈来学习和提高智能，只要机器能够具有和智能生物相同的表现，那它就是智能的。行为主义的代表技术有遗传算法和强化学习。

2.1.4 人工智能的关键技术

从人工智能的发展历史就能看出，人工智能技术是一门交叉学科，它涉及认知科学、脑科学、心理学、计算机科学、统计科学、逻辑学、控制论、哲学等诸多领域。人工智能的应用可以说几乎渗透任何领域，比如智能制造、智能交通、智能家居、智慧医疗、智慧养老、智慧金融、智慧农业、智慧教育等。现在，针对人工智能和传统行业的融合而提出的“AI+”，代表了一种新的经济增长形态，将进一步推动人们生活方式、社会经济、产业模式、合作形态等各方面的发展。

2.1.4.1 专家系统

专家系统已经应用到数学、物理、化学、医学、地质、气象、农业、法律、教育、交通运输、机械、艺术以及计算机科学本身，甚至渗透到政治、经济、军事等重大决策部门，产生了巨大的社会效益和经济效益，成为人工智能的重要分支。

专家系统是一种智能的计算机程序，它运用知识和推理来解决只有专家才能解决的复杂问题。专家系统是一类包含知识和推理的智能计算机程序。

专家系统具有 6 个特点：①拥有专家水平的专业知识，②能进行有效的推理，③启发性，④灵活性，⑤透明性，⑥交互性。

专家系统的一般结构如图 2-1-6 所示：

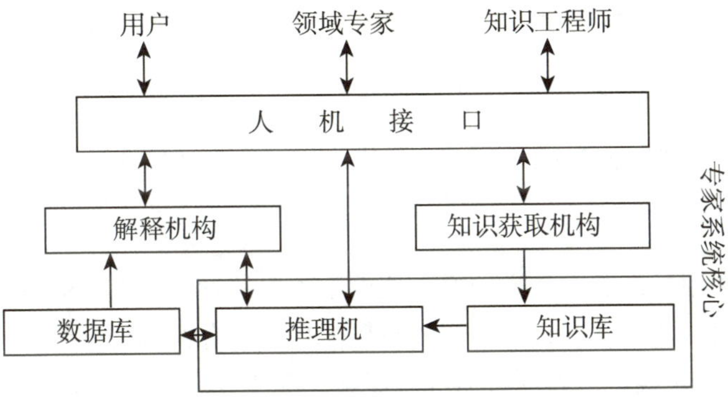

图 2-1-6 专家系统的一般结构

专家系统由用户界面、推理机、知识库等部分组成。用户界面也就是人机接口，负责用户与专家系统之间的信息转换。用户界面能够获取用户的查询信息，能够处理用户输入的自然语言，将其转换为系统的内部数据结构，传递给推理机；对于专家系统得出的结论以用户能够理解的形式如文本、图形等形式呈现出来。推理机是专家系统的大脑，包含解决特定问题的规则，可以根据从知识库中获取的知识与用户提供的事实进行推理，以得出结论。知识库是专家系统的核心组成部分，它包含了特定领域的大量知识，这些知识需要以一种合适的方式进行表示。

2.1.4.2 机器学习

机器学习（Machine learning）使计算机能模拟人的学习行为，自动地通过学习来获取知识和技能,不断改善性能,实现自我完善。或者说机器学习是专门研究计算机怎样模拟或实现人类的学习行为,以获取新的知识或技能,重新组织已有的知识结构,使之不断改善自身的性能。机器学习是人工智能的核心,是使计算机具有智能的根本途径。

机器学习可以通俗地理解为让机器拥有学习的能力,同时可以提升系统自身的性能。对于机器来说,这里的"学习"指的是从数据中学习,从数据里产生模型的算法,也就是学习算法。拥有了学习算法,只要把经验数据提供给它,就能够依据这些数据生成模型,在面对新的数据时,模型能够给出相应的判断来进行预测,如图 2-1-7 所示。机器学习本质上是依据数据集,通过对数据集加以研究,找出数据集中数据之间的关联和数据的真实内涵。

机器学习作为人工智能学科的重要分支领域与研究方向,拥有丰富的知识体系。鉴于此,依据一定规则对其进行细分十分必要。机器学习主要有两种分类方式:一是基于学习方式进行分类,二是基于学习任务进行分类。从学习方式来看,机器学习可分为监督学习、无监督学习和强化学习。监督学习的主要任务是分类与回归,无监督学习的主要任务是聚类与降维,如图 2-1-8 所示。

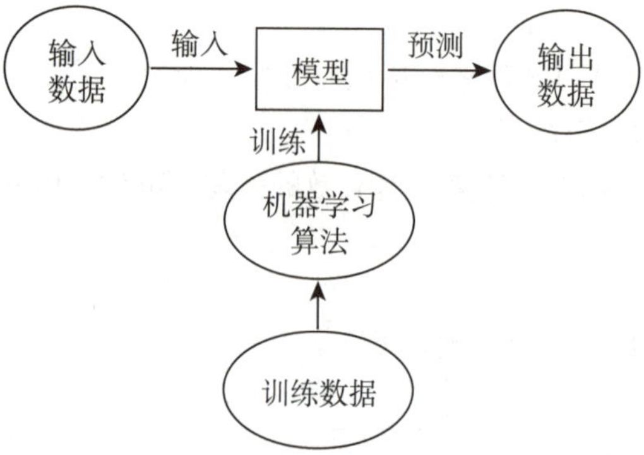

图 2-1-7 机器学习模型

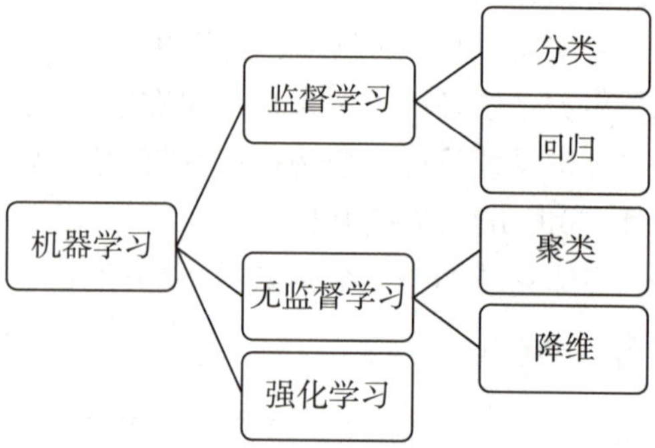

图 2-1-8 机器学习的分类

1. 监督学习

监督学习是指利用一组已知类别的样本调整分类器的参数,使其达到所要求性能的过程,也称为监督训练或有教师学习。监督学习的核心目标是从具有标签的训练数据中习得或者构建一个学习模型,从而对未知或者未来的数据进行预测。图 2-1-9 简要概括了监督学习的工作流程。

在机器学习中,监督学习的情况是训练数据既含有特征,又带有标签。通过这样的训练过程,机器能够自主探寻特征与标签之间的联系。当面对仅有特征而无标签的数据时,机器能够进行标签的判别。特征是用于描述数据样本的各个属性或变量。例如,苹果的颜色、外形、果皮特点等都是苹果这个数据样本的特征。标签是与特征相对应的目标变量,它代表了我们希望模型预测或分类的结果。比如,在对水果进行分类的任务中,水果的种类、苹果、香蕉、橘子等就是标签。

监督学习,就是给计算机带有标签的数据进行训练学习,过程见图 2-1-10,比如给计算机一些苹果的图片,并且标注这些图片为"苹果",再给计算机一些香蕉的图片,并且标注为"香蕉"。那么经过机器学习算法的识别,会根据图片总结出苹果的特征与香蕉的特征,就会得到一个模型。如果将新的苹果的图片输入模型,就会对新输入的水果特征进行提取并且进行分类。如果给出识别结果是“苹果”，那么认为识别正确；如果给出识别结构是“香蕉”，那么识别错误，需要纠正这个图片是“苹果”，以提高识别的准确性。

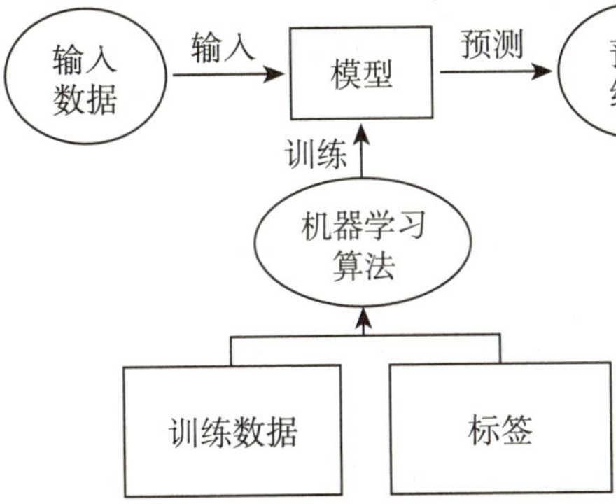

图 2-1-9 监督学习的工作流程

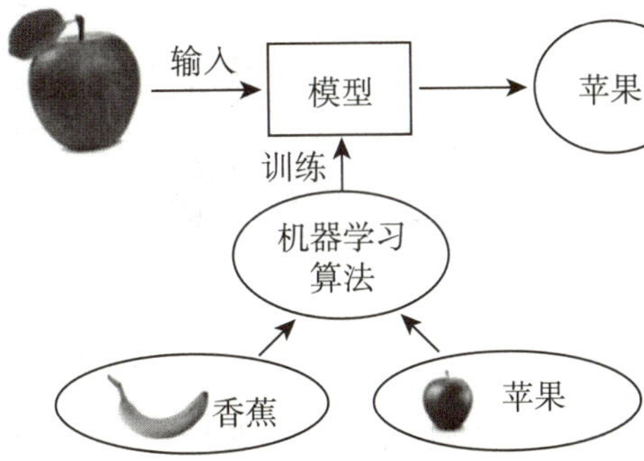

图 2-1-10 监督学习举例

模型识别的成功率，跟模型的性能以及用于训练学习的图像样本相关。如果用于训练学习的图像数量较少，或者图片存在特征偏差，都会影响模型的判断。比如训练模型时，用于训练的苹果图片全部都是红色的，如果遇到了绿色的苹果图片时，就会产生识别错误。

2. 无监督学习

在现实生活中，常常面临缺乏足够经验知识的情况，人工标注类别难度大且成本高昂。于是，人们期望计算机能替代人工完成这些工作或给予一定帮助。利用未被标记的训练样本解决模式识别中的各类问题，即无监督学习。在无监督学习中，构建机器学习模型的过程不依赖于有标签的训练数据。由于没有可用标签，只能从已有的数据中提取所需信息。假设要建立一个系统将一组数据集分割成多个组，却不清楚分组的标准。因此，无监督学习算法需以尽可能好的方式对给定数据集进行分组。

简而言之，给定一批数据但不告知计算机数据的具体内容，让计算机通过自身学习构建这批数据的模型。能学到什么取决于数据自身的特性。正如“物以类聚，人以群分”，可将其视为在“无监督学习”环境下构建模型的过程，如图 2-1-11 所示。例如，给计算机一些香蕉与苹果的图片，没有标注哪些是香蕉哪些是苹果，无监督学习环境下，计算机可以自己提取水果的特征，然后将图片特征相似的放在一起。图片分为 2 类，其中类 1 命名为“苹果”，类 2 命名为“香蕉”。这样就得到了一个模型，在给出新的水果图片后，计算机自己就会将新的图片进行分类识别。

3. 强化学习

强化学习（Reinforcement Leaming，RL）又称作再励学习、评价学习，是一类通过模拟大脑神经细胞里的奖励信号来优化行为的机器学习方式，着重于依据环境行为获取最大化的预期收益。其灵感源自心理学的行为主义理论，即有机体在环境给予的奖励或惩罚的刺激下，逐步形成对刺激的预期，产生能够获取最大利益的习惯性行为。强化学习的计算模型被应用于机器人、分析预测等人工智能领域。

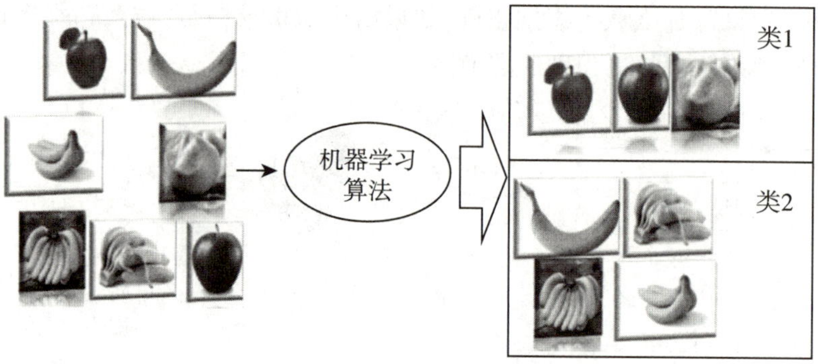

图 2-1-11　无监督学习举例

强化学习的核心理念是:智能体(agent)在环境(environment)中进行学习,依照环境的状态(state),实施动作(action),并依据环境的反馈奖励(reward)来引导更优的动作,是一种能够依据行为展开计算的学习方法。AlphaGo 是一款著名的强化学习的应用,通过与自己下围棋的对局进行训练。

2.1.4.3　人工神经网络

机器学习是一个广泛的领域,涵盖了多种用于让计算机从数据中学习的方法与技术,人工神经网络是其中一种重要的方法。"神经网络"有两种含义:其一为生物神经网络,其二为人工神经网络。生物神经网络通常指生物的大脑神经元、细胞、突触等所构成的网络,用于产生生物的意识,辅助生物展开思考和行动。人工神经网络(Artificial Neural Networks,ANN)简称为神经网络或者称作连接模型(Connection Model),属于一种模仿动物神经网络行为特点,进行分布式并行信息处理的算法数学模型。这类网络凭借系统的复杂程度,通过调节内部众多节点之间相互连接的关系,以此来达成处理信息的目的,如图 2-1-12 所示。

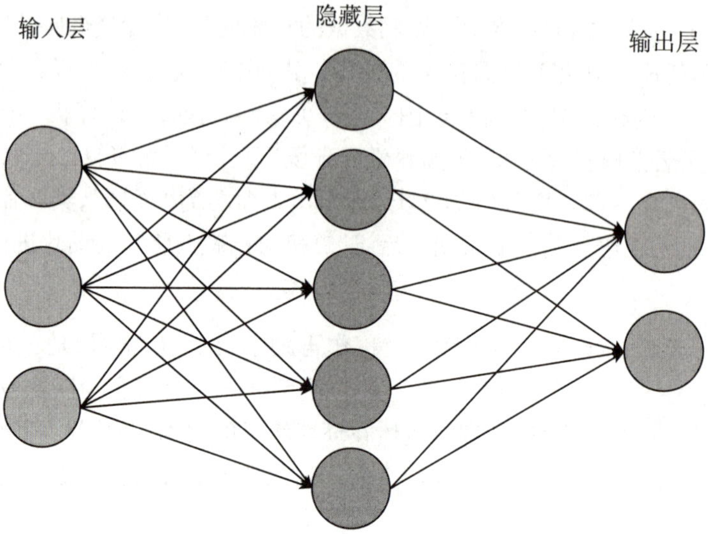

图 2-1-12　人工神经网络

20 世纪 80 年代以来,人工神经网络成为人工智能领域兴起的研究热点。它从信息处理的视角对人脑神经元网络予以抽象，再结合网络拓扑方面的知识，按照不同的连接方式组成不同的网络，进而模拟人脑神经系统处理复杂信息机制的数学模型，其所展示的模型特点包含高容错性、并行分布的处理能力、自主学习能力以及智能化等。实际上，它是一个由大量简单元件相互连接构成的复杂网络，有着高度的非线性，属于能够开展复杂逻辑操作和实现非线性关系的系统。

人工神经网络把对于生物神经网络的认知和数学统计模型相互结合，借助数学统计工具来实现。在人工智能学的人工感知领域，运用数学统计学的办法，让神经网络能够拥有类似于人的决策能力和简单的判断能力，这种方式是对传统逻辑学演算的进一步延展。神经网络从两个方面模拟大脑：

(1) 神经网络获取的知识是从外界环境中学习获取的。

(2) 内部神经元的连接强度，即突触权值，用于存储获取的知识。

最近十多年来，人工神经网络的研究工作不断深入，已经取得了很大的进展，其在模式识别、智能机器人、自动控制、预测估计、生物工程、医学、经济学等领域已成功地解决了许多现代计算机难以解决的实际问题，表现出了良好的智能特性。

2.1.4.4 自然语言处理技术

自然语言处理（Natural Language Processing，NLP）是机器语言和人类语言之间沟通的桥梁，用计算机来处理、理解及运用人类语言（如中文、英文等），以实现人机交流的目的，它是人工智能的一个重要分支，是计算机科学和语言学的交叉学科。

自然语言处理是用计算机对自然语言的形、音、义等信息进行处理，对字、词、句、段落、篇章进行输入、输出、识别、分析、理解、生成等操作和加工。语言处理过程分成 5 个层次，分别是语音分析、词法分析、句法分析、语义分析和语用分析。

2.1.4.5 机器视觉

机器视觉是从模式识别中的一个研究领域发展而来的，随着人工智能的蓬勃发展，已经成为一门独立的学科。机器视觉主要用计算机来模拟人的视觉系统，对所观察事物进行检测、测量与判断。近年来，随着计算机技术的发展，尤其是多媒体技术及数字图像处理技术的不断发展完善，加上大规模集成电路的飞速发展与应用，机器视觉技术得到了广泛应用。机器视觉系统通常是通过图像传感器，获取被摄目标的图像信号，然后将图像信号发送至图像处理系统，图像处理系统对图像的数字信号进行各种运算，从而得到被摄目标的特征，以便进行识别或者控制其他设备的动作。

典型的机器视觉系统可以分为三个部分，分别是成像系统、图像处理和运动控制。其中成像系统由相机、镜头、采集卡等设备组成。图像处理部分主要由图像处理软件、硬件设备如 PC 平台或者其他软件运行设备。图像处理部分主要对采集到的图像进行综合处理、“深加工”，包括对图像进行增强、平滑、边缘锐化、分割、特征提取、图像识别等图像处理功能。运动控制是能使系统根据图像处理结果做出响应，是实现物体角位移、速度等物理量改变的控制。

机器视觉已经有了广泛应用，如产品瑕疵检测、智能视频监控分析、自动驾驶及辅助驾驶、医疗影像诊断、机器人视觉伺服控制系统等。

除了以上介绍的技术以外，人工智能领域的研究还有很多，如智能机器人、智能调度、智能控制、数据挖掘等技术。随着技术的不断发展，人工智能的细分领域还在继续增加和拓展。

小贴士

KNN 算法

KNN(K-Nearest Neighbors,K 近邻)算法是一种最简单、最常用的分类算法之一。其底层逻辑很简单:一个样本的类别由与其距离最近的 K 个邻居的类别决定。

1. KNN 的特点

(1)不需要训练过程:属于"惰性学习"。

(2)完全依赖距离度量:如欧氏距离、曼哈顿距离。欧式距离公式为:

$$d=\sqrt{(x_2-x_1)^2+(y_2-y_1)^2}\ (x\ 为参数\ 1, y\ 为参数\ 2)$$

(3)K 的选择很关键:K 太小容易过拟合,K 太大会模糊边界。

(4)计算量大:预测时需要和所有训练样本算距离。

2. KNN 算法流程

假设我们要对一个新样本 x 进行分类:

(1)计算距离:计算 x 与所有样本的距离。

(2)找 K 个最近的邻居:按距离从小到大排序,取前 K 个样本。

(3)投票决定类别:统计 K 个邻居中出现次数最多的类别。

(4)输出结果:把出现次数最多的类别作为 x 的预测类别。

3. KNN 算法经典案例:电影推荐系统

假设你是一个电影爱好者,想知道一部新上映的电影是属于"动作片"还是"爱情片"。一般而言,动作片打斗场面多、接吻镜头少;爱情片接吻镜头多、打斗场面少。

(1)历史数据(训练集)。

我们统计 6 部电影,记录了它们的特征和类型(见表 2-1-1)。

表 2-1-1 历史数据

电影名称	打斗镜头	接吻镜头	类型(标签)
《战狼》	100	5	动作片
《速度与激情》	70	10	动作片
《敢死队》	85	15	动作片
《泰坦尼克号》	10	90	爱情片
《怦然心动》	5	80	爱情片
《情书》	0	95	爱情片

(2)新数据(预测对象)。

现在有一部新电影《未知电影×》,我们统计了它的镜头:打斗镜头 50 个,接吻镜头 50 个。

我们要判断《未知电影×》是动作片还是爱情片,KNN 会做以下三件事:

第一步:计算距离(找相似)。KNN 会计算《未知电影×》与上面 6 部电影的"距离"。(这里的距离可以理解为"相似度",距离越近,说明电影越像。)

◎它离《战狼》(100,5)很远;

◎它离《泰坦尼克号》(10,90)也有点远;

◎它离《速度与激情》(70,10)和《怦然心动》(5,80)比较近。

第二步：找邻居(K值设定)。假设K=3(即只看最近的3部电影)，经过计算，离《未知电影×》最近的3部电影是：《速度与激情》(动作片)、《怦然心动》(爱情片)和《敢死队》(动作片)。

第三步：投票(少数服从多数)。现在我们看看这3个邻居的类型：

动作片：2票(《速度与激情》、《敢死队》)。

爱情片：1票(《怦然心动》)。

结果：因为动作片的票数(2票)多于爱情片(1票)，所以KNN算法判定：《未知电影×》是一部动作片。

2.1.5 课后练习

2.1.5.1 单选题

(1)以下关于人工智能的说法中，错误的是(　　)。

A. 人工智能是研究世界运行规律的科学

B. 人工智能涵盖多个学科领域

C. 人工智能包括自动推理、专家系统、机器学习等技术

D. 现阶段的人工智能核心是机器学习

(2)被认为是AI诞生的标志是(　　)。

A. 计算机的诞生　　B. 图灵机的出现

C. 达特茅斯会议　　D. 人工神经网络的提出

(3)机器学习是研究如何使用计算机(　　)的一门学科。

A. 模拟生物行为　　B. 模拟人类解决问题

C. 模拟人类学习活动　　D. 模拟人类生产活动

(4)按学习方法分类，机器学习通常分为(　　)三种。

A. 监督学习、无监督学习、强化学习　　B. 监督学习、无监督学习、神经网络

C. 监督学习、有教师学习、强化学习　　D. 聚类、非监督学习、强化学习

(5)关于机器学习模型中的数据，以下说法正确的是(　　)。

A. 数据越多越好　　B. 数据只要质量好，越少越好

C. 数据的数量和质量都很重要　　D. 模型选择最重要，数据影响不大

2.1.5.2 判断题

(1)人工智能只在计算机科学领域有应用。(　　)

(2)监督学习的训练数据只有特征，没有标签。(　　)

(3)符号主义认为人工智能源于数理逻辑。(　　)

(4)强化学习依赖于环境的反馈奖励。(　　)

(5)机器学习使计算机能模拟人的学习行为，自动地通过学习来获取知识和技能。(　　)

2.2 体验人工智能应用

学习内容

✧ 人工智能应用程序；

✧ 图像智能生成，PPT 智能生成。

学习目标

✧ 掌握人工智能应用程序的使用；

✧ 能够使用人工智能应用程序完成图像生成，PPT 生成等任务。

思政目标

✧ 培养学生使用人工智能应用程序完成指定任务；

✧ 提高借助新技术进行跨领域学习的能力与意识。

2022 年 ChatGPT 的发布掀起了人工智能研究热潮，国内外众多公司投入人工智能的研发，已经推出了多款应用程序。常见 AI 工具主要分为两个层面，其一是通用大模型，目前市面上有多种此类程序可以使用，如美国 OpenAI 公司推出著名的 ChatGPT，Anthropic 公司研发的 Claude 等；国内有字节跳动公司开发的豆包，月之暗面公司推出的 Kimi，百度公司的文心一言，阿里公司的通义千问，智谱华章科技公司的智谱清言等。还有一种是 AI 应用，是针对特定的问题或场景进行设计和开发的，具有明确功能的应用程序。以下介绍几个典型的应用程序和使用方法。

2.2.1 豆包

“豆包”是一个由字节跳动公司开发的人工智能大模型。它可以通过问答形式解决各种问题，包括知识类、技术类、文化类等，并且能够进行多种语言的交流。界面如图 2-2-1 所示，左侧边栏有提示功能，包括对话历史、智能体等内容。主界面为豆包的回答与提示，下面是内容输入框，可以文字输入、语音输入、上传文档等。内容框中可以通过优化输入的提示词，提升人工智能的响应质量。

单击右上角的登录按钮后就可以登录账号，登录账号之后，可以使用豆包的 AI 搜索、图像生成、阅读总结与智能体等多种功能。

2.2.1.1 使用豆包进行知识问答

豆包可以回答各种各样的知识类问题，涵盖科学、历史、文化、地理、技术等众多领域。使用就像聊天，在内容输入框输入想要了解的问题，豆包就会给出答案，可以为学习、获取知识资料提供帮助。

例 1 假如你是通信专业的同学，想要在智能家居领域进行创业，那么如何使用豆包进行行业调查？

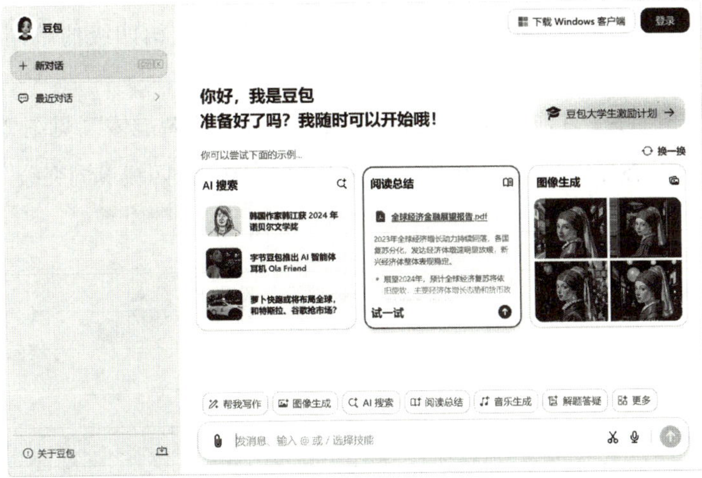

图 2-2-1　豆包界面

步骤 1▶ 打开豆包，将问题在输入框中输入，如图 2-2-2 所示，单击发送按钮 ⬆，就可以对豆包进行提问。

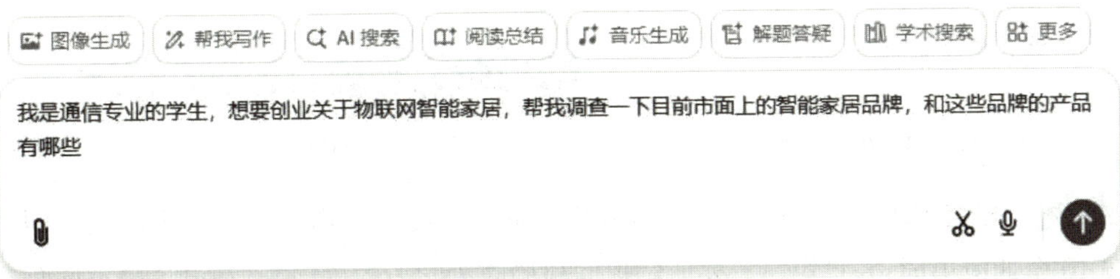

图 2-2-2　输入提问

步骤 2▶ 当豆包给出答案后，可以继续选择给出的关联问题，或者选择“深入搜索”对问题进行进一步的提问调查，如图 2-2-3 所示。

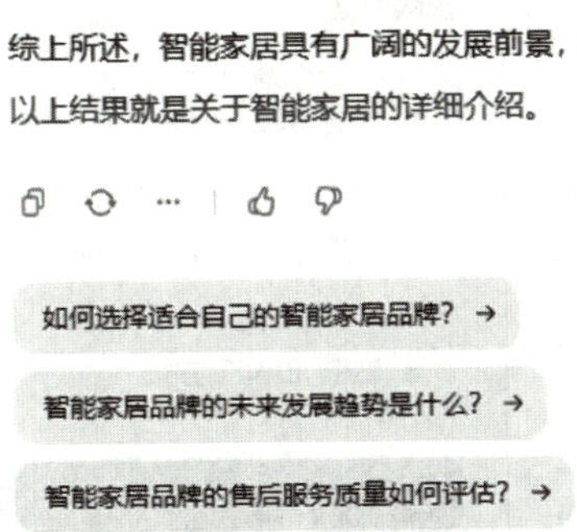

图 2-2-3　回答与关联问题

2.2.1.2　使用豆包智能体

“豆包智能体”是 AI 助手或者是一个 AI 的轻应用。可以使用平台上的智能体完成指定的功能，比如“文案助手”“数据分析专家”等。

例 2 使用豆包智能体，辅助学习英语，提升英语四级的单词量，并且制定学习计划。

步骤 1▶ 打开豆包，单击左侧边栏“发现 AI 智能体”（见图 2-2-4），然后单击右上角“+创建 AI 智能体”按钮，打开输入界面，在“名称”框中输入“四级单词突破”（见图 2-2-5）。

图 2-2-4 豆包智能体

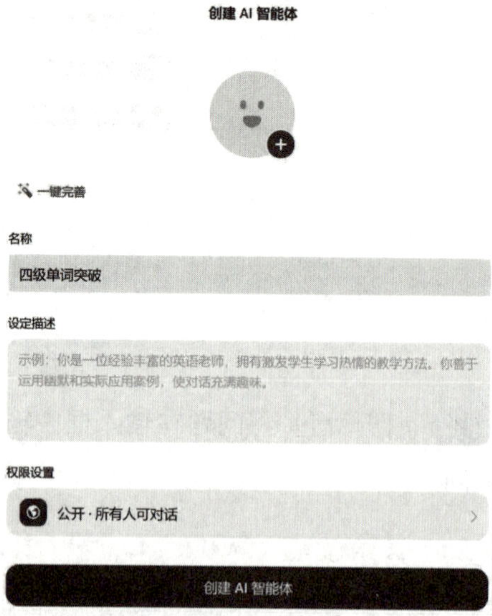

图 2-2-5 创建 AI 智能体

步骤 2▶ 根据需求在“设定描述”中输入提示词，设定为“我需要学习英语四级单词，每天为我讲解 10 个四级单词，并且第二天要通过提问检验昨天学习的单词”。在设计提示词时，可以将学习目标、学习内容以及智能体的学习策略进行详细描述，设定描述越细致，那么智能体就越能符合自己的需求。

步骤 3▶ 点击“权限设置”，打开“权限设置”对话框，可以设定智能体的公开范围，如图 2-2-6 所示。

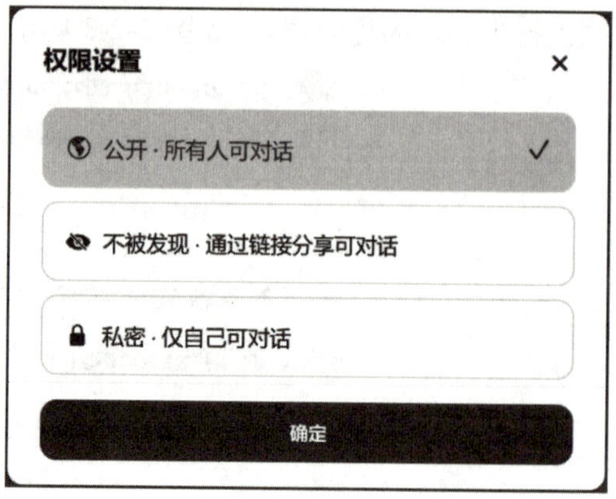

图 2-2-6 权限设置

步骤 4▶ 点击“创建 AI 智能体”完成智能体的创建。还可以根据提示对智能体进一步细化，如图 2-2-7 所示，创建更符合需求的智能体。

2.2.1.3 使用豆包生成图像

豆包可以根据描述生成图片，使用该功能时，选中界面左侧栏中的“图像生成”功能，然后在输入框中输入图像的提示词，接下来就可以生成图像。

例 3 假如你是学生会宣传部的干事，需要为学校设计一个羽毛球比赛的吉祥物，那么如何通过使用豆包来进行吉祥物的图像设计？

步骤 1▶ 打开豆包，选择左侧边栏的“图像生成”选项（见图 2-2-8）。

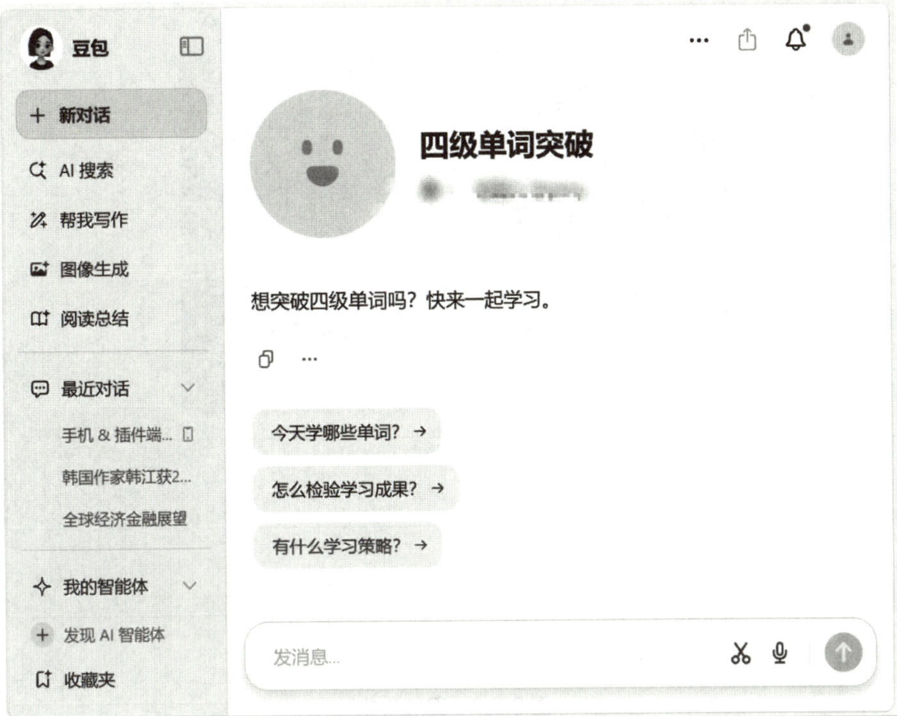

图 2-2-7　创建智能体

图 2-2-8　“图像生成”功能

步骤 2▶　在内容框中输入你想生成的图像的描述，比如“帮我创作一个羽毛球比赛吉祥物的卡通图片”，生成三种图像，结果如图 2-2-9 所示。还可以根据图片下方的提示进行精细化操作。

图 2-2-9　图像生成

步骤 3▶ 如果生成的图像不是想要的画风，可以选择给定的风格图像，在输入框生成该图像的提示词，接下来根据自己的需求修改提示词就可以生成具有特定风格的图像，如图 2-2-10 所示。

图 2-2-10　图片风格选择

步骤 4▶ 在生成的图片中选择心仪的图片，页面顶端会出现三个功能选项，可以通过“区域重绘”、“扩图”与“擦除”图片修饰功能对图片中的细节进行重绘或者修改，以得到最终想要的图片。如图 2-2-11 所示。

2.2.2 iSlide 智能生成 PPT

iSlide 是一款功能强大的 PPT 辅助设计工具，拥有丰富的资源库，可以提供强大的辅助设计支持，还加入了 AI 功能提升设计效果。使用 iSlide 工具的 AI 功能，可以自动生成 PPT 内容和大纲，提供 PPT 的文案、模板、素材、设计等，极大地提高了 PPT 制作的效率和专业性。

例 4 假如你是班级的班长，周五要组织同学开班会，班会内容是新学期“开学班会”，应该如何使用 AI 快速制作 PPT？

步骤 1▶ 在 iSlide 官网 https://www.islide.cc/下载安装包，进行安装，如图 2-2-12 所示。

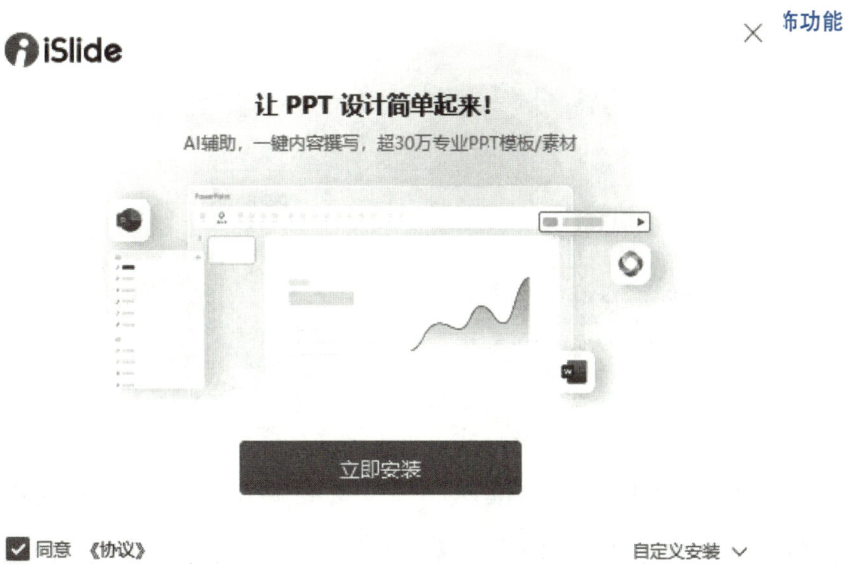

图 2-2-12 iSlide 工具安装界面

步骤 2▶ 安装完成后，打开 PowerPoint，在菜单中可以看到 iSlide 工具菜单，如图 2-2-13 所示。

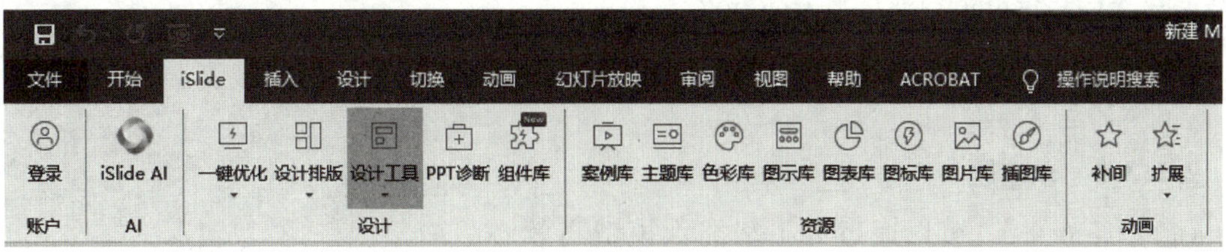

图 2-2-13 iSlide AI 工具菜单

步骤 3▶ 点击“iSlide AI”按钮，在弹出的 AI 对话框中输入需要 AI 进行的操作，如图 2-2-14 所示。AI 生成班会大纲后，如果有内容需要进行修改，可以手动修改，或者让 AI 重新生成一份新的大纲。

步骤 4▶ 单击 AI 对话框，将 PPT 大纲粘贴到对话框中，点击“生成 PPT”按钮，就可以让 AI 根据班会的大纲生成一份 PPT，为了更加符合班会主题要求，可以对生成的 PPT 进行主题描述，比如“需要一个以红色为主色调，以科技为主题的 PPT”，如图 2-2-15 所示。

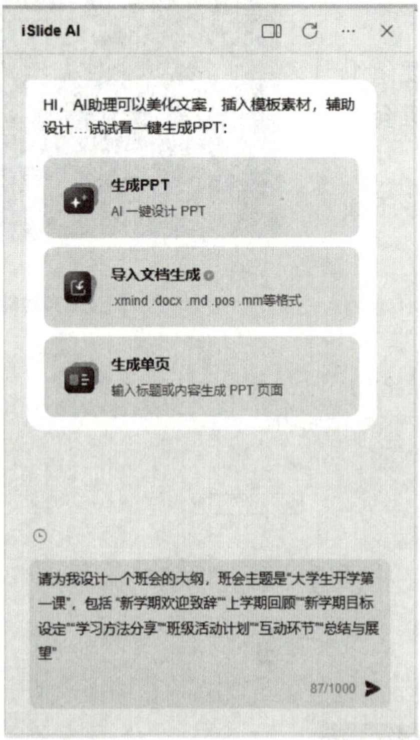

图 2-2-14 “iSlide AI”对话框

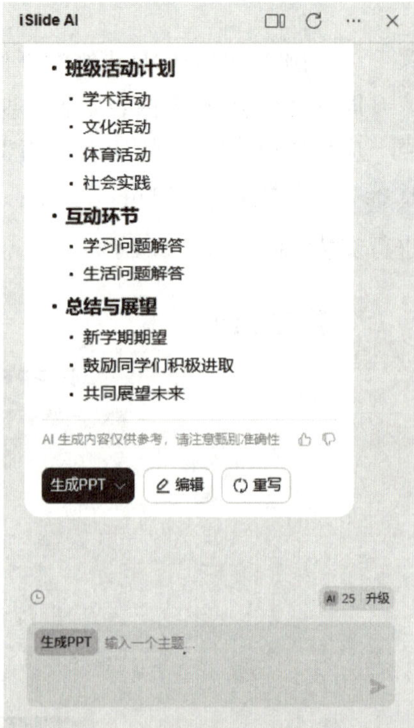

图 2-2-15 AI 生成主题班会 PPT 大纲

步骤 5▶ 生成 PPT 后，可以更换主题，或者使用“更多筛选”功能，精确地设定 PPT 主题，如图 2-2-16 所示。

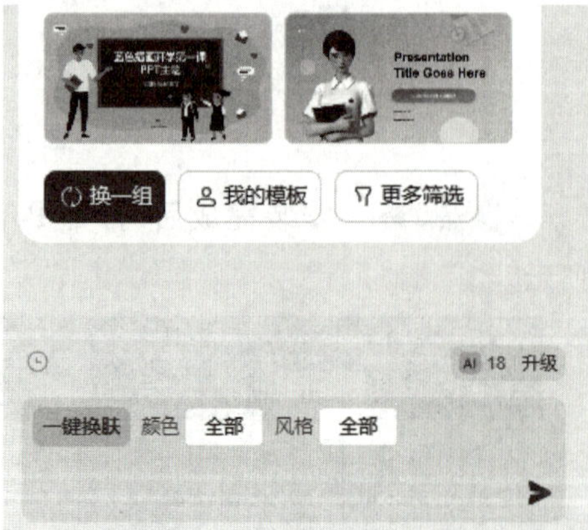

图 2-2-16 PPT 风格选择

使用 AI 进一步修改，查看 AI 生成的 PPT，对已经生成的 PPT 可以通过“单页修改”“单页生成”功能，进行修改或者增加页以得到满足需求的 PPT。

2.2.3 课后练习

2.2.3.1 单选题

(1) 以下(　　)可以通过人工智能大模型高效完成。

A. 撰写复杂的法律合同　　B. 进行高精度的物理实验
C. 创作独特的音乐作品　　D. 进行大规模的建筑施工

(2) 以下(　　)不是人工智能大模型的典型代表。
A. ChatGPT　　B. 豆包　　C. 通义千问　　D. 传统的决策树算法

(3) 以下关于“豆包”说法,错误的是(　　)。
A. “豆包”是由字节跳动公司开发的人工智能大模型。
B. “豆包”可以通过问答形式解决各种问题。
C. “豆包”可以替代人解决所有问题。
D. “豆包”可以提供解决问题的建议。

(4) 以下(　　)适合使用学习豆包。
A. 写作文时寻找灵感　　B. 做数学作业时直接获取答案
C. 考试时作弊　　D. 与朋友闲聊

(5) 与传统的学习工具相比,学习豆包的优势在于(　　)。
A. 更具互动性　　B. 信息更新速度慢　　C. 功能单一　　D. 体积庞大

2.2.3.2 判断题

(1) “豆包”能够帮助我们学习其他学科的知识。(　　)
(2) 人工智能大模型提供的回答一定是正确的。(　　)
(3) 豆包智能体只能回答知识类问题。(　　)
(4) 豆包智能体可以根据提示词生成多种风格的图片。(　　)
(5) iSlide 除了可以制作 PPT 模板外,还有丰富的功能,如智能图表、图片库、图标库、色彩搭配等,可以辅助用户高效制作 PPT。(　　)

2.3 人工智能与伦理

学习内容

✧ 人工智能的危害;
✧ 人工智能的管理。

学习目标

✧ 了解人工智能的风险;
✧ 掌握培养批判性思维和正确使用 AI 的方法。

思政目标

✧ 认识人工智能发展带来的新风险;
✧ 树立正确价值观和道德观,培养批判性思维。

在前面的章节中，我们一同追溯了人工智能的发展历程，见证了它从萌芽到如今蓬勃发展的精彩轨迹。接着，我们深入探讨了人工智能在各个领域的广泛应用，领略了它为我们的生活、工作和社会带来的巨大变革。然而，就像任何强大的技术一样，人工智能在带来诸多益处的同时，也并非毫无风险。在本节中，我们将把目光聚焦于人工智能可能带来的危害。我们需要以客观、理性的态度去审视这项技术的另一面，以便更好地应对未来可能出现的挑战，确保人工智能在正确的轨道上持续发展，为人类的福祉服务。

2005 年，美国有一本奇书出版——《奇点临近：当人类超越生物学》，封面如图 2-3-1 所示。作者雷·库兹韦尔在书中提出 21 世纪 30 年代人类大脑信息上传成为可能，到 2045 年奇点来临，人工智能完全超越人类智能，人类历史将彻底改变。

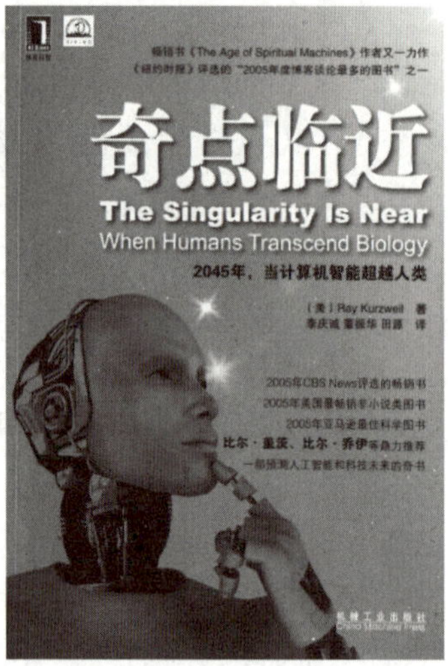

图 2-3-1 《奇点临近》封面

2023 年 3 月 29 日，美国生命未来研究所（Future of Life Institute）在其官网发布一封公开信，呼吁所有的人工智能实验即刻暂停比 GPT-4 更为先进的人工智能模型的研究，以便为强人工智能的到来留出充足时间作好准备。公开信中提到，具备人类竞争智能的人工智能系统或许会给社会与人类带来深刻风险。鉴于当前人工智能发展之迅猛及其不可解释性，一些科学家已对人工智能给当今社会带来的冲击流露出担忧之情。

2.3.1 人工智能与学术造假

人工智能已然呈现出了其功能的强大与高效，无法否定它的优势，然而在学习或者科研的进程中，必须能够恰当运用，要在思想层面杜绝 AI 造假，AI 无法取代人的思考，要让其成为有力助手，而非主导者。首先，确立正确的价值观与道德观乃是关键所在。学术诚信、信息真实以及创新创造是社会进步的基础。不管是在学术研究、商业活动还是日常交流里，都不应为了短暂的利益而借助人工智能去造假。其次，培育批判性思维能力极为重要。我们要学会针对人工智能提供的信息展开分析和评估，质疑其来源、准确性以及可靠性。在面对人工智能生成的文本、图像或者数据时，我们应当保持警觉，运用自身的知识和经验做出判断。通过持续地锻炼批判性思维，我们能够更好地辨别真假信息，防止被人工智能造假所误导。再者，要强化对人工智能技术的了解与认识。人工智能是一项仍在发展的技术与工具，由于训练数据集存在偏差，会导致给出错误答案，那么就不能过度信赖人工智能给出的答案，它给出的答案和结果并非完全准确的。

应当积极探寻人工智能的正确使用方式，充分发挥其优势。人工智能能够精准迅速地提供大量信息，进而节省筛选信息的时间，可以利用人工智能开展文献检索、数据分析以及翻译等工作，将更多的精力投入自己研究的核心工作当中。

总之，要摒弃“AI 能够代替自己完成工作”的想法，正确运用人工智能，树立正确的价值观和道德观，培养批判性思维能力，加强对人工智能技术的了解，充分发挥人工智能的特性，让它在工作学习过程中成为帮手。

2.3.2 AI换脸犯罪

2024年9月，法国电影演员阿兰·德龙去世半个多月后，一条阿兰·德龙“出镜”的赌场广告在海外社交媒体广泛流传，这条赌场广告视频使用了人工智能“深度伪造”技术，使用阿兰·德龙老年时期的影像和音频资料合成，仿真度非常高。实际上阿兰·德龙从来没有录制过这一广告消息，广告中的内容也和演员本人没有关系。

“深度伪造”（deepfake）是英文“deep learning”（深度学习）和“fake”（伪造）的混合词。它是指利用深度学习算法，实现音视频的模拟和伪造的技术。

“深度伪造”有以下常见应用：AI换脸，这是深度伪造最常见的方式，将一个人的脸部形象替换到另一个人的身体上；语音模拟：可以模仿特定人的声音，用于合成语音信息；视频生成：能够生成全新的视频内容，或者对现有视频进行修改、添加或删除特定元素，比如篡改视频中的人物行为、场景等。

随着生成式AI越发普及，深度伪造的开发发生了质变，“深度伪造”行为涉嫌侵犯个人权利。不法分子使用“深度伪造”技术进行诈骗，制作虚假的色情内容等犯罪行为，侵害他人肖像权、隐私权和知识产权等权利。制造虚假的政治、军事信息，会影响国家的政治稳定和安全，还会引发社会信任危机。“深度伪造”技术的滥用会让人们对信息的真实性产生怀疑，降低公众对媒体、政府等的信任度，影响社会的稳定和和谐。

小·贴士

新型犯罪！滥用AI换脸技术帮网约车司机避开平台人脸验证，上海一男子被提起公诉①

为确保网约车辆规范运营，一些出行平台通过人脸核验等技术对司机开展身份验证，在确保人车一致后再派单，因此一个司机只能注册一个账号接单。然而，为了实现登录他人账号或者使用多个账户接单，有些不法分子滥用技术，为司机用户提供专门性的工具规避平台监管。

日前，静安区检察院办理了这样一起案件，犯罪嫌疑人刘某某为牟利，应他人要求改装手机，利用AI换脸技术帮助网约车司机避开平台人脸验证，实现随意注册和接单，因涉嫌提供侵入、非法控制计算机信息系统程序、工具罪被提起公诉。

承办检察官认为，犯罪嫌疑人刘某某制售装有“虚拟相机”的改装手机，为网约车司机避开平台信息安全保护措施提供技术支持，且该程序功能单一，属于“专门用于侵入、非法控制计算机信息系统的程序、工具”。经查，刘某某陆续向他人有偿提供装有上述应用程序的手机11部，违法所得人民币1万余元，其行为符合《中华人民共和国刑法》第二百八十五条第三款之规定，构成提供侵入、非法控制计算机信息系统程序、工具罪。

① 郭剑烽，《新民晚报》，2024年9月25日。

人工智能技术飞跃发展，为经济发展注入巨大动能，也给人们日常生活带来诸多便利。但技术是一把“双刃剑”，与传统犯罪相比，利用数字信息技术实施的犯罪具有专业、隐蔽、复杂特征。技术本无善恶，但技术的使用需要规则和监督。下一步，静安区检察院将充分发挥检察职能，始终坚持惩防并举、源头治理的理念，依法惩治危害网络安全、数字安全犯罪，在持续加大全链条打击力度的同时，强化“四大检察”融合履职，深挖此类犯罪的规律特点，会同相关职能部门完善常态化治理机制。同时，进一步深入开展宣传教育，增强群众对AI犯罪的防范意识，充分认识技术滥用的法律风险，推动共建数字安全保护“大格局”。（文中涉案人员均为化名）

2.3.3 自动驾驶的道德难题

2021年11月25日，北京正式开启了国内首个自动驾驶出行服务商业化试点。百度Apollo旗下的“萝卜快跑”率先获取了商业化服务试点许可，达成了国内自动驾驶商业运营的第一单。2024年6月19日，“萝卜快跑”自动驾驶出租车在整个武汉市开始提供全自动驾驶出租车服务，在社会引发广泛关注。

1. 自动驾驶的分级定义

美国汽车工程师学会（SAE）在2014年发布了J3016标准对自动驾驶予以了分级定义，将自动驾驶划分成L0~L5六个级别。

（1）L0级：无自动化。完全由人类驾驶员控制车辆，不存在任何自动化系统的辅助。车辆的加速、制动、转向等操作均由驾驶员手动完成。

（2）L1级：驾驶辅助。车辆具备某些单一的自动化功能，能够在特定情形下为驾驶员给予辅助。比如，常见的定速巡航功能能够在一定速度范围内维持车辆匀速行进，减轻驾驶员长途驾驶时控制油门的压力；还有一些车辆配备了紧急制动辅助系统，当车辆传感器侦测到可能出现碰撞时，会向驾驶员发出警示并在必要时自动刹车。不过在这些状况下，驾驶员始终需要维持对车辆的完全掌控，并随时做好接管操作的准备。

（3）L2级：部分自动化。车辆能够同时达成多项自动化功能，并在一定程度上协同运作。例如，自适应巡航控制结合车道保持辅助系统，可以在保持车辆速度的同时，让车辆自动保持在车道中央行驶。在这个级别，驾驶员仍然需要时刻留意路况，并准备在系统出现故障或无法应对某些状况时接管车辆的控制权。

（4）L3级：有条件自动化。在特定条件下，车辆能够实现自动驾驶，但驾驶员仍需在必要时接管车辆。例如，在高速公路等特定环境中，车辆能够自动行驶、超车、变道等，但要是遇到系统无法处理的情况，如恶劣天气、复杂路况或系统故障，车辆会及时提醒驾驶员接管。这个级别的自动驾驶技术对系统的可靠性和安全性有着较高要求，因为驾驶员可能会在一定程度上放松对车辆的关注。

（5）L4级：高度自动化。车辆能够在大部分情况下实现自动驾驶，无需驾驶员干预。系统能够应对各类复杂的路况和交通环境，只有在极少数特殊情形下才需要人类驾驶员接管，例如在特定的区域内,如封闭的园区、特定的城市区域等。车辆能够自主完成所有的驾驶任务,包括启动、行驶、停车等。

(6)L5级:完全自动化。车辆能够在任何环境和任何条件下实现完全自动驾驶,无需人类驾驶员的任何干预。车辆具备与人类驾驶员相当甚至更高的智能水平,能够应对各种未知的情况和挑战。这是自动驾驶技术的终极目标,当前仍处于研发和探索阶段。

2. 自动驾驶的伦理难题与责任

2018年3月在美国亚利桑那州坦佩市,一辆安装了Uber自动驾驶系统的沃尔沃汽车在自动驾驶模式下行驶,致使一名横穿马路的中年妇女身亡。这是全球首例自动驾驶汽车在公共道路上发生的致死事故。在这起事故中,谁应当为车祸负责?

一个经典的伦理学问题"电车难题",在智能驾驶迅猛发展的当下再度成为备受瞩目的问题。自动驾驶汽车在高速行驶中,前方突然出现一群孩子在马路上嬉戏,而旁边的车道上有一辆正常行驶的大货车。如果保持直线行驶,极有可能会撞上孩子们;但如果紧急变道,可能会与大货车相撞,给车内乘客带来严重伤害甚至导致死亡。那么在极短的时间里,计算机计算出,如果撞上孩子们,那么会致使孩子丧生而保全车里乘客;如果撞向货车,那么可能会致使车里的乘客和货车的司机死亡,而救下孩子;如果撞向路边的墙,则可能致使乘客死亡,这种情况伤亡人数最少,但是会殃及无辜的乘客。在这个问题中,需要做出选择的是计算机,不论做出何种选择,造成的严重后果责任应当由谁承担?

依据当前人工智能技术与产业的现状,通常认为人工智能或者产品设备暂时无法成为责任主体,那么人工智能设施的设计者、制造商和用户可能承担相应的责任。

设计者责任:作为设计者需要为所设计的智能设备的安全性和可靠性负责,要求设计者能够积极主动地为未来人工智能的使用可能造成的社会影响与风险进行考量,尽可能地在使用前加以完善。

生产者责任:作为人工智能产品的生产制造商,需要确保产品质量合格并且需要定期进行维护升级,如发现安全隐患及时召回产品排除隐患。

使用者责任:使用者应当在法律允许的范围内,在产品功能内使用人工智能产品,不能利用人工智能进行违法活动,同时也需要定期对产品进行维护,避免出现故障从而引发更大的损失。

政府部门及行业组织责任:政府部门需要对人工智能的发展进行规划与监督,通过制定策略、标准以及相应法律,对人工智能的发展与研究进行管理和把控。行业组织与团体也应该在人工智能的应用前进行评估与审核,对其可能造成的风险进行评估,进一步降低人工智能带来的不可预测的风险。

2.3.4 算法偏见与歧视

人工智能算法可能在无意中滋生出歧视与偏见,给特定群体带来不公正的待遇。此类歧视或许归因于数据的偏差、算法设计得不合理或者缺乏人类的有效监督等因素。

以常见的购物平台的价格歧视现象,也就是常说的"大数据杀熟"为例。部分购物平台借助算法,依照用户的消费习性、过往购买记录等信息,为用户赋予不同的标识,向不同用户呈现各异的价格。比如,对于有高档商品消费意向、购物频次高,或者购买过会员服务的用户,可能会被算法标注为对价格不敏感的类型，于是平台就会给这类用户推荐更昂贵的商品，甚至是相同商品却价格更高、优惠更少。这种行为属于利用算法实施歧视，同时也是因平台和用户之间信息不对称所导致的不公平现象。

此外，社交平台会依据用户的喜好来推送内容，这便是所谓的“信息茧房”。算法在为用户推荐内容时，依据用户的历史行为以及兴趣偏好等信息来操作，这使得用户更容易接触到自身熟悉的信息或者与自身意见相符的信息，而对其他信息予以忽略或抵触，进而致使信息环境变窄，用户的认知被固化，所获取的信息同质化严重，造成用户的认知存在局限，思维变得僵化，对事物的见解变得片面等问题。

人工智能的“偏见”能否消除①

据英国《新科学家》网站近日报道，在提供购房和租房建议时，AI 对黑人用户倾向于推荐低收入社区，这一行为被指存在种族偏见，映射出美国历史上长期存在的住房歧视问题。

随着人工智能（AI）技术不断发展，其潜在问题也日益凸显。ChatGPT 等 AI 大模型频频暴露出的偏见和歧视倾向，正是这一问题的缩影。

AI 也有性别歧视

联合国妇女署官网 5 月 22 日报告指出，美国加州大学伯克利分校哈斯商学院一项研究，分析了不同行业的 133 个 AI 系统。结果显示，约 44%的系统表现出性别刻板印象，25%同时表现出性别和种族刻板印象。

例如，土耳其艺术家贝扎·多古斯在创作时，曾尝试让 AI 写一个关于医生和护士的故事。而 AI 总是自动将医生设定为男性，将护士设定为女性，即使多次尝试纠正也是如此。

美国科技博客 TechCrunch 利用 Meta 推出的 AI 聊天机器人进行测试，也发现了一种刻板的表达倾向：当使用“印度男性”提示词生成图像时，绝大多数图片中的男性都是戴着头巾。虽然很多印度男性确实戴着头巾（主要是锡克教徒），但根据 2011 年人口普查，即使是在印度首都新德里，锡克教徒的人口比例也只占约 3.4%。

单凭技术手段难以奏效

ChatGPT 等生成式 AI 具有惊人的能力，可在数秒内模拟人类推理，但这也增加了出错的可能。AI 巨头们深知其中存在问题，担心 AI 模型会陷入偏见、歧视等行为模式中，或在全球化用户群体中过度呈现西方社会的文化和认知。

字母表公司（Alphabet，谷歌母公司）首席执行官桑达尔·皮查伊表示，为了应对这一挑战，他们会要求在训练 AI 模型时尽可能拓展数据来源。例如，在展示医生或律师的图像时，力求反映种族多样性。但这一策略有时也会走向极端。

---

① 张佳欣，《科技日报》，2024 年 5 月 29 日。

AI 模型领先平台“抱抱脸”(HuggingFace)研究科学家萨莎·卢西奥尼认为:“单凭技术手段解决偏见问题,恐难奏效。”她强调,生成式 AI 的输出是否符合用户期望,往往取决于主观判断。美国阿莱姆比克技术公司产品主管杰登·齐格勒也指出,ChatGPT 等大型模型难以准确区分偏见与非偏见内容,这使得完全依赖技术手段来消除偏见变得异常困难。

人类偏好是根本

在 AI 技术飞速发展的今天,消除偏见并非易事。据“抱抱脸”平台统计,该平台上有约 60 万个 AI 或机器学习模型,每隔几周就会有新模型问世。这使得工作人员评估和记录偏见或不受欢迎的 AI 行为变得异常繁重。

目前,技术人员正在开发一种名为“算法回归”的方法,它让工程师能在不破坏整个模型的情况下删除歧视和偏见内容。不过,许多人对此持怀疑态度,认为这种方法可能难以真正奏效。

另一种方法是“鼓励”模型向正确方向发展,通过微调模型或增加奖惩机制来引导其行为。

美国 AI 公司 Pinecone 则专注于检索增强生成(RAG)技术,该技术可为大型语言模型提供参考的信息来源,从而提高 AI 生成答案的准确性。

然而,对于如何根本性地解决 AI 偏见问题,业界和专家们的共识是:这是一个复杂而艰巨的任务。正如美国机会与正义法律咨询公司主任韦弗所言:“偏见是人类固有的,因此也存在于 AI 中。”他担心人们可能会陷入一个恶性循环:人类自身偏见影响 AI,而 AI 又反过来强化这些偏见。

在人工智能时代,AI 基于从互联网上挖掘的各类信息,帮助各行各业的人们做出越来越多的决策。然而,AI 的底层智力在很大程度上取决于其数据源的品质,这些数据可能源于标准不一致的历史数据,也可能源于设计者的个人偏好。数据搜集存在很多技术上的不完善,由此训练出来的 AI 可能充满智慧、才华和实用性,也可能包含仇恨、偏见和抱怨,进一步反映并延续人类社会中的问题。如果人们不解决社会中的歧视和偏见问题,AI 很可能在强化这些错误观念的道路上越走越远。

AI 能否消除偏见?答案或许就在于能否从根本上解决人类社会中存在的歧视和偏见。

2.3.5 课后练习

2.3.5.1 单选题

(1)以下(　　)不是批判性思维能力的表现。

A. 接受人工智能提供的所有信息

B. 对人工智能提供的信息展开分析和评估

C. 质疑信息的来源、准确性以及可靠性

D. 运用自身知识和经验作出判断

(2)人工智能技术可能因为(　　)给出错误答案。

A. 运行速度太快　　B. 训练数据集存在偏差

C. 耗电量太大　　D. 外观不够美观

(3)高校学生在使用 AI 技术助力学业时,应该(　　)。

A. 完全依赖 AI 生成的结果

B. 批判性“使用”,对内容进行甄别和筛选

C. 只使用 AI 进行文献综述

D. 从不使用 AI

(4)“深度伪造”技术不包括以下(　　)应用。

A. AI 换脸　　B. 语音模拟　　C. 视频生成　　D. AI 绘画

(5)“深度伪造”行为可能侵犯以下(　　)权利。

A. 肖像权　　B. 隐私权　　C. 知识产权　　D. 以上都是

2.3.5.2 判断题

(1)可以利用人工智能开展文献检索、数据分析以及翻译等工作提高学术工作的效率。(　　)

(2)购物平台的价格歧视现象属于技术故障。(　　)

(3)社交平台依据用户喜好推送内容导致的“信息茧房”问题,是因为算法依据用户的历史行为和兴趣偏好。(　　)

(4)拓展数据来源是解决 AI 偏见问题唯一方法。(　　)

(5)“深度伪造”的行为可能会侵害他人肖像权、隐私权和知识产权等权利。(　　)

2.4 人工智能与社会变革

学习内容

✧ 人工智能带来的生活方式变革,工作模式变革,思维方式变革;

✧人工智能引发各个行业的重大变革。

学习目标

✧ 了解人工智能对生活、工作、思维方式的具体影响及表现;

✧ 理解人工智能在艺术、教育、医疗等领域的具体应用和优势。

思政目标

✧ 引导学生树立创新意识,积极参与跨界融合与创新活动;

✧ 引导学生树立正确的价值观和道德底线,确保人工智能为人类进步服务。

在当下这个时期,人工智能恰似一股澎湃的洪流,汹涌而至,深度地改变着我们的社会。它不但重新塑造着社会环境,还在各个行业引发了从未有过的变革“狂风”。从传统的制造业到富有创意的艺术范畴,从严谨的医疗领域到高效的金融业界,人工智能的作用和影响无所不及。它既提供了令人称奇的契机,给社会的发展增添了强劲的推动力,也引发了一连串棘手的挑战,迫使我们再次考量社会的变革方式和科技发展的未来趋向。

2.4.1 人工智能引领下的社会变革

2.4.1.1 生活方式的变革

人工智能技术的广泛应用,让我们的生活变得更加便捷和智能。智能家居系统能够根据生活习惯自动调整家中的温度、湿度和光线,提供舒适的居住环境。智能语音助手能够识别语音指令,帮助我们查询信息、播放音乐、控制家电等,极大提升了生活的智能化水平。此外,人工智能技术还在医疗健康、教育等领域发挥着重要作用,提高了服务效率和质量,让生活更加美好。

2.4.1.2 工作模式的变革

人工智能技术的发展对各行各业产生了深远影响,推动着工作模式的变革。在制造业领域,人工智能技术能够实现自动化生产和智能控制,提高生产效率和产品质量。在金融领域,人工智能技术能够处理和分析海量数据,为投资决策提供有力支持。在服务业领域,人工智能技术能够提供个性化、智能化的服务,满足消费者的多样化需求。此外,人工智能技术还催生了新的职业和岗位,如数据科学家、机器学习工程师等,为社会创造了更多的就业机会。

2.4.1.3 思维方式的变革

人工智能技术的普及和应用,正在改变我们的思维方式。首先,人工智能技术让我们更加关注数据和算法的力量,认识到数据驱动决策的重要性。其次,人工智能技术让我们更加关注跨界融合和创新,推动不同领域之间的交流和合作。最后,人工智能技术还让我们更加关注人类与机器的关系,思考如何在智能时代保持人类的主体地位和尊严。

2.4.2 人工智能改造职业

2.4.2.1 人工智能技术引发的失业大潮

早在 2012 年,富士康公司就启动了“百万机器人计划”,挥刀大规模裁员,以机器人取代人力。机器换人、工业互联 Predix(GE 推出的工业互联网服务),富士康的战略转变已经开始影响到一线工人。近些年来,富士康每年投入上万台机器人。就因为这一工业互联的举动,致使富士康最大工厂之一的昆山工厂,人数直接从 11 万裁减至 5 万,整整减少了一半。在机器换人的潮流当中,众多人员被迫离开,从以往厂区内坐满人员到如今全是机械臂在工作,时代的变迁我们无力改变,只能顺应时代的步伐,不然就会遭到淘汰。

美国斯坦福大学研究员、人工智能专家维威克·沃德瓦给出了这样一个论断:到 2036 年,所有的人类工人都将被机器人和人工智能淘汰掉,而现实中出现的以智能机器替代人工劳动的情况更是随处可见。在未来 30 年内,人工智能几乎能够完全替代人力。面对由此引发的失业大潮,人们又该如何抉择呢?

与这些新技术进步相呼应的是,它们在淘汰旧工作的同时,总会催生新的岗位。例如,在过去的 30 年里,在数字革命的冲击下,许多只需中等技能就能完成的工作,如打字员、票务代理以及工厂生产线上的工作,都成为被机器取代的目标。因这种新技术而产生的新工种有网络程序员、维护工程师等。

2.4.2.2 人工智能与艺术设计

人工智能不仅对工业带来影响,同时也对艺术产生深刻的影响。艺术与设计均属于人类有意识参与的实践活动,它们在具体的实现形式、手段方面具有极为显著的个性化、非线性特点,这也决定了就当下的弱人工智能水平而言,想要在艺术与设计领域实现创造性,是极具挑战的。

当下弱人工智能在艺术与设计的创造性方面存在困难。其一,就出发点和目的来讲,机器生成依托的是设定好的程序,指向明确的问题以求得清晰的答案,然而艺术是创作者内心情绪的抒发,不明确也不理性。人工智能在程序设计等广泛的设计范畴发挥作用,这类设计旨在协调人与设计对象的关系,提升体验的满意度;艺术创作则毫无拘束。其二,艺术家主观地表达个人的经验与感受,机器生成具有极强的理性目标导向,属于对客观事物的理性实践方式。例如在广告设计中,前期的市场调研和后期的投放需要大数据的参与,而创意和表达依靠的是设计师的艺术灵感。总之,艺术与设计在实现方式、目的等方面存在差异,当下弱人工智能在艺术创造性方面遭遇挑战,在设计领域倒是有一定的作用。

现阶段机器设计和人类设计有着明显的区别,主要体现为机器设计理性客观、容量近乎无限、更新即时、反应迅速且不知疲倦;而人类设计则相对感性主观、容量有限、更新缓慢、反应迟缓且容易疲劳。

灵感与潜意识难以习得,相较于人工智能能够凭借强大的计算能力在围棋中走出人类未曾走过的棋招,但是人类的灵感与直觉的达成通常是非常随机的。尽管灵感的获取依旧是其长期思考的成果,但是无法确定得到答案的时间节点。人类另一种自由想象的状态便是潜意识。长期以来,潜意识和无意识绘画一直是心理学家们研究艺术家创造力的一个主要艺术门类。2019 年 7 月 13 日,“人工智能少女画家”微软小冰的首次个人画展“或然世界”在中央美院美术馆举办。有别于以往,这也是中央美院首次为 AI 人工智能举行的画展(见图 2-4-1)。

图 2-4-1 微软小冰画展海报

如今,人工智能写文章、作诗、写歌、画画的事例虽然屡见不鲜,但目前这些所谓的艺术创作依然是基于对大数据进行机器学习的成果,并非真正意义上的文艺创作。简单来看,当下机器所创作的抽象绘画、现代派诗歌,这些常常让普通人产生理解困难的艺术作品,着实让人们很难将其与人类创作区分开来。

2.4.2.3 人工智能与教育

在教育范畴中,“人工智能+教育”属于一种综合性的理念,指的是把人工智能技术全面融入教育领域之中,凭借智能化的方式来改良教育环境,进而促使传统的教育模式、教学手段和学习感受产生根本性转变的一类新型教育形式。

从狭义的角度来讲,“人工智能+教育”代表着运用人工智能技术去协助教学、管理、评估以及反馈等各个流程,以达成更高效、更具个性化的教育服务。从更宽泛的意义上说,“人工智能+教育”不单局限于技术层面的运用,更象征着一种教育观念和教育形式的创新。它突出以学生为核心,充分借助人工智能技术来满足学生的个性化要求,持续提高学生的学习成效。同时,“人工智能+教育”也需要教育工作者不断更新自身的教育理念,提升自身的信息素养,以适应新时代教育发展的需要。有别于传统的教育方法,智能化教育以学生在“教、学、练、评、测”五大流程所生成的数据作为基础,利用图像辨别、语音分辨、人机对话、多模态行为剖析、知识生成与表述、模拟智能体等技术,形成适合每个学生的个性化的解决办法和有效反馈建议。经过持续的数据收集、追踪与重构,人工智能会极大地提升学习效率,改变教育模式。

“人工智能+教育”主要具有如下特点:

(1)新场景教育:拓展教育的深度与广度。伴随“人工智能+教育”的深度结合,传统的教育模式正在被重新塑造,教育的界限也在不断被拓展。“人工智能+教育”通过构建全新的教育场景,极大地拓展了教育的深度和广度,打破了教育的时间和空间约束(见图 2-4-2)。借助人工智能技术,学习者能够随时随地通过在线学习平台展开学习,通过智能辅导系统能够获取即时的学习反馈和答疑解惑,通过模拟仿真学习系统实现对知识的更深入领会,显著提高了学习深度和学习效率。

图 2-4-2 新场景教育

(2)个性化学习:达成教育资源的精确匹配。个性化学习是“人工智能+教育”的基本特性之一,也是其优势所在。借助人工智能技术能够全面、精准、及时地采集学习者的学习路径,了解学习者的学习喜好,从而通过精确计算,为学习者提供定制化的学习服务,实现学习者的兴趣、能力与学习资源和学习方式的精确匹配,提升学习效率和效果。

(3)自适应调整:赋予学习过程的动态适应能力。自适应性是“人工智能+教育”的关键特性。“人工智能+教育”所拥有的自适应调整能力,可以依据学习者的学习进展和反馈,动态地调整学习的内容和难度,让学习者始终处于最适合自身的学习方式和学习难度区间内学习。此外,自适应调整还能够帮助学习者找出自己的学习盲区和薄弱点,及时弥补漏洞,进一步提高学习效果。

(4)沉浸式体验:不断孕育教育创新动力。在“人工智能+教育”这一新场景教育模式下,沉浸式体验正逐渐成为孕育教育创新的重要驱动力。“人工智能+教育”通过结合先进的虚拟现实(VR)和增强现实(AR)技术,营造沉浸式的学习环境,将抽象知识具象化,为学习者提供身临其境的学习感受,使教育过程更为生动、形象。在这种环境里,学习者不但能够更加直观地理解和掌握知识,而且能够更深入地探究和体验所学知识,进而有效激发学习者的创造力,为教育创新提供源源不断的创新动力。通过不断孕育创新动力,“人工智能+教育”也将持续推动教育模式的变革和创新,以动态适应新时代教育发展的变革性需求。

2.4.2.4 人工智能与医疗

在医疗领域,在人口老龄化、慢性病患者群体增加、优质医疗资源紧缺、公共医疗费用攀升的社会环境下,医疗人工智能的应用将极大简化当前繁琐的看病流程,并在优化资源、改善技术等多个方面为人类提供更好的解决方案(见图2-4-3)。医疗人工智能已应用到医疗、医药、医保、医院这四大医疗产业链环节。目前已经应用的人工智能场景有智能辅助诊断、个性化治疗方案、药物研发、智能手术、远程医疗、智能导诊和患者服务、医保服务与健康管理等。

图2-4-3 人工智能与医疗

2.4.3 与人工智能共存

机器智能的发展不仅将模糊人与机器之间的界限，更会加剧冲击现有网络信任关系和安全。随着人工智能的发展，当更高级别的通用型人工智能和超级人工智能出现之时，人类与机器的关系将会面临新的挑战，包括人机之间如何协助和如何相处，机器是否可以享有人之间的人道主义待遇。而所有这些，都将成为未来社会无法回避的问题。

在即将到来的 AI 全新时代，如何让自己变得更具有竞争力，在 AI 视野下定位自己的发展方向并进行合理的职业规划，变得尤为关键。

首先，大学生应秉持开放、积极的心态看待人工智能。人工智能并非为了取代人类，而是作为一种辅助工具和技术，协助人类完成各类任务。我们要充分认识到人工智能带来的机遇，它能提高工作效率、增强创新能力并有助于解决复杂问题。同时，也要正视其可能带来的挑战，如就业结构的调整和部分工作的替代。然而，我们不应畏惧或排斥人工智能，而应积极适应这一变化，热情拥抱人工智能所带来的新机遇。

其次，大学生应主动学习人工智能的相关知识和技能。一方面可以通过选修人工智能相关课程、参加线上线下培训及讲座等方式，深入了解人工智能的基本原理、算法和应用领域。另一方面，也要注重实践操作，通过参与实际项目或实验，提升自己的动手能力和解决问题的能力。此外，还应关注人工智能的最新发展动态，不断更新知识体系，以适应快速变化的科技环境。

再次，大学生应将人工智能融入未来的学习与就业。可以从以下几个方面着手：①在学习过程中，善于利用人工智能工具提高学习效率，例如使用智能学习软件进行个性化学习、数据分析和知识管理。②查漏补缺，通过人工智能算法分析自身学习习惯和薄弱环节，有针对性地进行学习和提升。③在就业方面，关注与人工智能相关的新兴职业和领域，如人工智能工程师、数据分析师、机器学习专家等，并努力提升在这些领域的竞争力。④要培养跨学科能力，将人工智能与自身专业知识相结合，创造更多的创新价值。

最后，大学生还应注重培养人文素养和情感智慧。尽管人工智能在某些方面能够超越人类，但它无法替代人类的情感、创造力和判断力。因此，我们要坚定对人类自身价值的信心，注重培养沟通能力、团队合作精神和创新思维，以便更好地与人工智能协作，共同推动社会发展。

总之，当代大学生应积极应对人工智能带来的挑战和机遇，以开放的心态学习人工智能知识，将其融入未来的学习与就业中，为自身的未来发展奠定坚实基础。同时，要始终坚守人类的价值观和道德底线，使人工智能成为人类进步的助力，而非威胁。只有这样，我们才能与人工智能和谐共存，共同开创美好的未来。

2.4.4 课后练习

2.4.4.1 单选题

(1) 因人工智能技术催生的新职业岗位有(　　)。

A. 农民　　B. 工人　　C. 数据科学家　　D. 教师

(2) 在未来 30 年内，人工智能几乎能够完全替代(　　)。

A. 体力劳动　　B. 脑力劳动　　C. 人力　　D. 艺术创作

(3)在“人工智能+教育”中,个性化学习是通过( )实现的。

A. 教师观察　　B. 学生自我探索

C. 人工智能技术采集学习数据　　D. 家长指导

(4)“人工智能+教育”的沉浸式体验是通过( )实现的。

A. 传统教学方法　　B. 结合虚拟现实和增强现实技术

C. 增加作业量　　D. 延长学习时间

(5)在人工智能引发的失业大潮中,新产生的岗位通常需要具备以下( )能力。

A. 传统手工技能　B. 低学历要求　C. 数字技术能力　D. 体力劳动能力

2.4.4.2 判断题

(1)大学生对人工智能应该有畏惧与排斥心态。( )

(2)人工智能会造成大量失业,所以不应该发展人工智能。( )

(3)“人工智能+教育”是使用人工智能技术协助教学、管理、评估以及反馈等各个流程。( )

(4)大学生在所有专业中都不需要用到人工智能技术。( )

(5)未来工作中可能需要与人工智能技术合作,大学生有必要学习人工智能相关技能。( )

2.5 综合练习

(1)人工智能如何推动工作模式的变革?

(2)机器智能发展对网络信任关系和安全有哪些影响?

(3)为什么说大学生应秉持开放、积极的心态看待人工智能?

第 3 章　图像处理基础与应用

学习提要

知识目标：了解图像处理的基本概念，熟悉图形、图像文件格式及常用的图像处理软件。

能力目标：熟练掌握 Adobe Photoshop CC 中的常用工具和图像处理技术。

思政目标：在案例学习过程中，使学生了解数字图形、图像的基本概念，掌握图像处理的基本技能；尤其是在当今数字化时代，培养学生具备基本的数字媒体应用技能。

重点提示：图像处理和图层的基本概念，图层样式、混合模式的设置，滤镜效果的应用。

学习导图

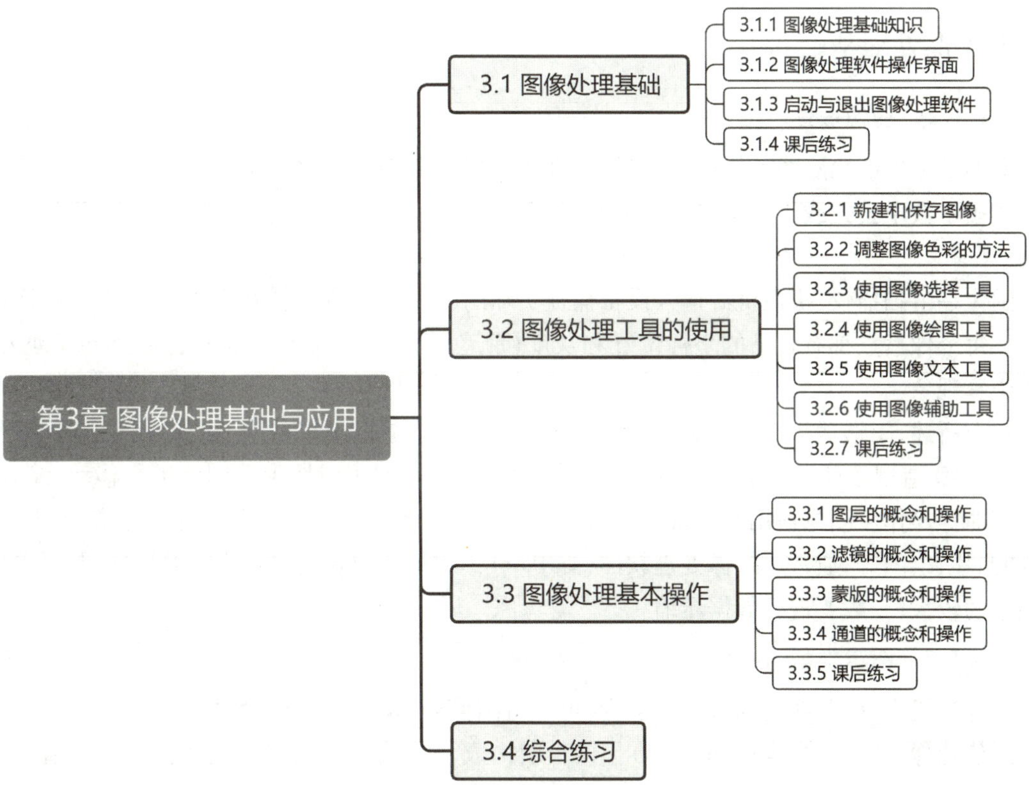

本书以上海市高等学校信息技术水平考试(一级)《数字媒体基础》考试大纲中涉及的考试环境为依据，介绍 Adobe Photoshop CC 2015 中文版的使用。

3.1 图像处理基础

学习内容

✧ 图像处理基础知识；
✧ 图像处理操作界面；
✧ 启动与退出图像处理。

学习目标

✧ 了解图像处理的基本概念，熟悉图像处理的操作界面；
✧ 掌握 Adobe Photoshop CC 的启动与退出。

思政目标

✧ 在实际的工作中，一般需要先熟悉工作环境，了解工作内容以及所使用的工具。

3.1.1 图像处理基础知识

3.1.1.1 图像概述

图形是由外部轮廓线条构成的矢量图，即由计算机绘制的直线、圆、矩形、曲线、图表等。它主要依赖于数学公式或指令集合来描述图形的形状、大小和位置，这些指令可以任意缩放而不失真。

图像是由扫描仪、摄像机等输入设备捕捉实际的画面产生的数字图像，是由像素点阵构成的位图。每个像素点都有自己的坐标位置和灰度(颜色值)，当放大到一定程度时会出现锯齿状，产生失真现象。

综上所述，图形适用于描述轮廓不是很复杂，色彩不是很丰富的对象，如几何图形、工程图纸、CAD、3D 造型软件等。绘图软件编辑生成矢量图形，可对矢量图形及图元进行移动、缩放、旋转和扭曲等操作。图像适用于表现含有大量细节(如明暗变化、场景复杂、轮廓色彩丰富)的对象，如照片、绘图等，通常用图像处理软件(如 Paint、Brush、Photoshop 等)进行编辑处理，因占用的存储空间较大，一般要进行数据压缩。

3.1.1.2 图像类型

在计算机中，按照颜色和灰度的多少，可以将图像分为以下四种基本类型：

二值图像：图像的二维矩阵仅由 0、1 两个值构成，“0”代表黑色，“1”代表白色。二值图像通常用于文字、线条图的扫描识别(OCR)和掩膜图像的存储。

灰度图像：灰度图像矩阵元素的取值范围通常为[0,255]。其中，“0”表示纯黑色，“255”表示纯白色，中间的数字从小到大表示由黑到白的过渡色。

索引图像:索引图像的文件结构比较复杂,除了存放图像的二维矩阵外,还包括一个称之为颜色索引矩阵 MAP 的二维数组,索引图像一般用于存放色彩要求比较简单的图像。

真彩色 RGB 图像:由红、绿、蓝 3 种颜色通道组成,每个通道的值域通常为[0,255],能够表示非常丰富的颜色信息。

3.1.1.3 存储格式

1. 图形存储格式

图形的存储格式有以下几种:

(1) CDR 是 CorelDraw 软件的专用图形文件存储格式。由于 CorelDraw 是矢量图形处理软件,CDR 可以记录丰富的图形属性,如物件的属性、位置、分页等,以便日后修改。CDR 适用于 CorelDraw 软件创建的矢量图形文件。

(2) AI 是 Adobe Illustrator 软件的专用图形文件存储格式。AI 文件同样支持矢量图形的各种属性,便于在 Illustrator 中进行编辑和修改。AI 适用于 Illustrator 软件创建的矢量图形文件。

(3) DXF(Autodesk Drawing Exchange Format)是 AutoCAD 软件的图形文件格式,以 ASCII 方式存储图形,可以被多种软件调用和编辑。DXF 广泛应用于建筑、机械等领域的图形交换,特别是在需要精确尺寸和角度数据的场合。

(4) EPS(Encapsulated PostScript)是一种通用格式,可用于矢量图形、像素图像以及文本的编码。它支持跨平台应用,并具有良好的打印效果。EPS 适用于需要高质量打印输出的场合,如广告、出版等领域。

(5) SVG(Scalable Vector Graphics)是一种基于 XML 的矢量图形格式,具有可缩放性、可编辑性和可搜索性。SVG 文件通常比 JPEG 和 GIF 等格式的文件小,下载速度快。SVG 适用于 Web 图形页面设计,特别是需要高分辨率和可交互性的场合。

2. 图像存储格式

图像的存储格式主要有以下几种:

(1) BMP(Bitmap Image File)是 Windows 中的标准图像文件格式,结构简单,未经过压缩,因此文件较大。但 BMP 格式的图像不会失真,兼容性好。BMP 适用于对图像质量要求较高的场合,如图像处理软件的原始素材。

(2) JPEG(Joint Photographic Experts Group)是一种高效的压缩格式,可以对图像进行大幅度的压缩,从而节省存储空间和网络资源。但 JPEG 压缩属于有损压缩,压缩比越大,图像质量越低。JPEG 适用于网络传输和存储大量图像的场合,如网页、相册等。

(3) GIF(Graphics Interchange Format)是一种支持透明色和动画的图像格式。GIF 文件通常比 JPEG 文件大,但支持多幅图像存储在一个文件中形成动画。GIF 适用于网络传输和存储动画效果图片的场合,如网页上的动态广告、表情包等。

(4) PNG(Portable Network Graphics)是一种无损压缩的图像格式,支持透明色和多种颜色模式。PNG 文件通常比 GIF 文件小,且支持更高的图像质量。PNG 适用于需要高质量图像且对文件大小有一定要求的场合,如网页设计、图标制作等。

(5) TIFF(Tagged Image File Format)是一种灵活的图像文件格式,支持多种编码方法和压缩方式。TIFF 文件通常用于高质量的图像打印和出版。TIFF 适用于印刷输出、专业图像处理等需要高质量图像的场合。

(6) PSD(Photoshop Document)是 Adobe Photoshop 软件的专用图像文件格式。PSD 文件可以保留图像的图层、通道、蒙版等丰富信息,便于后续修改和特效制作。PSD 适用于 Photoshop 软件中制作和处理的图像文件,便于保存和修改图像的各种属性。

3.1.1.4 图像处理概述

图像处理(Image Processing)又称为影像处理,是用计算机对图像信息进行再加工,以满足人们某种需要的技术,包括图像变换、色彩调整、图像修补、图像特效、图像合成和添加文字等。

图像处理是利用计算机或其他数字设备对图像进行分析和处理,以达到所需视觉效果或提取有用信息的技术。它广泛应用于航天航空技术、生物医学、通信工程、工业和工程、军事和公安、文化与艺术等领域。

3.1.1.5 图像处理技术

1. 图像数字化

图像数字化包括采样和量化两个过程。采样是图像在空间上的离散化,将空间上连续的图像变换成离散的点,即将连续变化的图像离散化;量化则是对样点灰度级值的离散化过程,将采样出来的像素点转换成离散的数量值,即将每个样点值数码化。

2. 图像增强和复原

图像增强的目标是通过处理图像,提高图像重要细节信息或者目标的辨识度,使其比原始图像更适应于特定应用。常用的图像增强技术有对比度处理、直方图修正、噪音处理、边缘增强等。

图像复原是利用退化过程的先验知识,去恢复已被退化图像的本来面目。图像在形成、传输和记录中,由于成像系统、传输介质和设备的不完善,会导致图像质量下降,图像复原技术旨在纠正这些变质和失真。

3. 图像数据编码

图像数据编码也称图像压缩,是指在满足一定质量(如信噪比的要求或主观评价得分)的条件下,以较少比特数表示图像或图像中所包含信息的技术。图像编码的核心是图像压缩,其目的是减少描述图像的数据量,以节省图像传输、处理时间和减少所占用的存储器容量。

4. 图像分割

图像分割是数字图像处理中的关键技术之一,也是计算机视觉的基础。它是将图像中有意义的特征部分提取出来,使这些特征在同一区域内表现出一致性或相似性,而在不同区域间表现出明显的不同。图像分割的常用方法包括基于阈值的分割、基于连通域的分割、基于图论的分割等。

5. 图像识别

图像识别是指利用计算机对图像进行处理、分析和理解,以识别各种不同模式的目标和对象的技术。它通常包括图像预处理、特征提取、分类识别等步骤。图像识别的应用范围极其广泛,如工业自动控制系统、指纹识别系统以及医学上的癌细胞识别等。

3.1.1.6 图像处理软件

图像处理软件是用于对图像进行各种操作和处理的专业软件。它们提供了丰富的工具和功能,能够编辑、增强、修复、分析、合成和转换图像。以下是一些常见的图像处理软件:

1. Adobe Photoshop

Adobe Photoshop 是最知名的图像处理软件之一,由 Adobe 公司开发。Photoshop 提供了广泛的编辑工具,包括图像裁剪、旋转、调整大小、色彩校正、图层操作、滤镜效果等,还支持高级功能,如图像合成、蒙版、路径和选区等,非常适合专业摄影师、设计师和艺术工作者使用。

2. Adobe Photoshop Elements

Adobe Photoshop Elements 是 Photoshop 的简化版,面向普通用户和摄影爱好者。它提供了许多基本的图像编辑工具,如裁剪、旋转、修复、色彩调整等,同时简化了界面和操作流程,更容易上手。

3. GIMP

GIMP(GNU Image Manipulation Program)是一款开源的图像处理软件,具有与 Photoshop 相似的功能集。它支持多种图像格式,提供了广泛的编辑工具,包括画笔、滤镜、图层等。GIMP 非常适合那些需要强大图像处理功能但又不想支付高昂费用的使用者。

4. Google Photos

Google Photos 是 Google 开发的一款免费图像处理软件,它可以进行图像浏览、编辑和组织,具有图像自动备份、智能搜索、编辑工具等功能。

5. Canva

Canva 是一款在线图形设计工具,提供了基本的图像处理功能,如裁剪、调整大小、添加滤镜和文本等,多用于创建社交媒体图像、演示文稿和文档。Canva 的优点是简单易用,适合非专业、快速制作美观的图像。

6. PicsArt

PicsArt 是一款功能强大的照片和视频编辑应用,它提供了广泛的编辑工具,包括裁剪、旋转、调整色彩、添加滤镜和贴纸等。PicsArt 还支持一些高级功能,如图像合成、人像美容和动画效果等,非常适合社交媒体和内容创作者。

7. Lightroom

Lightroom 是 Adobe 公司开发的另一款图像处理软件,它专注于照片管理和后期处理。Lightroom 提供了强大的图像调整工具,如曝光、对比度、白平衡、色彩校正等,同时还支持批量处理、元数据管理和导出功能。Lightroom 是摄影师和摄影爱好者的首选工具之一。

3.1.2 图像处理软件操作界面

Adobe Photoshop CC 是 Adobe 公司推出的新版本图像处理软件,CC 系列开启了全新的云时代图像处理服务。Photoshop 软件的专长在于图像处理,能够对已有的位图图像进行编辑加工处理以及运用一些特殊的效果,帮助将图像修改成满意的效果,可以应用于图书封面、海报、平面印刷品等产品的图像处理。本章节主要介绍 Adobe Photoshop CC 2015 中文版图像处理软件。

AdobePhotoshop CC 的操作界面主要由菜单栏、工具栏、工具箱、编辑区、状态栏和浮动面板区组成,如图 3-1-1 所示。

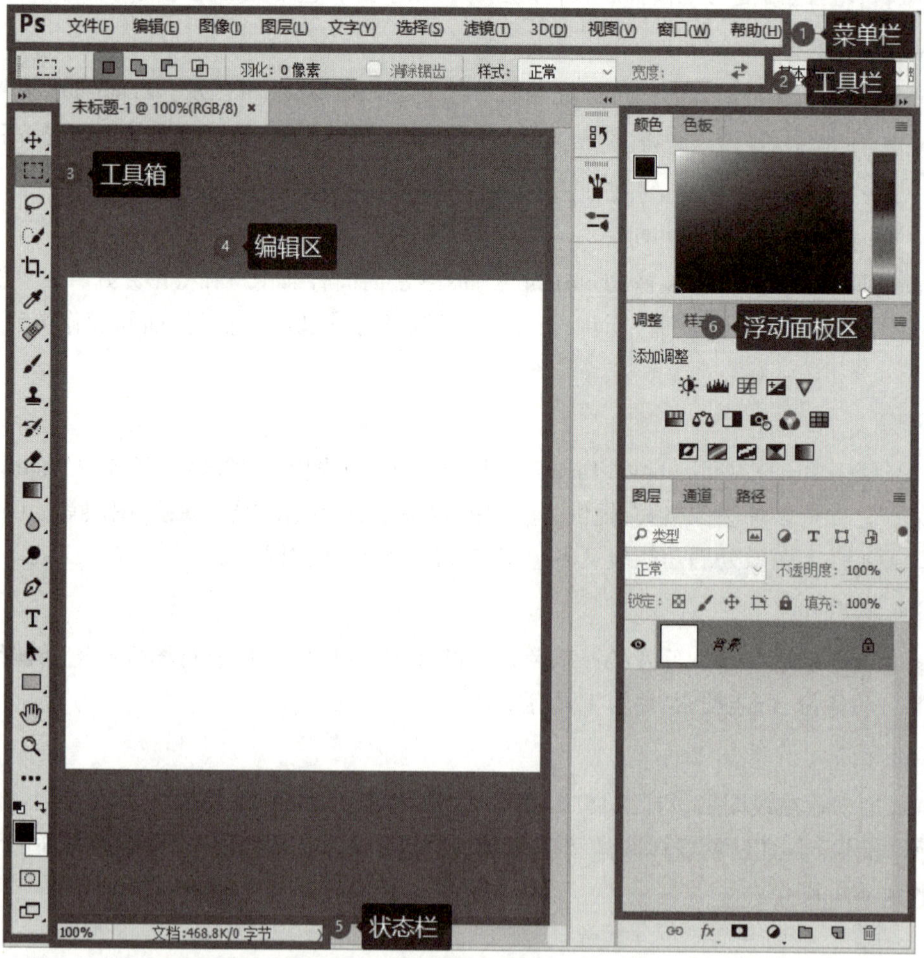

图 3-1-1 Adobe Photoshop CC 操作界面

① 菜单栏:显示图像编辑的所有操作选项,包括文件、编辑、图像、图层、文字、选择、滤镜、3D、视图、窗口、帮助等。

② 工具栏:用来显示工具箱中当前被选择工具的相关参数和选项,不同的工具显示不同的参数,也可按需对参数进行设置。

③ 工具箱:提供图像处理和图形绘制的基本工具,如图 3-1-2 所示。

④ 编辑区:用于显示图像处理的区域。

⑤ 状态栏:用来显示图像文件的信息,如图像当前的放大倍数、文件大小、暂存盘大小等。

⑥ 浮动面板区:是图像处理的辅助工具,可通过“窗口”菜单相应打开或关闭。常用的工作面板及其功能如下:

◎“导航器/直方图”控制面板组:前者可以快速调整图像的显示比例;后者用来查看当前图像明暗像素分布。

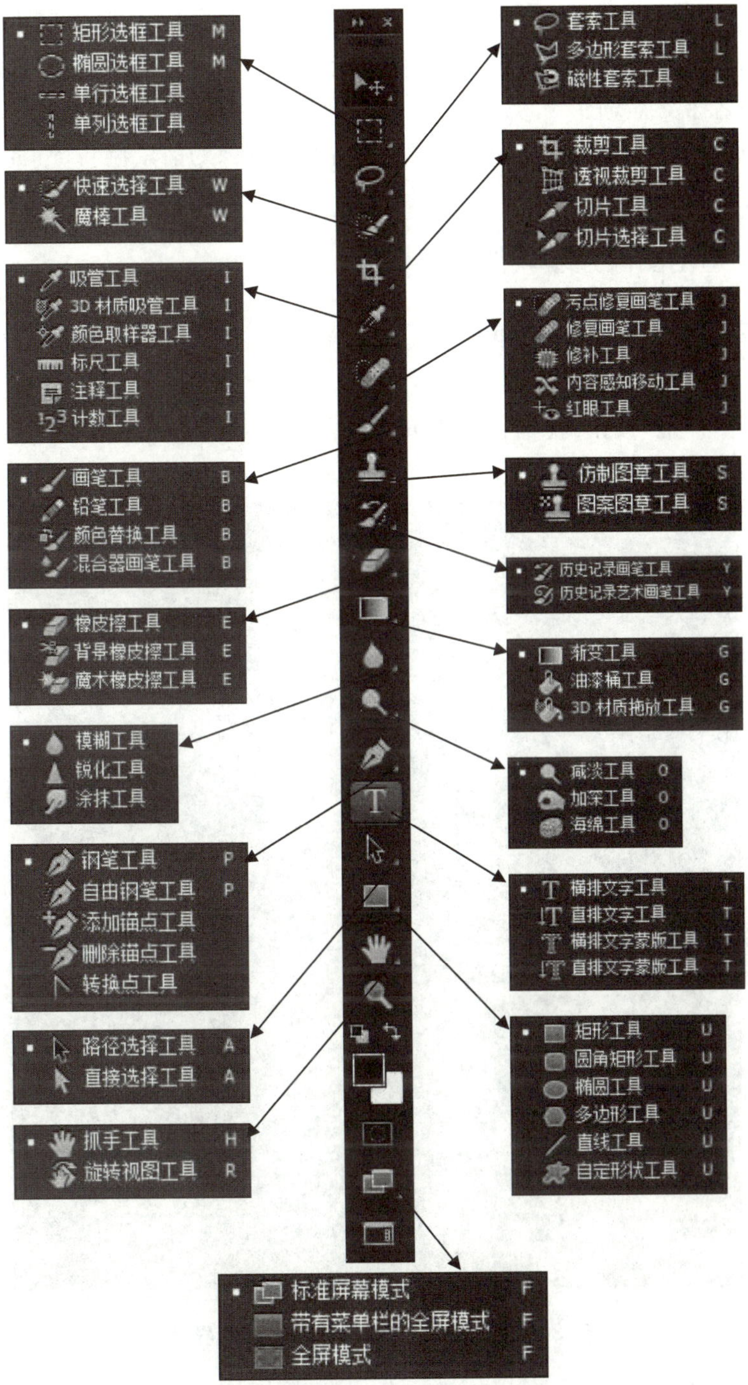

图 3-1-2 Adobe Photoshop CC 工具箱

◎“历史记录/动作”控制面板组：前者可以存储和记录操作过的步骤，便于直接跳跃到需要纠正的错误步骤；后者又称为批处理面板，将处理图像的一系列命令聚合成一个动作清单加以保存，当对一批图像进行同样处理时，可按动作清单自动对这些图像进行处理。

◎“图层/通道/路径”控制面板组：图层面板用来新建、隐藏、显示、链接和删除图层操作，也可对图层填充颜色、设置图层样式、添加图层蒙版等;通道面板用于存储不同类型信息的灰度图像,在新建图像时会自动创建颜色信息通道;路径面板列出了每条存储的路径、当前工作路径和当前矢量蒙版的名称及缩览图。

◎"颜色/色板"控制面板组:前者可以精确设置当前图像的前景色和背景色;后者可以用来设定前景色和背景色,或自定义颜色创建色板。

3.1.3 启动与退出图像处理软件

3.1.3.1 启动 Adobe Photoshop CC

启动 Adobe Photoshop CC,常用的方法有:

方法一:单击"开始"按钮,找到字母 A 开头的"Adobe Photoshop CC"选项,单击该选项启动 Adobe Photoshop CC,如图 3-1-3 所示。

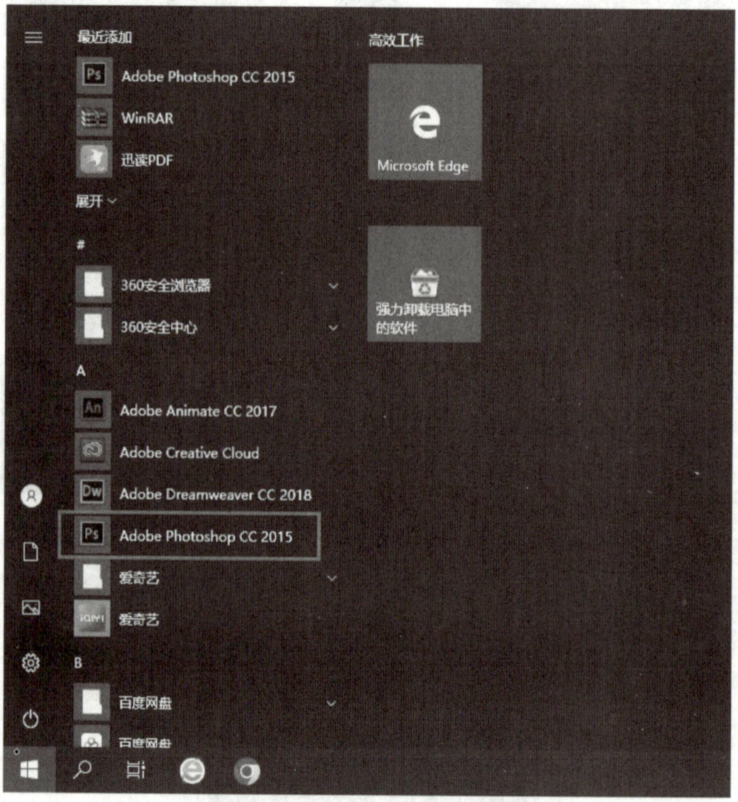

图 3-1-3 Adobe Photoshop CC 启动界面

方法二:若电脑桌面上有 Adobe Photoshop CC 快捷图标,则鼠标双击该快捷图标,启动 Adobe Photoshop CC。

方法三:将需要处理的图像文件拖动到桌面 Adobe Photoshop CC 快捷图标上,即可启动 Adobe Photoshop CC。

3.1.3.2 退出 Adobe Photoshop CC

退出 Adobe Photoshop CC,常用的方法有:

方法一：鼠标单击 Adobe Photoshop CC 应用程序窗口右上角“×”（关闭）按钮。

方法二：鼠标单击 Adobe Photoshop CC 应用程序菜单栏“文件”中“退出”选项（即快捷键 Ctrl+Q），则退出该应用程序。

方法三：使用 Alt+F4 组合键，退出 Adobe Photoshop CC。

3.1.4 课后练习

3.1.4.1 单选题

(1)在 RGB 模型的图像中，黑色所对应的红、绿、蓝颜色分量值分别为(　　)。

A. 255,255,255　　B. 255,255,0　　C. 255,0,0　　D. 0,0,0

(2)(　　)是一种常见的图像文件格式。

A. JPEG　　B. MP3　　C. MID　　D. TXT

(3)色彩调整对图像画质起着至关重要的作用，因此(　　)是正确的描述。

A. “色阶”命令只能够调整图像的明暗变化，不能调整图像的色彩

B. “亮度/对比度”命令用来调整色偏

C. “色彩平衡”命令用于制作特殊色彩效果

D. “色相/饱和度”命令可以调整图像中特定颜色分量的色相、饱和度和明度

(4)(　　)不是常见的图像文件格式。

A. BMP　　B. GIF　　C. WAV　　D. TIF

(5) Photoshop 图像处理软件的专用文件格式扩展名是(　　)。

A. PNG　　B. PSD　　C. EPS　　D. JPEG

3.1.4.2 判断题

(1)图像也称为矢量图，是指由计算机绘制的直线、圆、矩形、曲线、图表等。(　　)

(2)利用支付宝刷脸支付，这属于图像识别应用中的人脸识别。(　　)

(3)数字化后的数字媒体数据中存在着大量的冗余数据，例如，图像画面在空间上存在大量相同的色彩信息，被称为空间冗余。(　　)

(4) RGB 色彩模型的图像比较鲜艳，主要用于印刷和打印。(　　)

(5)图像和视频文件之所以能进行压缩，在于图像和视频中存在大量的冗余。(　　)

3.2 图像处理工具的使用

学习内容

✧ 图像选择工具、绘图工具的使用；

✧ 图像文本工具、辅助工具的使用。

学习目标

✧ 了解图像色彩的调整方法，蒙版文字工具的使用；

✧ 熟练掌握矩形和椭圆选框工具、快速选择工具、魔棒工具的使用；
✧ 熟练掌握线性和径向渐变工具、油漆桶工具、移动和缩放工具的使用；
✧ 熟练掌握文字工具的使用，包括文字工具各选项的设置。

思政目标

✧ 引导学生树立精益求精的工匠精神，注重图像处理过程中的细节处理和技术优化。

3.2.1 新建和保存图像

3.2.1.1 新建图像

例 1 启动 Adobe Photoshop CC，创建一个 400×400 像素，分辨率为 72 像素/英寸，RGB 颜色模式，8 位白色背景的图像文件，如图 3-2-1 所示。

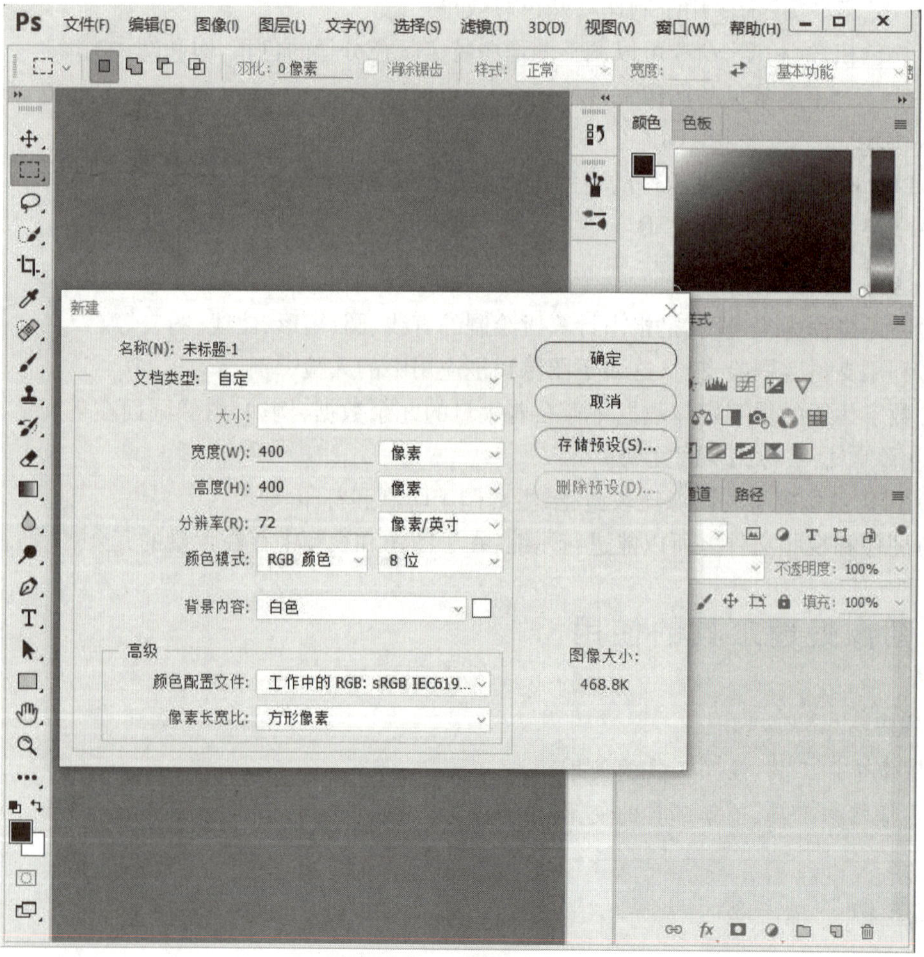

图 3-2-1 新建图像文件

步骤 1▶ 鼠标双击电脑桌面 Adobe Photoshop CC 快捷图标，启动 Adobe Photoshop CC。

步骤 2▶ 单击“文件”菜单“新建”按钮，弹出“新建”对话框，输入宽度 400 像素、高度 400 像素，分辨率为 72 像素/英寸，颜色模式选择 RGB 颜色、8 位，背景内容选择白色背景，点击“确定”按钮，即完成一个图像文件的新建，如图 3-2-2 所示。

图 3-2-2　新建空白文件

小贴士

1. 新建图像文件

(1) 新建空白文件：Ctrl+N。

(2) 关闭文件：Ctrl+W 或 Alt+F4。

2. 文件参数设置

(1) 图像文件的名称：默认为“未标题-X”，其中 X 为数字。

(2) 尺寸：宽度和高度，通常以像素为单位，也可选择厘米等单位，注意差别很大。

(3) 分辨率：通常以像素/英寸为单位，其英文表达是“Pixels Per Inch”，简称“PPI”。常用于描述图像的分辨率，尤其是在显示和打印领域。PPI 越高，表示在每英寸长度内包含的像素点越多，图像看起来就越清晰，细节越丰富。在打印时，高 PPI 的图像能够提供更精确的打印效果，减少模糊和锯齿状边缘的出现。常见分辨率有 72PPI(常用于屏幕显示)和 300PPI(常用于打印输出)。

(4) 颜色模式：RGB 常用于屏幕显示，CMYK 用于打印输出。

(5) 背景内容：通常为白色，但也可以根据需要选择透明或其他颜色等。

3.2.1.2 保存图像

在 Photoshop 中对图像进行编辑或创作后，需要及时保存文件以避免数据丢失。接上例，将上述图像文件以 XJ3-2-2.jpg 为文件名保存在 C:\KS 文件夹中，然后关闭文档。

步骤 3▶ 选择"文件"菜单中"存储为"选项，弹出"另存为"对话框，选择 C:\KS 文件夹，在文件名框输入 XJ3-2-2，在保存类型下拉列表中选择 JPEG(＊.JPG;＊.JPEG;＊.JPE)，单击"保存"按钮，如图 3-2-3 所示；在弹出的"JPEG 选项"对话框中，选择默认参数，单击"确定"按钮。

步骤 4▶ 鼠标单击应用程序窗口标题栏右侧的"×"(关闭)按钮或按下快捷键 Ctrl+Q，关闭文档。

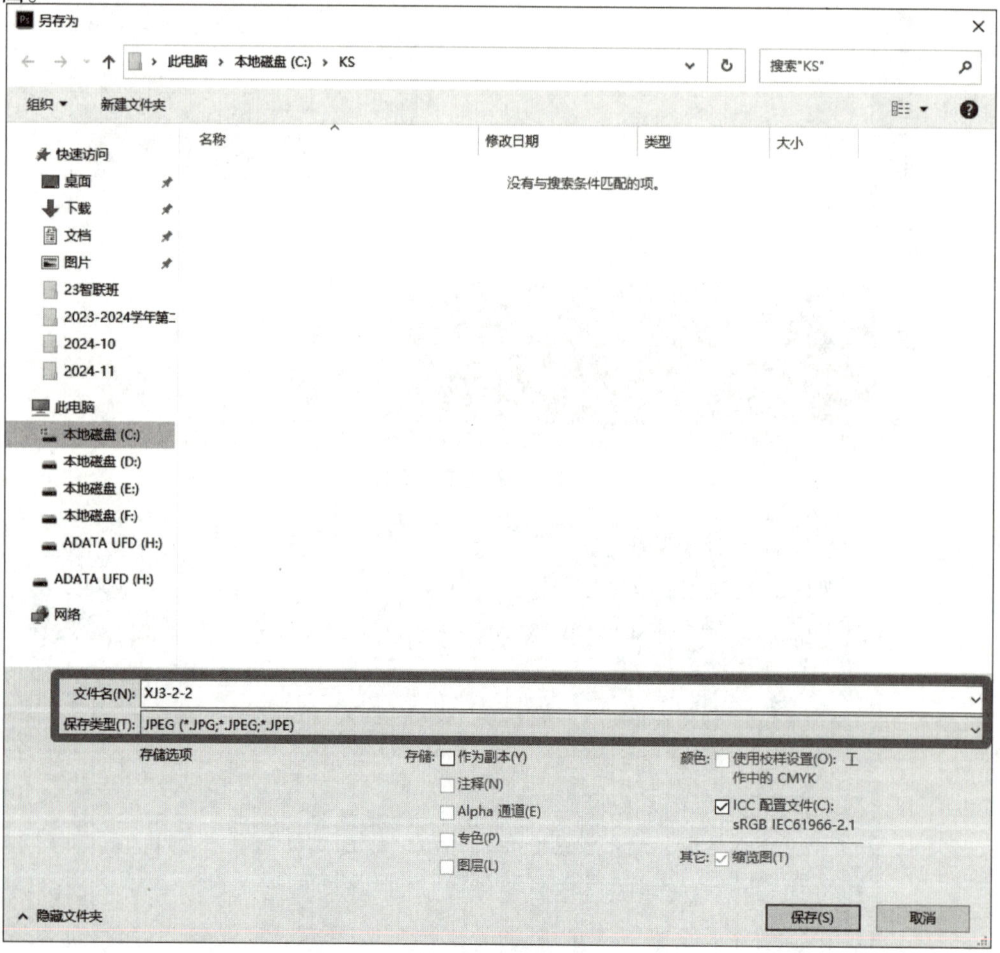

图 3-2-3 保存图像文件

小·贴士

> 1. 保存图像文件
>
> 对于新建文件或未被保存过的图像文件：可通过“文件”菜单下“存储为”（或按快捷键 Shift+Ctrl+S）进行保存；对于图像文件已被保存过，并且想要覆盖原文件的：通过“文件”菜单下“存储”（或按快捷键 Ctrl+S）进行保存。
>
> 2. 文件保存类型
>
> 常见的 Photoshop 文件格式包括 PSD（Photoshop 的默认格式，支持所有 Photoshop 功能，但只能在 Photoshop 中打开）、JPEG（适用于网页和屏幕显示，支持有损压缩）、PNG（适用于网页和屏幕显示，支持透明背景）、TIFF（适用于高质量打印和图像存档）等。可根据需要，选择相应的文件保存类型。

3.2.2 调整图像色彩的方法

图像色彩是图像设计中不可或缺的一部分，它涉及色彩的基本要素、色彩模式、色彩管理和色彩调整等多个方面。通过合理运用色彩和色彩管理技术，可创造出更加生动、逼真和具有表现力的图像作品。

3.2.2.1 色彩基本要素

色彩主要由以下三个基本要素构成：

◎色相：色彩的样貌，用来区别色彩种类的名称。

◎明度：色彩的明暗程度，即色彩深浅的区别。

◎纯度：色彩的纯净程度，也称作彩度或饱和度。

3.2.2.2 色彩模式

图像的色彩模式是一种记录图像颜色的方式，不同的色彩模式适用于不同的场景和需求。常见的色彩模式包括：

1. RGB 模式

RGB 模式基于光学原理，用红（R）、绿（G）、蓝（B）三色光按照不同的比例和强度混合表示。它采用 RGB 模型为图像中每一个像素的 RGB 分量分配一个 0~255 范围内的强度值，因此这 3 种颜色每一种都有 256 个亮度水平级，3 种色彩相互叠加就能形成 1670 多万种颜色。RGB 模式也是视频色彩模式，如网络、视频播放和电子媒体展示都采用 RGB 模式。

2. CMYK 模式

CMYK 模式代表印刷上使用的 4 种油墨色，即青色（C）、品红色（M）、黄色（Y）和黑色（K）。它是一种“减光”模式，因为在实际运用中，C、M、Y 三色很难形成真正的黑色，所以加入黑色（K）用于强化暗部的色彩。但由于油墨的纯度问题，CMYK 并不能够复制出用 RGB 色光创建出来的所有颜色。

3. Lab 模式

Lab 模式是一种描述颜色的科学方法，由亮度 L 和有关色彩的 a、b 三个要素组成。L 表示亮度，a 表示从深绿到灰色到亮粉红色的颜色范围，b 表示从亮蓝色到灰色到焦黄色的颜色范围。

它是 Photoshop 在进行不同颜色模式转换时内部所使用的一种颜色模式，可以保证在进行色彩模式转换时，CMYK 范围内的色彩没有损失。

4. 其他模式

（1）灰度模式：一种黑白的色彩模式，从 0~255 有 256 种不同等级的明度变化。

（2）双色调模式：采用彩色油墨来创建灰度级别，由双色调（2 种颜色）、三色调（3 种颜色）和四色调（4 种颜色）混合其色阶来组成图像。

（3）位图模式：只用黑、白 2 种颜色来表示图像中的像素，颜色信息少，图像尺寸小，便于处理和操作。

（4）索引颜色模式：用于优化颜色，将图像中的颜色限制在 256 种颜色以内，以减少文件大小。

（5）多通道模式：把含有通道的图像分割成单个的通道，这一模式能保证图像颜色正确输出的同时降低印刷成本，常用于特定的打印和输出。

3.2.2.3 色彩管理

色彩管理是通过一系列的硬件和软件技术手段，使图像的色彩能够在不同的设备中实现一致性，确保在不同的输出设备上显示的颜色一致。在数字影像处理中，色彩管理对于保证图像的准确性和稳定性、提高品质和色彩还原程度以及促进高效率和互动性非常重要。

3.2.2.4 色彩调整

在图像处理的过程中，经常需要对图像的色彩进行调整，以达到更好的视觉效果。常见的色彩调整包括亮度调整、对比度调整、色彩平衡调整、饱和度调整等。

亮度调整主要关注图像的整体明亮程度。对比度调整主要关注图像中明暗部分的差异程度。色彩平衡调整指图像中各种颜色的分布和比例达到一种和谐、自然的状态。在图像处理中，色彩平衡调整是通过改变图像中红、绿、蓝（RGB）三种基本颜色的比例来实现的。饱和度调整指图像中颜色的强度和纯度，即颜色的鲜艳程度。在图像处理中，通过调整饱和度可以改变图像中颜色的深浅和丰富度，使图像呈现出不同的视觉效果。

例 1 打开 C:\素材\第 3 章\SC3-2-4. jpg 文件，对图像文件分别进行 CMYK 模式和灰度模式设置，对比看一下图像的不同效果；将上述图像文件恢复到 RGB 模式后，对图像分别进行亮度/对比度调整（参数设置如图 3-2-4（a）所示）、色彩平衡调整（参数设置如图 3-2-5（a）所示）、色相/饱和度调整（参数设置如图 3-2-6（a）所示），调整后样张如图 3-2-4（b）、图 3-2-5（b）、图 3-2-6（b）所示。

步骤 1▶ 双击电脑桌面 Adobe Photoshop CC 图标，单击“文件”菜单中“打开”按钮，弹出“打开”对话框，找到 C:\素材\第 3 章\SC3-2-4. jpg 文件，点击“打开”按钮。

步骤 2▶ 单击“图像”菜单中“模式”选项下“CMYK 颜色”，弹出“确认”对话框，点击“确定”按钮，此时图像转为 CMYK 模式；通过“历史记录”面板或撤销和重做（Ctrl+Z）回到原始图像，再次单击“图像”菜单中“模式”选项下“灰度”，弹出“信息”对话框，点击“扔掉”按钮，此时图像转为灰度模式。

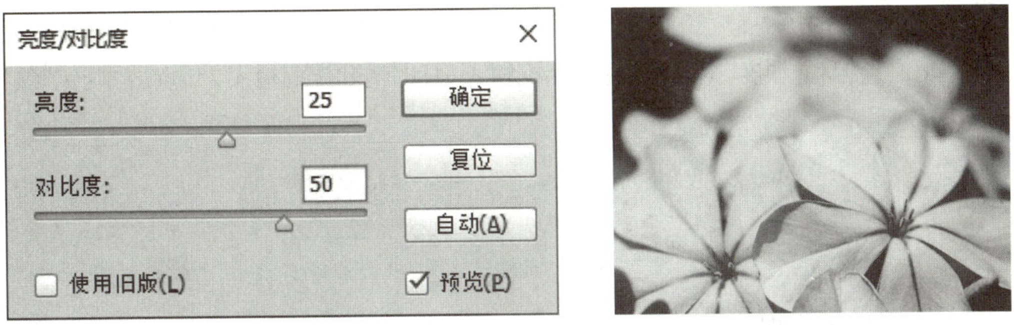

(a)参数设置　　(b)效果图

图 3-2-4　亮度/对比度调整示意图

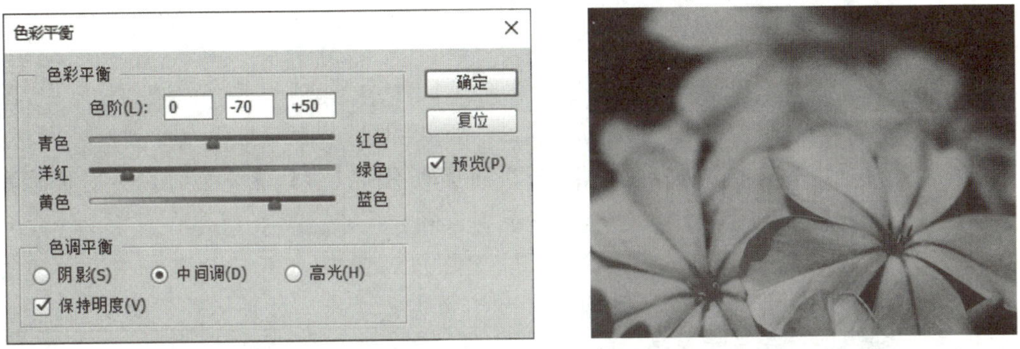

(a)参数设置　　(b)效果图

图 3-2-5　色彩平衡调整示意图

(a)参数设置　　(b)效果图

图 3-2-6　色相/饱和度调整示意图

步骤 3▶ 通过“历史记录”面板回到原始图像，单击“图像”菜单中“调整”选项下“亮度/对比度”，弹出“亮度/对比度”对话框，在亮度框输入 25，对比度框输入 50，点击“确定”按钮。

步骤 4▶ 通过“历史记录”面板回到原始图像，单击“图像”菜单中“调整”选项下“色彩平衡”，弹出“色彩平衡”对话框，输入(色阶值:0、-70、+50)，点击“确定”按钮。

步骤5▶ 通过“历史记录”面板回到原始图像，单击“图像”菜单中“调整”选项下“色相/饱和度”，弹出“色相/饱和度”对话框，在色相框输入-180，饱和度框输入25，点击“确定”按钮。

小贴士

1. 历史记录面板

在Photoshop中，历史记录面板是一个非常重要的工具，可以通过单击“窗口”菜单中“历史记录”选项打开历史记录面板，它允许回溯并查看图像编辑过程中所进行的每一步操作，从而便于撤销错误或比较不同的编辑效果。

2. 复位基本功能

如果你只是想重置工作区布局，而不是整个Photoshop的设置，可选择Photoshop软件窗口右上角“基本功能”中“复位基本功能”，即可把工作区恢复到默认的布局和面板设置。

3. 图像灰度和图像去色

图像灰度是一个将彩色图像转换成灰度图像的过程。在这个过程中，图像中的每个像素点都从原来的红、绿、蓝（RGB）三个颜色分量减少到一个灰度值，这个灰度值通常是根据RGB三个分量的不同权重计算得出的。灰度化后的图像只包含亮度信息，不包含颜色信息。图像去色通常指的是将图像中的颜色信息去除，使得图像呈现出类似于灰度图像的效果，但不一定完全按照灰度化的数学方法处理。因此，图像灰度和图像去色在最终效果上看起来相似，但它们在处理方式和应用场景上并不完全相同。

3.2.3 使用图像选择工具

Photoshop中选择工具是图像处理中非常基础和重要的工具，它们允许精确地选择图像中的特定区域进行编辑或处理。以下是几种常用选择工具的功能介绍和使用方法：

3.2.3.1 基本选择工具

1. 矩形选框工具

功能：用于创建矩形或正方形选区。

使用方法：在图像上拖动鼠标绘制选区（按住Shift键可以绘制正方形选区），可通过选项栏中的参数调整选区的大小、位置和样式。

例1 打开C:\素材\第3章\SC3-2-6.jpg文件，如图3-2-7(a)所示，用矩形选框工具对图像天空部分进行色相/饱和度的调整（色相：+30、饱和度：-30、明度：0），调整后样张如图3-2-7(b)所示，并将结果以JX3-2-6.jpg为文件名保存在C:\KS文件夹中，关闭文档。

步骤1▶ 双击电脑桌面Adobe Photoshop CC图标，单击“文件”菜单中“打开”按钮，弹出“打开”对话框，找到C:\素材\第3章\SC3-2-6.jpg文件，点击“打开”按钮。

(a)原图 SC3-2-6

(b)效果图 JX3-2-6

图 3-2-7 矩形选框工具示意图

步骤 2▶ 单击工具箱"矩形选框工具",在图像上方拖出天空部分的矩形区域,再执行"图像"菜单中"调整"选项下"色相/饱和度"命令,弹出"色相/饱和度"对话框,并在色相框输入+30、饱和度框输入-30、明度框为 0,单击"确定"按钮。最后,单击"选择"菜单中"取消选择"按钮(快捷键为 Ctrl+D),取消选区。

步骤 3▶ 单击"文件"菜单中"存储为"选项,弹出"另存为"对话框,选择 C:\KS 文件夹,在文件名框输入 JX3-2-6,在保存类型下拉列表中选择 JPEG(*. JPG; *. JPEG; *. JPE),单击"保存"按钮;在弹出的"JPEG 选项"对话框设置默认参数,单击"确定"按钮,关闭文档。

2. 椭圆选框工具

功能:用于创建圆形或椭圆形选区。

使用方法:在图像上拖动鼠标绘制选区(按住 Shift 键可以绘制圆形选区);可通过选项栏中的参数调整选区的大小、位置和样式。

例 2 打开 C:\素材\第 3 章\SC3-2-7. jpg 文件,如图 3-2-8(a)所示,用椭圆选框工具对动车以外区域进行色阶调整(黑色输出:150),调整后样张如图 3-2-8(b)所示,并将结果以 TY3-2-7. jpg 为文件名保存在 C:\KS 文件夹中,关闭文档。

(a)原图 SC3-2-7

(b)效果图 TY3-2-7

图 3-2-8 椭圆选框工具示意图

步骤1▶ 双击电脑桌面 Adobe Photoshop CC 图标，单击“文件”菜单中“打开”按钮，弹出“打开”对话框，找到 C:\素材\第 3 章\SC3-2-7. jpg 文件，点击“打开”按钮。

步骤2▶ 单击工具箱“椭圆选框工具”，在动车图像上拖出椭圆区域，单击“选择”菜单中“反选”按钮(快捷键为 Shift+Ctrl+I)，则显示椭圆以外的选区。再单击“图像”菜单中“调整”选项下“色阶”按钮，弹出“色阶”对话框，在输出色阶“黑色输出”框输入 150，点击“确定”按钮。最后，单击“选择”菜单中“取消选择”按钮(快捷键为 Ctrl+D)，取消选区。

步骤3▶ 单击“文件”菜单中“存储为”选项，弹出“另存为”对话框，选择 C:\KS 文件夹，在文件名框输入 TY3-2-7，在保存类型下拉列表中选择 JPEG(*. JPG; *. JPEG; *. JPE)，单击“保存”按钮，在弹出的“JPEG 选项”对话框设置默认参数，单击“确定”按钮。

小贴士

1. 色阶概述

色阶(Levels)是图像调整中的一个重要工具，用于改善图像的对比度和调整亮度/暗度平衡。通过操作直方图，可以精细地调整图像的阴影、中间调和高光部分。

2. 输入色阶调整

输入色阶包括三个滑块：黑色滑块、灰色滑块和白色滑块。黑色滑块用于调整图像暗部，向右移动会扩大暗部范围，向左移动会缩小暗部范围；灰色滑块用于调整图像整体亮度，向左移动会降低对比度，向右移动会提高对比度；白色滑块用于调整图像亮部，向左移动会扩大亮部范围，向右移动会缩小亮部范围。

3. 输出色阶调整

输出色阶包括两个滑块：黑色输出滑块和白色输出滑块。黑色输出滑块用于设置图像中最暗部分的输出级别，向右移动可以增加图像的整体亮度；白色输出滑块用于设置图像中最亮部分的输出级别，向左移动可以降低图像的整体亮度。

3. 套索工具

套索工具包括套索工具、多边形套索工具和磁性套索工具。

(1) 套索工具：通过拖动鼠标绘制任意形状的选区，但不够精确。

(2) 多边形套索工具：通过单击鼠标创建直线段，适用于选择具有直线边缘的对象。

(3) 磁性套索工具：自动吸附到图像边缘，适用于选择边缘清晰的对象。

使用方法：根据具体需求选择合适的套索工具，然后在图像上绘制选区。

例 3 打开 C:\素材\第 3 章\SC3-2-8. jpg 文件，如图 3-2-9(a)所示，用磁性套索工具选取中间宇航员后，除该宇航员外所有区域进行色彩平衡调整(色阶值：+20、-50、-100)，调整后样张如图 3-2-9(b)所示，并将结果以 CXTS3-2-8. jpg 为文件名保存在 C:\KS 文件夹中，关闭文档。

(a)原图 SC3-2-8

(b)效果图 CXTS3-2-8

图 3-2-9 磁性套索工具示意图

步骤 1▶ 双击电脑桌面 Adobe Photoshop CC 图标,单击“文件”菜单中“打开”按钮,弹出“打开”对话框,找到 C:\素材\第 3 章\SC3-2-8. jpg 文件,点击“打开”按钮。

步骤 2▶ 单击工具箱“磁性套索工具”,将鼠标起点定位于宇航员的某处,通过磁性套索工具沿着宇航员轮廓勾勒,当终点汇合到起点时,即可显示勾勒的宇航员,单击“选择”菜单中“反选”按钮(快捷键为 Shift+Ctrl+I),显示除上述宇航员外的选区。再单击“图像”菜单中“调整”选项下“色彩平衡”按钮,弹出“色彩平衡”对话框,输入(色阶值:+20、-50、-100),点击“确定”按钮。最后,单击“选择”菜单中“取消选择”按钮(快捷键为 Ctrl+D),取消选区。

步骤 3▶ 单击“文件”菜单中“存储为”选项,弹出“另存为”对话框,选择 C:\KS 文件夹,在文件名框输入 CXTS3-2-8,在保存类型下拉列表中选择 JPEG(*. JPG; *. JPEG; *. JPE),单击“保存”按钮;在弹出的“JPEG 选项”对话框设置默认参数,单击“确定”按钮。

小贴士

使用磁性套索工具注意事项:

(1) 应注意保持鼠标移动的平稳性,避免选区出现不必要的抖动;

(2) 套索偏离轮廓时,可以按 Delete 键删除最后一个锚点,或双击鼠标后取消选区重新勾勒。

3.2.3.2 高级选择工具

1. 快速选择工具

功能:基于颜色和纹理信息快速选择图像中的对象。

使用方法:在对象上单击并拖动鼠标,工具会自动根据颜色和纹理扩展选区;通过选项栏中的参数调整画笔大小、硬度和选区边缘的平滑度。

例 4 打开 C:\素材\第 3 章\SC3-2-9. jpg 文件,如图 3-2-10(a)所示,用快速选择工具选取戴帽子的卡通人物后,除该卡通人物外所有区域进行亮度/对比度的调整(亮度:30,对比度:100),调整后样张如图 3-2-10(b)所示,并将结果以 CRRC3-2-9. jpg 为文件名保存在 C:\KS 文件夹中,关闭文档。

(a) 原图 SC3-2-9　　(b) 效果图 CRRC3-2-9

图 3-2-10　快速选择工具示意图

步骤 1▶ 双击电脑桌面 Adobe Photoshop CC 图标，单击"文件"菜单中"打开"选项，弹出"打开"对话框，找到 C：\素材\第 3 章\SC3-2-9. jpg 文件，点击"打开"按钮。

步骤 2▶ 单击工具箱"快速选择工具"，根据卡通人物的大小不断调整相应"工具栏"中笔头的大小、硬度、间距等参数，通过"添加选区"或"减少选区"按钮选取卡通人物，单击"选择"菜单中"反选"按钮（快捷键为 Shift+Ctrl+I），显示除卡通人物外的选区。再单击"图像"菜单中"调整"选项下"亮度/对比度"按钮，弹出"亮度/对比度"对话框，输入"亮度：30，对比度：100"，点击"确定"按钮。最后，单击"选择"菜单中"取消选择"按钮（快捷键为 Ctrl+D），取消选区。

步骤 3▶ 单击"文件"菜单中"存储为"选项，弹出"另存为"对话框，选择 C：\KS 文件夹，在文件名框输入 CRRC3-2-9，在保存类型下拉列表中选择 JPEG（ *. JPG； *. JPEG； *. JPE），单击"保存"按钮；在弹出的"JPEG 选项"对话框设置默认参数，单击"确定"按钮。

2. 魔棒工具

功能：基于颜色相似性选择图像中的区域，适用于颜色相近或有大色块单色区域的图像。

使用方法：在图像上单击以选择颜色相近的区域；通过调整容差值来控制选区的精确性，容差值越大，选择的颜色范围越广。

例 5 打开 C：\素材\第 3 章\SC3-2-10. jpg 文件，如图 3-2-11（a）所示，用魔棒工具选取骑车 LOGO，对该骑车 LOGO 进行图像的"反相"设置（反相的含义是将图像中每一个像素点的颜色值进行取反），调整后样张如图 3-2-11（b）所示，将结果以 QC3-2-10. jpg 为文件名保存在 C：\KS 文件夹中，关闭文档。

(a) 原图 SC3-2-10　　(b) 效果图 QC3-2-10

图 3-2-11　魔棒工具示意图

步骤1▶ 双击电脑桌面 Adobe Photoshop CC 图标,单击“文件”菜单中“打开”选项,弹出“打开”对话框,找到 C:\素材\第 3 章\SC3-2-10. jpg 文件,点击“打开”按钮。

步骤2▶ 单击工具箱“魔棒工具”,根据骑车 LOGO 在相应“工具栏”中,选择默认容差:32,并取消“连续”复选框,单击图像空白处(即可选中除骑车 LOGO 外所有空白区域),单击“选择”菜单中“反选”按钮(快捷键为 Shift+Ctrl+I),则选中骑车 LOGO。再单击“图像”菜单中“调整”选项下“反相”按钮。接着,单击“选择”菜单中“取消选择”按钮(快捷键为 Ctrl+D),取消选区。

步骤3▶ 单击“文件”菜单中“存储为”选项,弹出“另存为”对话框,选择 C:\KS 文件夹,在文件名框输入 QC3-2-10,在保存类型下拉列表中选择 JPEG(*.JPG;*.JPEG;*.JPE),单击“保存”按钮;在弹出的“JPEG 选项”对话框设置默认参数,单击“确定”按钮。

小贴士

1. 快速选择工具和魔棒工具的区别

(1) 操作方式。

快速选择工具:类似于画笔工具,可以通过在图像上拖动鼠标来绘制选区。它能够自动感知像素对比较大的边缘,从而在选择时更加精确。通过调整画笔的大小和硬度来优化选区,也可以通过按住 Shift 键来增加选区,或按住 Alt 键来减少选区。

魔棒工具:通过点击图像中的某个颜色来创建选区,它会自动选择与点击处颜色相似(根据设定的容差值)的所有像素。如果需要选择多个不连续的区域,可以按住 Shift 键并多次点击。容差值决定了魔棒工具在选择颜色时考虑的相似颜色的范围,容差值越高,选择的颜色范围就越广。

(2) 适用场景。

快速选择工具:适用于主体和背景反差较大,但主体又较为复杂的情况。

魔棒工具:更适合用于选择颜色单一或颜色对比鲜明的区域。

2. 选区的调整变换

通过右键单击选区,选择“变换选区”项或单击窗口上方“选择”菜单的“变换选区”项,可对选区进行缩放、旋转、变形等操作。

3. 选区的快捷命令

取消选区:Ctrl+D　　反向选择:Shift+Ctrl+I　　羽化选区:Shift+F6

3.2.4 使用图像绘图工具

Photoshop 中绘图工具非常丰富,这些工具为图像编辑和创作提供了强大的功能。以下是一些主要绘图工具的功能介绍和使用方法:

1. 修补工具

功能:用于修复图像中的污点、瑕疵或不需要的部分。

使用方法:选择修补工具后,在图像上使用修补工具按住鼠标左键拖动,创建需要修补的选区;选区可以是一个污点、瑕疵或任何不需要的部分,然后将选区拖动到图像中与目标区域相似或相近的部分松开鼠标,即用图像其他部分的像素来替换选定区域,使得修补后的图像与周围环境相融。

例 1 打开 C:\素材\第 3 章\SC3-2-11. jpg 文件,如图 3-2-12(a)所示,用修补工具修补脸上的青春痘,修补后样张如图 3-2-12(b)所示,并将结果以 XB3-2-11. jpg 为文件名保存在 C:\KS 文件夹中,关闭文档。

(a)原图 SC3-2-11　　(b)效果图 XB3-2-11

图 3-2-12　修补工具示意图

步骤 1▶ 双击电脑桌面 Adobe Photoshop CC 图标,单击"文件"菜单中"打开"选项,弹出"打开"对话框,找到 C:\素材\第 3 章\SC3-2-11. jpg 文件,点击"打开"按钮。

步骤 2▶ 单击工具箱"椭圆选框"(视修补对象而言),在人脸上圈出青春痘所在区域,单击工具箱"修补工具"后,拖动青春痘所在的选区到相似颜色区域松开鼠标即可。最后,单击"选择"菜单中"取消选择"按钮(快捷键为 Ctrl+D),取消选区。

步骤 3▶ 单击"文件"菜单中"存储为"选项,弹出"另存为"对话框,选择 C:\KS 文件夹,在文件名框输入 XB3-2-11,在保存类型下拉列表中选择 JPEG(*. JPG; *. JPEG; *. JPE),单击"保存"按钮;在弹出的"JPEG 选项"对话框设置默认参数,单击"确定"按钮。

2. 红眼工具

功能:用于修正因相机闪光灯在低光照条件下拍摄时引起的红眼现象。

使用方法:选择红眼工具后,在工具栏中调整红眼修正的范围大小(如瞳孔大小的百分比)和变暗量,将鼠标移动到图像文件的红眼区域上,点击鼠标左键,红眼工具将自动识别并修正该区域的红色瞳孔。

例 2 打开 C:\素材\第 3 章\SC3-2-12. jpg 文件,如图 3-2-13(a)所示,用红眼工具修补红眼,修补后样张如图 3-2-13(b)所示,并将结果以 HY3-2-12. jpg 为文件名保存在 C:\KS 文件夹中,关闭文档。

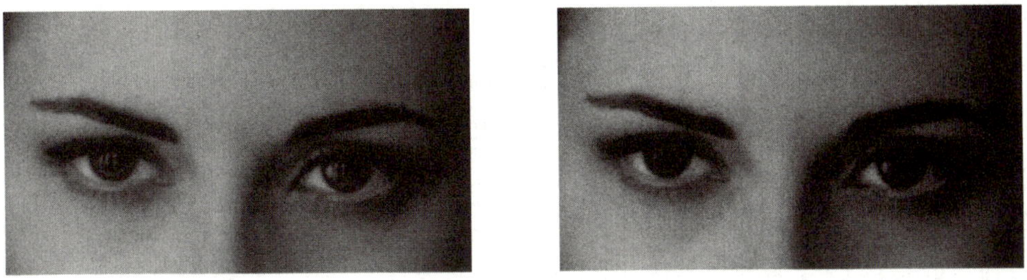

(a)原图 SC3-2-12　　(b)效果图 HY3-2-12

图 3-2-13　红眼工具示意图

步骤 1▶ 双击电脑桌面 Adobe Photoshop CC 图标,单击“文件”菜单中“打开”选项,弹出“打开”对话框,找到 C:\素材\第 3 章\SC3-2-12. jpg 文件,点击“打开”按钮。

步骤 2▶ 单击工具箱“红眼工具”,并在相应工具栏中设置“瞳孔大小:50%,变暗量:40%”,并将鼠标移动到图像文件的红眼区域,单击鼠标左键即可自动识别并修正该区域的红色瞳孔。

步骤 3▶ 单击“文件”菜单中“存储为”选项,弹出“另存为”对话框,选择 C:\KS 文件夹,在文件名框输入 HY3-2-12,在保存类型下拉列表中选择 JPEG(*. JPG; *. JPEG; *. JPE),单击“保存”按钮;在弹出的“JPEG 选项”对话框设置默认参数,单击“确定”按钮。

小贴士

红眼工具参数定义

瞳孔大小:用红眼工具单击或框选红眼区域时变暗中心点的大小。这个参数直接影响到红眼修正的范围。数值越大,修正的范围越大,即瞳孔边缘到瞳孔中心的暗化区域越广。一般来说,默认值(如 50%)是一个良好的起点,也可根据具体情况进行调整。

变暗量:决定红眼修正区域变暗的程度。数值越大,瞳孔颜色越暗、越黑。如果变暗量设置过高,可能会导致眼睛看起来过于暗沉;如果设置过低,则可能无法完全消除红眼现象。

注意:红眼工具只能对红色点起作用,因此在使用时无需担心会影响到图像中其他区域或颜色。

3. 画笔工具

功能:用于在图像上绘制图像、线条或进行上色。

使用方法:选择画笔工具后,在工具栏中调整画笔的大小、硬度、不透明度和流量等参数;选择合适的前景色或图案,然后在画布上拖动鼠标进行绘制。

例 3 新建一个 400×400 像素,分辨率为 72 像素/英寸,RGB 颜色模式,8 位白色背景的图像文件,用画笔工具生成心形图案,样张如图 3-2-13 所示,并将结果以 XX3-2-13. jpg 为文件名保存在 C:\KS 文件夹中,关闭文档。

步骤1▶ 双击电脑桌面 Adobe Photoshop CC 图标，单击“文件”菜单中“新建”选项，弹出“新建”对话框，输入宽度 400 像素、高度 400 像素，分辨率为 72 像素/英寸，颜色模式选择 RGB 颜色、8 位，背景内容选择白色背景，点击“确定”按钮。

步骤2▶ 单击工具箱“画笔工具”，在相应工具栏中打开“切换画笔面板”，设置如图 3-2-15、图 3-2-16 所示参数，其中画笔笔尖形状：chalk 20px（20 像素大小的粉笔），间距：30%，勾选“形状动态、散布”两选项（参数默认），设置颜色动态：前景/背景抖动 20%、色相抖动 50%、饱和度抖动 50%、亮度抖动 50%、纯度 0%，关闭面板窗口。

图 3-2-14 心形图像效果

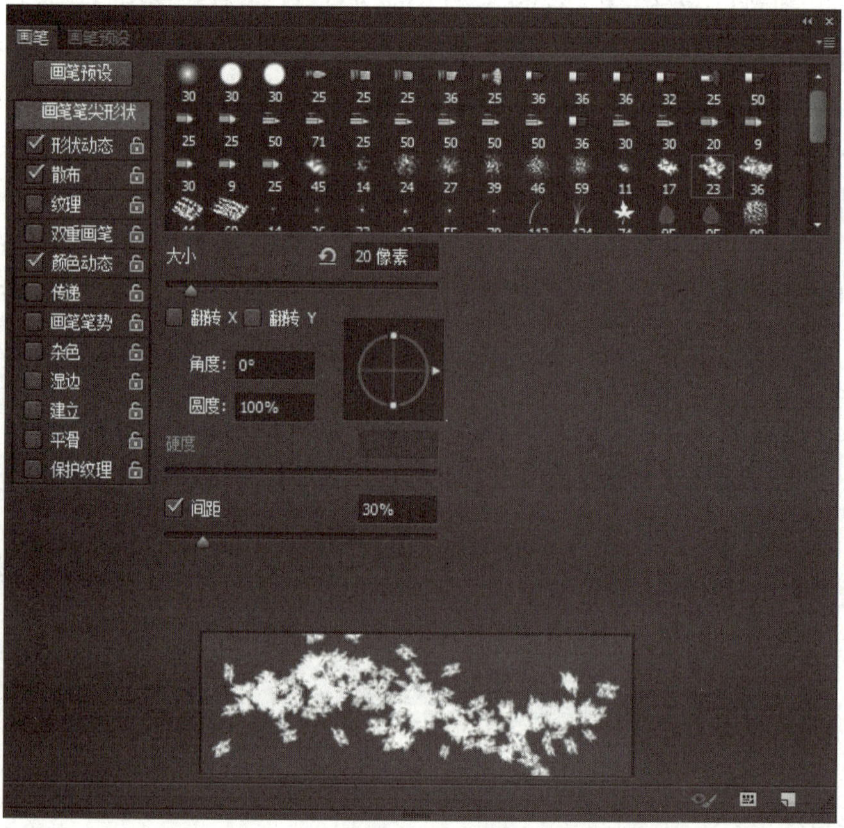

图 3-2-15 画笔笔尖形状

步骤3▶ 单击“前景色”，设置其 RGB 为 255、255、0（即#FFFF00），再单击“背景色”，设置其 RGB 为 255、0、0（即#FF0000）；接着，在背景层（即白色画布）上拖曳鼠标，画出心形的左半部分，再画出对称的右半部分。

步骤4▶ 单击“文件”菜单中“存储为”按钮，弹出“另存为”对话框，选择 C:\KS 文件夹，在文件名框输入 XX3-2-13，在保存类型下拉列表中选择 JPEG（ *.JPG; *.JPEG; *.JPE），单击“保存”按钮；在弹出的“JPEG 选项”对话框设置默认参数，单击“确定”按钮。

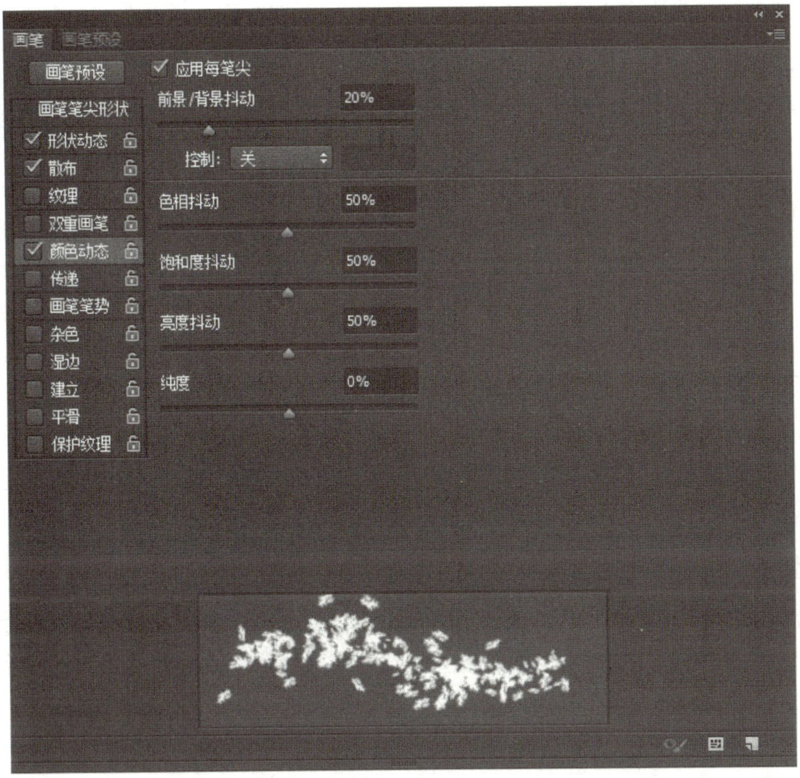

图 3-2-16　画笔颜色动态

小贴士

1. 画笔参数：形状动态、散布和颜色动态

（1）形状动态：控制画笔笔迹的形状变化，包括大小、角度、圆度等方面的随机性，从而创造出更加生动和自然的绘画效果，适合绘制如树叶、草地、云朵等线条和形状。

（2）散布：控制画笔笔迹在描边中的分散程度和数量，使笔迹在绘制时呈现出更加随机和自然的分布状态，适合模拟如雪花、星星、尘埃等随机特效。

（3）颜色动态：控制画笔绘制时颜色的变化范围、饱和度、亮度等，从而创造出更加丰富和生动的色彩效果，应用场景如绘制渐变色彩、模拟水彩画效果、制作光效等。

2. Photoshop 的前景色和背景色

（1）前景色：当前选中的用于绘画、填充、描边等操作的颜色，主要用于绘制图像、填充选区、描边路径等。

（2）背景色：图像或选区背后的颜色，也是填充图像中已抹除或透明区域的颜色，主要用于生成渐变填充、填充图像透明区域或作为图像底色。

注意：使用快捷键“D”可以恢复默认的前景色（黑色）和背景色（白色），使用快捷键“X”可以快速切换当前设置的前景色和背景色。

3. RGB 颜色值

RGB 三种颜色以不同的强度混合，可以产生出几乎所有可见光谱的颜色。在 Photoshop 中，每种颜色的强度值范围从 0 到 255。0 表示该颜色成分完全没有，而 255 表示该颜色成分达到最大强度。因此，一个颜色的 RGB 值可以用三个介于 0 到 255 之间的数字来表示，例如红色[255,0,0]，绿色[0,255,0]，蓝色[0,0,255]，白色[255,255,255]，黑色[0,0,0]，黄色[255,255,0]。

4. 铅笔工具

功能：类似于传统的铅笔，绘制的线条没有羽化效果，边缘清晰。

使用方法：选择铅笔工具后，同样在工具栏中调整参数；在画布上拖动鼠标绘制线条，线条边缘将保持清晰。

5. 仿制图章工具

功能：当图像受到污染、损坏或者存在瑕疵时，可用于图像的修复、复制和遮盖等。

使用方法：使用前需要设置一个源点（即取样点）。按住 Alt 键，点击鼠标左键选择一个合适的源点（这个源点将是你要复制内容的起点），点击鼠标左键进行复制。然后，将鼠标移动到需要修复或粘贴的位置，再次点击鼠标左键进行粘贴。重复这个过程，直到完成修复或复制操作。

例 4 打开 C:\素材\第 3 章\SC3-2-16. jpg 文件，如图 3-2-17(a)所示，用仿制图章工具复制出右图游轮，勾选“对齐”复选框，复制样张如图 3-2-17(b)所示；取消“对齐”复选框，复制样张如图 3-2-17(c)所示，并将结果分别以 YL3-2-16(1) . jpg 和 YL3-2-16(2) . jpg 为文件名保存在 C:\KS 文件夹中，关闭文档。

(a)原图 SC3-2-16

(b)效果图 YL3-2-16(1)

(c)效果图 YL3-2-16(2)

图 3-2-17 仿制图章工具示意图

步骤 1▶ 双击电脑桌面 Adobe Photoshop CC 图标,单击"文件"菜单中"打开"选项,弹出"打开"对话框,找到 C:\素材\第 3 章\SC3-2-16. jpg 文件,点击"打开"按钮。

步骤 2▶ 单击工具箱"仿制图章工具",并在相应工具栏中打开"切换画笔面板",设置如图 3-2-18 所示参数,其中画笔笔尖形状:柔角 30(大小 30 像素),硬度:0%(即边缘模糊),间距:25%,勾选"形状动态"选项(参数默认),关闭面板窗口。

步骤 3▶ 在工具栏中勾选"对齐"复选框,按住 Alt 键,单击鼠标左键选择右图游轮的船头进行复制。然后,将鼠标移动到游轮右侧位置(此时能看到笔尖内游轮的船头),通过单击鼠标左键进行粘贴(该过程能看到鼠标在原图上游走),重复直到完成复制操作。再次粘贴时,会发现只能在右侧等距离复制出游轮,这就是"对齐"的作用。

步骤 4▶ 单击"文件"菜单中"存储为"选项,弹出"另存为"对话框,选择 C:\KS 文件夹,在文件名框输入 YL3-2-16(1),在保存类型下拉列表中选择 JPEG(* . JPG; * . JPEG; * . JPE),单击"保存"按钮;在随后弹出的"JPEG 选项"对话框设置默认参数,单击"确定"按钮即可。

步骤 5▶ 通过历史记录面板,删除上述的仿制图章操作。然后,在工具栏中取消"对齐"复选框,会发现此时无论鼠标移动到哪,都能看到笔尖内游轮的船头,而且在任意位置都能复制

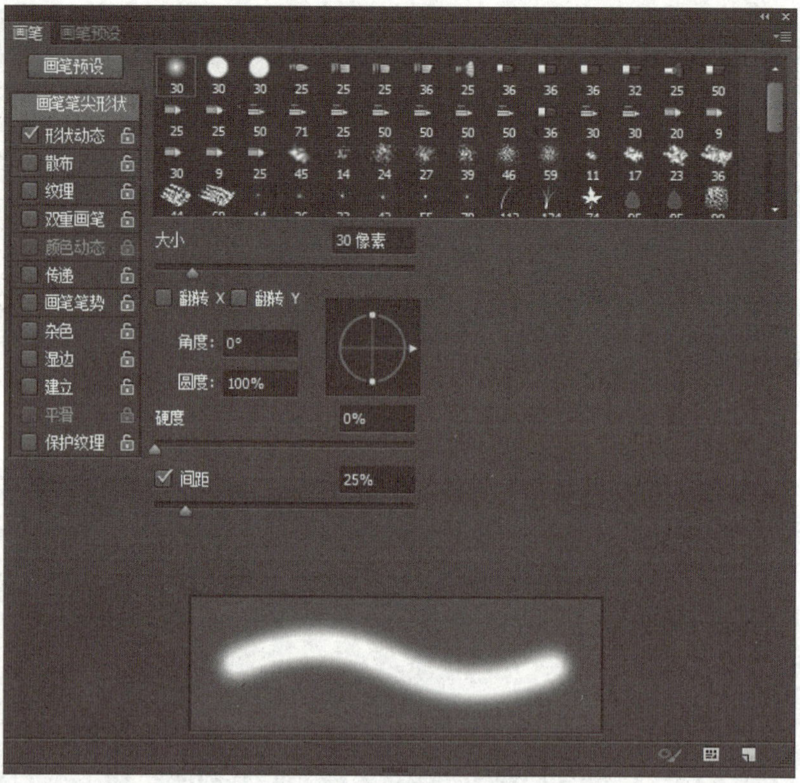

图 3-2-18　仿制图章工具画笔参数

出游轮，这就是取消“对齐”的作用。

步骤 6▶　单击“文件”菜单中“存储为”选项，弹出“另存为”对话框，选择 C:\KS 文件夹，在文件名框输入 YL3-2-16(2)，在保存类型下拉列表中选择 JPEG(＊.JPG;＊.JPEG;＊.JPE)，单击“保存”按钮；在弹出的“JPEG 选项”对话框默认参数，单击“确定”按钮。

小贴士

仿制图章和修补工具的区别

1. 主要功能

(1) 仿制图章：复制取样图像的一部分并粘贴到另一个位置。

(2) 修补工具：用图像其他部分的像素替换选定区域，实现无痕修复。

2. 使用场景

(1) 仿制图章：修复图像瑕疵、划痕，进行图像重构等。

(2) 修补工具：修复图像中的污点、瑕疵或不需要的部分，适用于复杂和精细修补。

3. 操作方法

(1) 仿制图章：需要按住 Alt 键，设置取样点后复制到目标位置。

(2) 修补工具：拖动选区到图像中另一个位置或选择“内容识别”模式进行自动修复。

6. 橡皮擦工具

功能:用于擦除图像中的部分区域。

使用方法:选择橡皮擦工具后,在画布上拖动以擦除图像;可以在工具栏中调整橡皮擦的大小、硬度和不透明度等参数。

7. 渐变工具

功能:用于在图像上填充渐变色。

使用方法:选择渐变工具后,在工具栏中选择渐变类型(如线性渐变、径向渐变等);设置渐变颜色,然后在画布上拖动以填充渐变色。

例 5 新建一个 400×400 像素,分辨率为 72 像素/英寸,RGB 颜色模式,8 位白色背景的图像文件,用椭圆选框工具、渐变工具(线性渐变,前景色为#FF7800,背景色为#FFFF00),以及画笔工具(前景色为#FFFFFF)完成纽扣的制作,样张如图 3-2-19 所示,并将结果以 NK3-2-18. jpg 为文件名保存在 C:\KS 文件夹中,关闭文档。

图 3-2-19 纽扣制作效果

步骤 1▶ 双击电脑桌面 Adobe Photoshop CC 图标,选择"文件"菜单中"新建"选项,弹出"新建"对话框,输入宽度 400 像素、高度 400 像素,分辨率为 72 像素/英寸,颜色模式选择 RGB 颜色、8 位,背景内容选择白色背景,点击"确定"按钮。

步骤 2▶ 单击工具箱"椭圆选框工具",按住 Shift 键,在白色背景上拖出一个正圆(先外圈),轻移使其处于中间位置;单击工具箱"渐变工具",设置前景色为#FF7800,背景色为#FFFF00,此时在工具栏上可看到前景色到背景色渐变,选择"线性渐变"按钮,在选区的左上角向右下角拖曳鼠标。

步骤 3▶ 单击"选择"菜单中"变换选区"按钮,此时选区四周出现控制点。同时按住 Shift 键(等比例)和 Alt 键(中心位置不变),单击鼠标拖曳某个角进行放大或缩小操作,这里是缩小,按 Enter 键确认。再利用上述渐变工具,在新选区的右下角向左上角拖曳鼠标(若是从左上角向右下角拖曳,则需要先在工具栏上勾选"反向")。最后,单击"选择"菜单中"取消选择"按钮(快捷键为 Ctrl+D),取消选区。

步骤 4▶ 单击工具箱"画笔工具",并在工具栏中打开"画笔预设"选取器,根据纽扣的大小来设置纽扣洞的大小,这里设置参数为:大小 40 像素、硬度 100%(即光滑边缘),并设置前景色为#FFFFFF(因背景是白色,所以纽扣洞颜色应为白色),用画笔工具在纽扣上单击四下,画出对称的纽扣洞即可。

步骤 5▶ 单击"文件"菜单中"存储为"选项,弹出"另存为"对话框,选择 C:\KS 文件夹,在文件名框输入 NK3-2-18,在保存类型下拉列表中选择 JPEG(*.JPG;*.JPEG;*.JPE),单击"保存"按钮;在弹出的"JPEG 选项"对话框设置默认参数,单击"确定"按钮。

例 6 打开 C:\素材\第 3 章\SC3-2-19. jpg 文件，如图 3-2-20(a)所示，用渐变工具(径向渐变，前景色为#FFFFFF)完成上海市花“白玉兰”雾里看花的特效，样张如图 3-2-20(b)所示，并将结果以 BYL3-2-19. jpg 为文件名保存在 C:\KS 文件夹中，关闭文档。

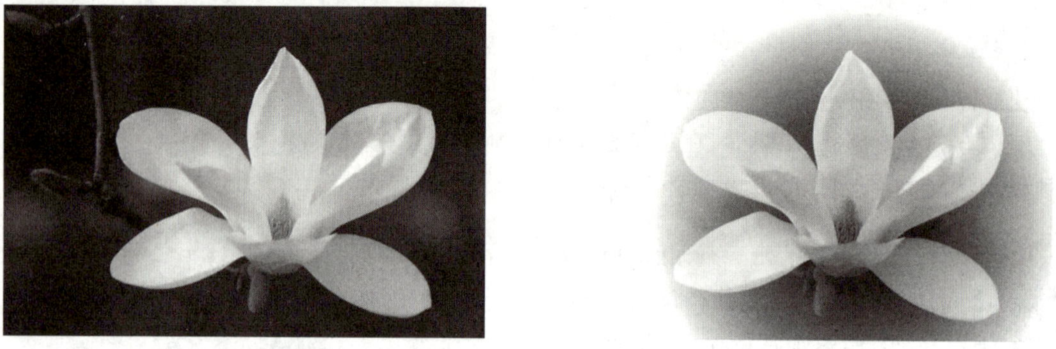

(a)原图 SC3-2-19　　(b)效果图 BYL3-2-19

图 3-2-20　渐变工具示意图

步骤 1▶ 双击电脑桌面 Adobe Photoshop CC 图标，单击“文件”菜单中“打开”按钮，弹出“打开”对话框，找到 C:\素材\第 3 章\SC3-2-19. jpg 文件，点击“打开”按钮。

步骤 2▶ 单击工具箱“渐变工具”，设置前景色为#FFFFFF，打开工具栏“渐变拾色器”选择第一行第二列“前景色到透明渐变”，再选择“径向渐变”按钮，勾选“反向”复选框(此时，圆心为透明，圆周为前景色白色)，将鼠标以白玉兰花心为起点，向白玉兰花瓣外为终点拉出渐变效果。

步骤 3▶ 单击“文件”菜单中“存储为”选项，弹出“另存为”对话框，选择 C:\KS 文件夹，在文件名框输入 BYL3-2-19，在保存类型下拉列表中选择 JPEG(*. JPG; *. JPEG; *. JPE)，单击“保存”按钮；在弹出的“JPEG 选项”对话框设置默认参数，单击“确定”按钮。

线性渐变和径向渐变

1. 线性渐变

用于创建沿直线方向的颜色过渡效果。它可以从一种颜色平滑过渡到另一种颜色，为图像增添丰富的层次感和动感，适用于创建直线方向上的颜色过渡，如天空、地面的渐变效果。

2. 径向渐变

用于创建以某一点为中心向外辐射的颜色过渡效果，适用于模拟光源、烟雾等自然现象的扩散效果，为图像增添立体感和层次感。

8. 油漆桶工具

功能：用于在图像上填充颜色或图案。

使用方法：选择油漆桶工具后，设置填充颜色或图案；点击图像中的某个区域，该区域将被填充为所选颜色或图案。

例 7 打开 C:\素材\第 3 章\SC3-2-20. jpg 文件,如图 3-2-21(a)所示,利用魔棒和油漆桶工具为图像文件中“AI”填充颜色(#BBFD08),样张如图 3-2-21(b)所示,并将结果以 RGZN3-2-20. jpg 为文件名保存在 C:\KS 文件夹中,关闭文档。

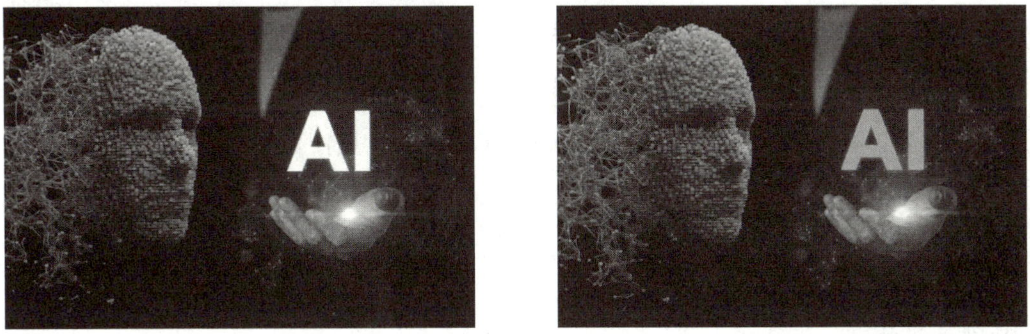

(a)原图 SC3-2-20　　(b)效果图 RGZN3-2-20

图 3-2-21 魔棒和油漆桶工具示意图

步骤 1▶ 双击电脑桌面 Adobe Photoshop CC 图标,单击“文件”菜单中“打开”按钮,弹出“打开”对话框,找到 C:\素材\第 3 章\SC3-2-20. jpg 文件,点击“打开”按钮。

步骤 2▶ 单击工具箱“魔棒工具”,选择工具栏上“添加到选区”按钮,默认容差:32,勾选“连续”选项,用鼠标单击图像中“AI”区域;再单击工具箱“油漆桶工具”,设置前景色为#BBFD08,点击图像中“AI”区域,则被填充为前景色。最后,单击“选择”菜单中“取消选择”按钮(快捷键为 Ctrl+D),取消选区。

步骤 3▶ 单击“文件”菜单中“存储为”选项,弹出“另存为”对话框,选择 C:\KS 文件夹,在文件名框输入 RGZN3-2-20,在保存类型下拉列表中选择 JPEG(*. JPG; *. JPEG; *. JPE),单击“保存”按钮;在弹出的“JPEG 选项”对话框设置默认参数,单击“确定”按钮。

小贴士

使用油漆桶工具注意事项

1. 确保选区闭合

在使用油漆桶工具填充颜色或图案之前,必须确保欲填充的选区是闭合的。如果选区未闭合,油漆桶工具可能会将颜色或图案填充到整个图层或画布上,而不是仅限于选定的区域。

2. 设置前景色和图案

油漆桶工具默认填充的是前景色,但也可以设置为填充图案。在填充前,根据需要设置好前景色或选择好要填充的图案。油漆桶工具还允许调整填充的不透明度,有助于控制填充效果的深浅。

3. 注意容差设置

油漆桶工具的容差设置决定了填充颜色的相似程度范围。容差值越大,油漆桶工具能够识别的相似颜色范围就越广,因此根据实际需要调整容差值是非常重要的。

4. 使用抗锯齿选项

抗锯齿选项决定了填充边缘的平滑程度。如果希望填充边缘更加平滑自然,可以启用抗锯齿选项。相反,如果追求更锐利的边缘效果,则可以禁用抗锯齿。

9. 模糊工具、锐化工具和涂抹工具

功能:模糊工具用于使图像局部变模糊,锐化工具用于增强图像清晰度,涂抹工具用于模拟手指涂抹效果。

使用方法:选择相应工具后,在画布上拖动以应用效果;可以在工具栏中调整工具的强度、大小和形状等参数。

10. 钢笔工具

功能:用于创建精确的路径,这些路径可以转换为选区、矢量蒙版或形状图层。

使用方法:选择钢笔工具后,在画布上点击以放置锚点;移动到另一个位置并点击以创建第二个锚点,两个锚点之间会形成直线或曲线路径;通过拖动锚点上的方向线来调整曲线的形状;完成路径绘制后,可以使用“路径选择工具”和“直接选择工具”来编辑路径。

11. 形状工具

Photoshop 还提供了多种形状工具,如矩形工具、椭圆工具、多边形工具等。

功能:用于绘制各种几何形状。

使用方法:选择相应的形状工具后,在画布上拖动以绘制形状;可以在工具栏中调整形状的大小、颜色、边框等属性。

3.2.5 使用图像文本工具

文本工具是用于在 Photoshop 图像中添加和编辑文本的重要工具。以下是文本工具的基本使用方法:

1. 选择文本工具

在 Photoshop 工具栏中,可以找到文本工具(快捷键为 T)。文本工具含有四个子工具:横排文本工具、直排文本工具、横排文本蒙版工具、直排文本蒙版工具。通过点击或按快捷键 T,然后使用(Shift+T)可以依次切换这四个子工具。

2. 输入文本

点文字输入:选择横排或直排文本工具,在图像上输入文字处单击鼠标左键,此时会出现小的“I”图标,这就是输入文字的基线。在“I”图标后输入所需的文字,输入的文字将自动生成一个新的文字图层。

段落文字输入:选择横排或直排文本工具,在图像上输入文字处输入所需的文字,通过按回车键形成多行或多排文字;也可通过新建文字图层,添加多行或多排文字,需注意图层的上下关系(即视线的前后关系)。

3. 文本编辑

输入文本后，选中该文本对象，通过文本工具选项栏相关参数或“文字”菜单中“面板”下字符面板/段落面板/字形面板等选项，调整文本的字体（常规/粗体/斜体）、大小、对齐方式、颜色、变形文字、字符/段落选项卡等。若要调整文本在图像所处的位置，可以使用移动工具（快捷键为V）拖动文本即可。

4. 高级功能

创建变形文字：在文本工具选项栏中就有“变形文字”选项 ，通过它可以为文本添加各种变形效果，如扇形、下弧、上弧等，如图 3-2-22 所示。

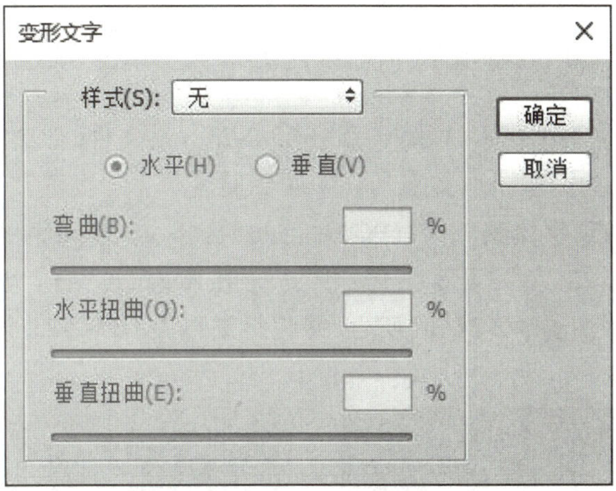

图 3-2-22　变形文字对话框

例 1　打开 C:\素材\第 3 章\SC3-2-22. jpg 文件，如图 3-2-23（a）所示，利用横排文本工具为图像添加文字“第十届中国花卉博览会”，设置字体：华文隶书 Regular，字体大小：14 点，字体颜色：#FD0870，变形文字：扇形、水平弯曲：25%；利用直排文本工具为图像添加文字“上海 · 崇明”，设置字体：华文琥珀 Regular，字体大小：8 点，字体颜色：#FFFFFF，变形文字：拱形、垂直弯曲：－50%；样张如图 3-2-23（b）所示，并将结果以 HBH3-2-22. jpg 为文件名保存在 C:\KS 文件夹中，关闭文档。

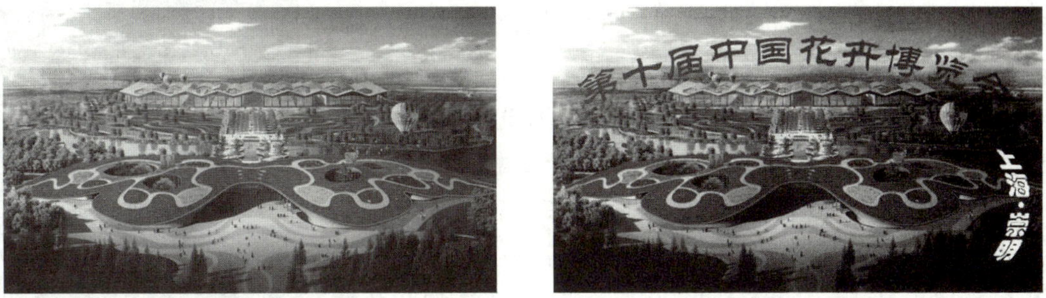

（a）原图 SC3-2-22　　（b）效果图 HBH3-2-22

图 3-2-23　横排文本工具示意图

步骤 1▶ 双击电脑桌面 Adobe Photoshop CC 图标，单击“文件”菜单中“打开”按钮，弹出“打开”对话框，找到 C:\素材\第 3 章\SC3-2-22. jpg 文件，点击“打开”按钮。

步骤 2▶ 单击工具箱“横排文本工具”，单击鼠标，在光标所在位置输入“第十届中国花卉博览会”(此时自动生成文字图层)；拖曳选中上述文字，在工具栏上选择字体：华文隶书 Regular，字体大小：14 点，字体颜色：#FD0870；单击变形文字按钮，弹出“变形文字”对话框，设置变形文字：扇形、水平弯曲 25%；单击工具栏上“√”或按 Enter 键完成文本编辑。同理，单击工具箱“直排文本工具”，完成文字“上海 · 崇明”的编辑。

步骤 3▶ 单击“文件”菜单中“存储为”按钮，弹出“另存为”对话框，选择 C:\KS 文件夹，在文件名框输入 HBH3-2-22，在保存类型下拉列表中选择 JPEG(＊. JPG; ＊. JPEG; ＊. JPE)，单击“保存”按钮；在弹出的“JPEG 选项”对话框设置默认参数，单击“确定”按钮。

例 2 打开 C:\素材\第 3 章\SC3-2-23. jpg 文件，如图 3-2-24(a)所示，利用横排文本工具为图像添加文字“第 24 届冬奥运动会”，设置字体：华文琥珀 Regular，字体大小：40 点，字体颜色：#FF9C00，行间距：48 点，字间距：150；利用直排文本工具为图像添加文字“中国 · 北京”，设置字体：华文琥珀 Regular，字体大小：18 点，字体颜色：#FF0000，字间距 100；样张如图 3-2-24(b)所示，并将结果以 DAH3-2-23. jpg 为文件名保存在 C:\KS 文件夹中，关闭文档。

(a) 原图 SC3-2-23　　(b) 效果图 DAH3-2-23

图 3-2-24　横排文本工具示意图

步骤 1▶ 双击电脑桌面 Adobe Photoshop CC 图标，单击“文件”菜单中“打开”按钮，弹出“打开”对话框，找到 C:\素材\第 3 章\SC3-2-23. jpg 文件，点击“打开”按钮。

步骤 2▶ 单击工具箱“横排文本工具”，在光标所在位置输入“第 24 届”，按 Enter 键打 7 个空格，再输入“冬奥运动会”(注：因后面有行距设置，所以此标题换行输入，若没有行距要求，可通过添加文本图层进行)；拖曳选中上述两列文字，在工具栏上选择字体：华文琥珀 Regular，字体大小：40 点，字体颜色：#FF9C00；单击“字符面板”按钮，在弹出的字符面板中设置行间距：48 点，字间距 150，如图 3-2-25 所示；单击工具栏上“√”或按 Enter 键完

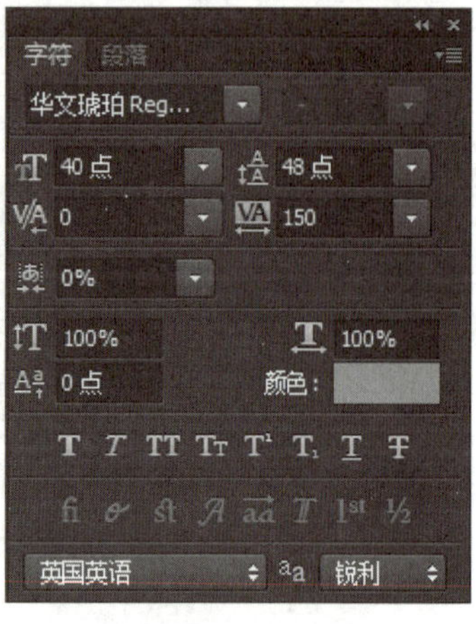

图 3-2-25　字符面板

成文本编辑。同理,单击工具箱“直排文本工具”,完成文字“中国 · 北京”的编辑。

步骤 3▶ 单击“文件”菜单中“存储为”选项,弹出“另存为”对话框,选择 C:\KS 文件夹,在文件名框输入 DAH3-2-23,在保存类型下拉列表中选择 JPEG(*.JPG;*.JPEG;*.JPE),单击“保存”按钮;在弹出的“JPEG 选项”对话框默认参数,单击“确定”按钮。

小贴士

文本工具注意事项

(1) 输入文本后,会自动生成一个文字图层,只有文字图层被选中的状态,才能进行编辑。

(2) 文字图层与普通图层一样,可以进行移动、缩放、旋转等操作。

与上述文本工具不同,文本蒙版工具是在图像上创建文本选区,而不是添加文字图层。因创建的文本选区可能需要移动位置,为了不影响背景图层,建议新建透明图层来创建蒙版文字。创建蒙版文字后,可以执行油漆桶工具、渐变工具或填充命令对文本选区进行填充,也可为文本选区添加图层样式(将在下一节介绍),如投影、发光、描边等,以增强视觉效果。

例 3 打开 C:\素材\第 3 章\SC3-2-25.jpg 文件,如图 3-2-26(a)所示,利用直排文本蒙版工具为图像添加文字“中共一大会址”,设置字体:华文琥珀 Regular,字体大小:48 点,用油漆桶工具填充颜色:#FF0000;利用横排文本蒙版工具为图像添加文字“上海市黄浦区兴业路 76 号”,设置字体:黑体 Regular,字体大小:30 点,用油漆桶工具填充颜色:#FFFFFF;样张如图 3-2-26(b)所示,并将结果以 YDHZ3-2-25.jpg 为文件名保存在 C:\KS 文件夹中,关闭文档。

(a) 原图 SC3-2-25　　(b) 效果图 YDHZ3-2-25

图 3-2-26　直排文本蒙版工具示意图

步骤 1▶ 双击电脑桌面 Adobe Photoshop CC 图标,单击“文件”菜单中“打开”按钮,弹出“打开”对话框,找到 C:\素材\第 3 章\SC3-2-25.jpg 文件,点击“打开”按钮。

步骤 2▶ 单击“图层面板”右上角快捷菜单,选择“新建图层”按钮,新建一个透明图层,如图 3-2-27 所示。单击工具箱“直排文本蒙版工具”,单击鼠标(此时背景通常会变为红色,这是蒙版效果的表示),在光标所在位置输入“中共一大会址”,拖曳选中文本选区,在工具栏上选择设置字体:华文琥珀 Regular,字体大小:48 点,单击工具栏上“√”或按 Enter 键完成文本选区编辑。

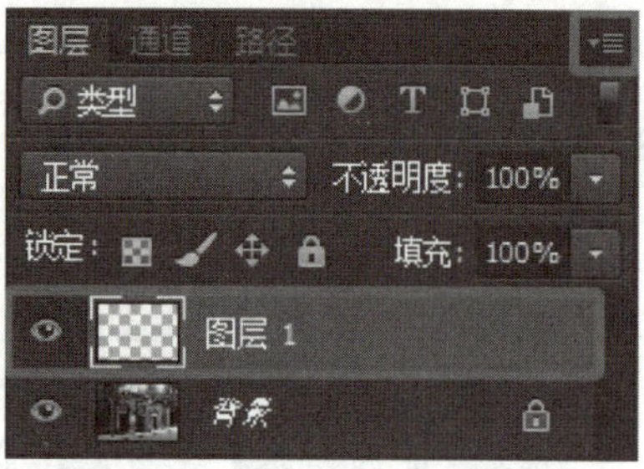

图 3-2-27　图层面板

步骤 3▶ 设置前景色:#FF0000,关闭"背景图层"(点击图层前眼睛即可),单击工具箱"油漆桶工具",点击图层 1 上文本选区,完成颜色填充。再次单击"选择"菜单中"取消选择"按钮(快捷键为 Ctrl+D),取消选区。可用移动工具,对文本适当调整位置。同理,完成蒙版文字"上海市黄浦区兴业路 76 号"的编辑。

步骤 4▶ 单击"文件"菜单中"存储为"选项,弹出"另存为"对话框,选择 C:\KS 文件夹,在文件名框输入 YDHZ3-2-25,在保存类型下拉列表中选择 JPEG(*.JPG; *.JPEG; *.JPE),单击"保存"按钮;在弹出的"JPEG 选项"对话框设置默认参数,单击"确定"按钮。

3.2.6　使用图像辅助工具

在 Photoshop 中,辅助工具的使用对于提高设计效率和确保设计的准确性至关重要。以下是一些常用辅助工具的功能介绍和使用方法:

1. 移动工具

功能:主要负责图层、选区等的移动和复制操作,能够精确调整图像元素的位置。

使用方法:使用移动工具之前,需要先在图层面板中选择要移动的图层,或在工作区中用选框工具选择需要移动的图像区域;选中移动工具后,将光标放置在需要移动的图像上,按下鼠标左键并拖动,即可将图像移动到新位置。

注意:按住 Alt 键的同时拖动鼠标,可以在移动图层的同时复制该图层。

例 1　打开 C:\素材\第 3 章\SC3-2-27(1).jpg 和 SC3-2-27(2).jpg 文件,如图 3-2-28(a)所示,用移动工具将 SC3-2-27(2).jpg 合成到 SC3-2-27(1).jpg 图像文件的右上角,样张如图 3-2-28(b)所示,并将结果以 BDD3-2-27.jpg 为文件名保存在 C:\KS 文件夹中,关闭文档。

(a)原图 SC3-2-27(1) SC3-2-27(2)　　(b)效果图 BDD3-2-27

图 3-2-28　移动工具示意图

步骤 1▶ 双击电脑桌面 Adobe Photoshop CC 图标,单击"文件"菜单中"打开"按钮,弹出"打开"对话框,找到 C:\素材\第 3 章\SC3-2-27(1).jpg 和 SC3-2-27(2).jpg 文件,点击"打开"按钮。

注意:打开多个图像文件时,可用移动工具在编辑区选中图像文件拖曳开来;或者单击"窗口”菜单下“排列”选项中“使所有内容在窗口中浮动”按钮。

步骤 2▶ 单击工具箱“移动工具”，选中 SC3-2-27(2).jpg 图像文件，按下鼠标左键并拖至 SC3-2-27(1).jpg 上放开鼠标，适当调整位置即可。

步骤 3▶ 单击“文件”菜单中“存储为”按钮，弹出“另存为”对话框，选择 C:\KS 文件夹，在文件名框输入 BDD3-2-27，在保存类型下拉列表中选择 JPEG(*.JPG;*.JPEG;*.JPE)，单击“保存”按钮；在弹出的“JPEG 选项”对话框设置默认参数，单击“确定”按钮。

2. 抓手工具

功能：通过拖动图像来平移视图，以便查看图像的不同部分，主要用于观察大尺寸图像(或者被放大的图像)的局部细节。

使用方法：选择抓手工具后，将光标放置在图像上，按下鼠标左键并拖动，即可平移图像；若需要同时平移多个打开的文档窗口中的图像，可以在抓手工具状态下，按住 Shift 键并拖动鼠标。此外，在任意工具状态下，按住空格键也可以临时切换到抓手工具，松开空格键后，将恢复到原来的工具状态。

3. 缩放工具

功能：主要用于对图像进行视图上的放大和缩小，使在不同缩放级别下查看和处理图像。

使用方法：将缩放工具放置在图像的某个区域上，单击鼠标左键即可放大或缩小该区域；按住鼠标左键不放，并左右拖动鼠标，可以连续放大或缩小图像视图。向右拖动为放大，向左拖动为缩小。或者，在缩放工具被选中的情况下，滚动鼠标滚轮也可以实现图像的放大和缩小；快捷键为 Ctrl+“+”表示放大、Ctrl+“-”表示缩小。

4. 裁剪工具

功能：用于裁剪图像到特定大小或形状，以去除不需要的背景或调整图像的构图。

使用方法：单击裁剪工具，在图像上拖动鼠标，绘制一个裁剪框，框选出需要保留的图像部分；裁剪框的四周和角落会出现调整手柄，可以通过拖动这些手柄来调整裁剪框的大小和形状，最后双击或按 Enter 键完成裁剪。

5. 标尺工具

功能：可以精确地确定图像或元素的位置，进行精确的设计布局。

使用方法：新建图像文档或打开图像文件，单击“视图”菜单中“标尺”按钮，标尺将出现在窗口的顶部和左侧，标尺的原点位于窗口的左上角(0,0)标记处。可以从原点处拖动鼠标，设置新的测量起点；标尺内的标记可以显示鼠标指针移动时的位置，便于进行精确测量。

6. 参考线工具

功能：用于图像的定位，浮动在图像上方不会被打印出来，是设计不可或缺的工具。

使用方法：新建图像文档或打开图像文件，单击“视图”菜单中“标尺”按钮，显示标尺，将鼠标指针放在水平标尺或垂直标尺上，单击并拖动鼠标即可创建水平或垂直参考线。还可通过单击“视图”菜单中“新建参考线”按钮，弹出“新建参考线”对话框，精确设置参考线的位置。

7. 网格工具

功能：对于分布多个对象非常有用，可以进行更规范的布局设计。

使用方法:新建图像文档或打开图像文件,单击“视图”菜单中“显示”选项下“网格”按钮,即可显示网格。然后再次单击“视图”菜单中“对齐到”选项下“网格”按钮,启用对齐功能;接着,在创建选区和移动图像等操作时,对象将自动对齐到网格上。

8. 注释工具

功能:允许在图像中添加文字说明,标记各种有用信息,便于团队沟通和评审。

使用方法:新建图像文档或打开图像文件,单击工具箱中“吸管”工具组中的“注释”工具,并在文件中右击鼠标选择“新建注释”,弹出“注释”浮动面板,输入注释内容。此时,注释图标将出现在鼠标单击处,可以通过点击注释图标来查看或编辑注释内容。

3.2.7 课后练习

1)打开 C:\素材\第 3 章\SC3-2-28(1).jpg 和 SC3-2-28(2).jpg 文件,如图 3-2-29(a)(b)所示,利用选择工具、绘图工具、文本工具、辅助工具等,按要求完成对图像的处理和色彩的调整,样张如图 3-2-29(c)所示,将结果以 photo1.jpg 为文件名另存在 C:\KS 文件夹中。(结果保存时请注意文件位置、文件名及 JPEG 格式)

(a)原图 SC3-2-28(1)

(b)原图 SC3-2-28(2)

(c)效果图 photo1

图 3-2-29 课后练习 1

(1) 利用修补工具将 SC3-2-28(1) .jpg 中的渔船去除掉,并对背景图层进行亮度/对比度调整(亮度:30,对比度:50)。

(2) 将 SC3-2-28(2) .jpg 中的渔船合成到 SC3-2-28(1) .jpg 中,利用仿制图章工具复制出两艘渔船,适当调整它们的大小和位置。

(3) 输入文字“绿水青山就是金山银山”:华文琥珀 Regular、48 点、变形文字:拱形、水平弯曲-20%,字体颜色:#00FF00、字间距:120。

步骤 1▶ 双击电脑桌面 Adobe Photoshop CC 图标,单击“文件”菜单中“打开”按钮,弹出“打开”对话框,找到 C:\素材\第 3 章\SC3-2-28(1) .jpg 和 SC3-2-28(2) .jpg 文件,点击“打开”按钮。

步骤 2▶ 单击工具箱“椭圆或矩形选框工具”,在 SC3-2-28(1) .jpg 中圈出渔船选区,再单击“修补工具”,按住鼠标左键拖曳选区至邻近位置放手,单击“选择”菜单中“取消选择”按钮(快捷键为 Ctrl+D),取消选区;单击“图像”菜单中“调整”选项下“亮度/对比度”,弹出“亮度/对比度”对话框,在亮度框输入 30,对比度框输入 50,点击“确定”按钮。

步骤 3▶ 选中 SC3-2-28(2) .jpg 图像,单击工具箱“魔棒工具”,在工具栏中选择“添加选区”、默认容差改为:15,勾选“连续”复选框,单击图像空白处(选中除渔船外所有空白区域),单击“选择”菜单中“反选”按钮(快捷键为 Shift+Ctrl+I),则选中渔船,单击“移动工具”,将渔船合成至 SC3-2-28(1) .jpg 中。

步骤 4▶ 单击工具箱“仿制图章工具”,在工具栏中打开“画笔预设”,设置画笔大小:70 像素、硬度:100%、取消“对齐”复选框,按住 Alt 键,单击鼠标左键选择渔夫进行复制。然后,在相应位置拖曳鼠标进行粘贴,粘贴两次即可。

提示:通过执行“编辑”菜单中“自由变换”命令可对渔船进行缩放。

步骤 5▶ 单击工具箱“横排文本工具”,在光标所在位置输入“绿水青山就是金山银山”(此时自动生成文字图层);拖曳选中上述文字,在工具栏上选择字体:华文琥珀 Regular,字体大小:48 点,字体颜色:#00FF00;单击“变形文字”按钮,弹出“变形文字”对话框,设置变形文字:拱形、水平弯曲-20%;单击“字符面板”按钮,在弹出的字符面板中设置字间距 120,单击工具栏上“√”或按 Enter 键完成文本编辑。

步骤 6▶ 单击“文件”菜单中“存储为”选项,弹出“另存为”对话框,选择 C:\KS 文件夹,在文件名框输入 photo1,在保存类型下拉列表中选择 JPEG(*. JPG; *. JPEG; *. JPE),单击“保存”按钮;在弹出的“JPEG 选项”对话框设置默认参数,单击“确定”按钮。

2)打开 C:\素材\第 3 章\SC3-2-29(1) .jpg 和 SC3-2-29(2) .jpg 文件,如图 3-2-30(a)(b)所示,利用选择工具、绘图工具、文本工具、辅助工具等,按要求完成对图像的处理和色彩的调整,样张如图 3-2-30(c)所示,将结果以 photo2. jpg 为文件名另存在 C:\KS 文件夹中。(结果保存时请注意文件位置、文件名及 JPEG 格式)

(1) 对 SC3-2-29(1) .jpg 图像文件分别进行亮度/对比度调整(亮度:60、对比度:30)和色彩平衡调整(色阶值:+20、0、-50)。

(2) 将 SC3-2-29(2) .jpg 中的东方明珠游轮合成到 SC3-2-29(1) .jpg 中,适当调整它的大

小和位置。

(3) 输入文字“上海浦东勇立潮头”,设置字体:华文琥珀 Regular,字体大小:36 点,字体颜色:#EEC6E8,行距 48、字间距 120。

(a)原图 SC3-2-29(1)

(b)原图 SC3-2-29(2)

(c)效果图 photo2

图 3-2-30　课后练习 2

步骤 1▶ 双击电脑桌面 Adobe Photoshop CC 图标,单击“文件”菜单中“打开”按钮,弹出“打开”对话框,找到 C:\素材\第 3 章\SC3-2-29(1).jpg 和 SC3-2-29(2).jpg 文件,点击“打开”按钮。

步骤 2▶ 选中 SC3-2-29(1).jpg 图像,单击“图像”菜单中“调整”选项下“亮度/对比度”,弹出“亮度/对比度”对话框,在亮度框输入 60,对比度框输入 30,点击“确定”按钮;再次单击“图像”菜单中“调整”选项下“色彩平衡”,弹出“色彩平衡”对话框,输入(色阶值:+20、0、-50),点击“确定”按钮。

步骤 3▶ 选中 SC3-2-29(2).jpg 图像,单击工具箱“快速选择工具”,根据东方明珠游轮大小不断调整“工具栏”中笔头大小,通过“添加选区”或“减少选区”按钮选取东方明珠游轮,再单击工具箱“移动工具”,将上述勾勒的东方明珠游轮移至 SC3-2-29(1).jpg 图像中,单击“编辑”

菜单中“自由变换”按钮(快捷键为 Ctrl+T)对东方明珠游轮进行缩放。

提示:缩放时可配合快捷键 Shift+Alt,Shift 表示等比例,Alt 表示中心位置不变。

步骤 4▶ 单击工具箱“直排文本工具”,在光标所在位置输入“上海浦东”,按 Enter 键打 6 个空格,再输入“勇立潮头”(注:因后面有行距设置,所以此标题换行输入;若没有行距要求,可通过添加文本图层进行),拖曳选中上述两行文字,在工具栏上选择字体:华文琥珀 Regular,字体大小:36 点,字体颜色:#EEC6E8,单击“字符面板”按钮,在弹出的字符面板中设置行间距:48 点,字间距:120,单击工具栏上“√”或按 Enter 键完成文本编辑。

步骤 5▶ 单击“文件”菜单中“存储为”按钮,弹出“另存为”对话框,选择 C:\KS 文件夹,在文件名框输入 photo2,在保存类型下拉列表中选择 JPEG(*.JPG;*.JPEG;*.JPE),单击“保存”按钮;在弹出的“JPEG 选项”对话框设置默认参数,单击“确定”按钮。

3)打开 C:\素材\第 3 章\SC3-2-30.jpg 文件,如图 3-2-31(a)所示,利用选择工具、绘图工具、文本工具、辅助工具等,按要求完成对图像的处理和色彩的调整,样张如图 3-2-31(b)所示,将结果以 photo3.jpg 为文件名另存在 C:\KS 文件夹中。(结果保存时请注意文件位置、文件名及 JPEG 格式)

(1) 利用渐变工具对 SC3-2-30.jpg 图像文件进行“白色到透明”的径向渐变。

(2) 利用椭圆工具在图像右上角制作一轮明月(颜色为#FCFCEE)。

(3) 输入文字“杭州 · 西湖”,设置字体:微软雅黑 Bold,字体大小:60 点,字体颜色:#FFFFFF,变形文字:花冠,水平弯曲+30%。

(a)原图 SC3-2-30

(b)效果图 photo3

图 3-2-31 课后练习 3

步骤 1▶ 双击电脑桌面 Adobe Photoshop CC 图标,单击“文件”菜单中“打开”按钮,弹出“打开”对话框,找到 C:\素材\第 3 章\SC3-2-30.jpg 文件,点击“打开”按钮。

步骤 2▶ 单击工具箱“渐变工具”,设置前景色为#FFFFFF,打开工具栏“渐变拾色器”选择第一行第二列“前景色到透明渐变”,再选择“径向渐变”按钮,勾选“反向”复选框(此时,圆心为透明,圆周为前景色白色),将鼠标以亭子为起点,向图像四角的某个角(即终点)拉出渐变效果。

步骤 3▶ 单击工具箱“椭圆工具”,设置前景色为#FCFCEE,按住 Shift 键在图像右上角画出一个正圆,再次画一个稍大的圆盖住部分小圆,如图 3-2-32 所示,可选择“椭圆工具”上方“路径选择工具”进行位置的调整。(画出圆的同时,也会弹出属性对话框)在属性对话框或工具栏

“路径操作”项下选择“减去顶层形状”。最后,单击工具箱“移动工具”,将月亮移至相应位置即可。

图 3-2-32　椭圆工具画圆

步骤 4▶ 单击工具箱“横排文本工具”,在光标所在位置输入“杭州 · 西湖”,拖曳选中上述文字,在工具栏上选择字体:微软雅黑 Bold,字体大小:60 点,字体颜色:#FFFFFF,变形文字:花冠,水平弯曲+30%,单击“确定”按钮,再单击工具栏上“√”或按 Enter 键完成文本编辑。

步骤 5▶ 单击“文件”菜单中“存储为”选项,弹出“另存为”对话框,选择 C:\KS 文件夹,在文件名框输入 photo3,在保存类型下拉列表中选择 JPEG(*.JPG; *.JPEG; *.JPE),单击“保存”按钮;在弹出的“JPEG 选项”对话框设置默认参数,单击“确定”按钮。

3.3　图像处理基本操作

学习内容

✧ 图层的概念和作用;
✧ 滤镜的概念和操作;
✧ 蒙版的概念和操作;
✧ 通道的概念和操作。

学习目标

✧ 了解图层的概念和作用,了解图层蒙版的概念和操作;
✧ 熟练掌握图层的基本操作、各种图层样式的应用和效果;
✧ 熟练掌握滤镜的种类、常用滤镜的功能和应用效果;
✧ 了解通道的概念和类型,通道的应用。

思政目标

✧ 注重图像处理过程中的审美意识和求新意识,引导学生树立创新思维的职业素养。

3.3.1 图层的概念和操作

Photoshop 中的图层是一个非常重要的概念,它允许将不同的图像、文本或矢量图形堆叠在一起,而不混合它们的像素,从而在不破坏原图像的前提下进行编辑。

1. 图层的概念及作用

图层就像是含有文字或图形等元素的透明胶片,一张张按顺序叠放在一起,组合起来形成页面的最终效果。每个图层都是独立的,可以在不影响其他图层的情况下进行编辑和修改。

图层的作用主要体现在以下几点:①非破坏性编辑:使用图层可以在不破坏原图像的前提下进行编辑,因为所有的修改都是在新的图层上进行的,可以随时删除或修改,而不会影响到原始图像。②提高编辑效率:图层可以将复杂的图像分解为多个简单的部分,分别进行处理,然后再合并起来,从而提高编辑效率。③灵活性:图层可以自由地移动、旋转、缩放、调整不透明度和混合模式等,从而创造出丰富多样的图像效果。

2. 图层的类型

图层的类型主要有:

(1) 普通图层:最基本的图层类型,用于放置图像、文本或矢量图形等元素。

(2) 背景图层:一幅图像中默认存在的图层,通常位于最底部,无法调整其堆叠顺序、混合模式和不透明度,但可以通过双击背景图层将其转换为普通图层。

(3) 文字图层:用于输入文本的图层,文本内容可以直接在图层上进行编辑和修改。

(4) 调整图层:用于对图像的颜色、亮度、对比度等进行调整,不会直接修改原始图像,而是通过添加调整图层来实现调整效果。

(5) 智能对象图层:包含栅格或矢量图像中的图像数据,可以保留图像的源内容及其所有原始特征,从而在不破坏原图像的前提下进行编辑。

3. 图层的基本操作

(1) 新建图层:通过单击图层面板下方的“新建图层”按钮,或单击“图层”菜单中“新建”选项下“图层”按钮来创建新的图层。

(2) 复制图层:选中需要复制的图层,右键单击选择“复制图层”或使用快捷键(Ctrl+J)进行复制。

(3) 删除图层:选中需要删除的图层,单击图层面板下方的“删除图层”按钮或使用 Delete 键进行删除。

(4) 调整图层顺序:通过拖动图层在图层面板中的位置,可以改变图层的堆叠(即上下)顺序。

(5) 调整图层不透明度和混合模式:在图层面板中,可以调整图层的不透明度来改变其内容的透明度,也可以选择不同的混合模式来改变图层与下方图层之间的混合效果。

◎图层不透明度：不透明度是一个介于0%到100%之间的数值，用于描述图层的透明程度。0%表示图层完全透明，即图层内容不可见；100%表示图层完全不透明，即图层内容完全遮盖下方的图层。

◎图层混合模式：是指一个图层与其下方图层的色彩叠加方式。Photoshop中共有27种混合模式，如图3-3-1所示，系统默认为六大类：组合模式、加深模式、减淡混合模式、对比混合模式、比较混合模式和色彩混合模式。

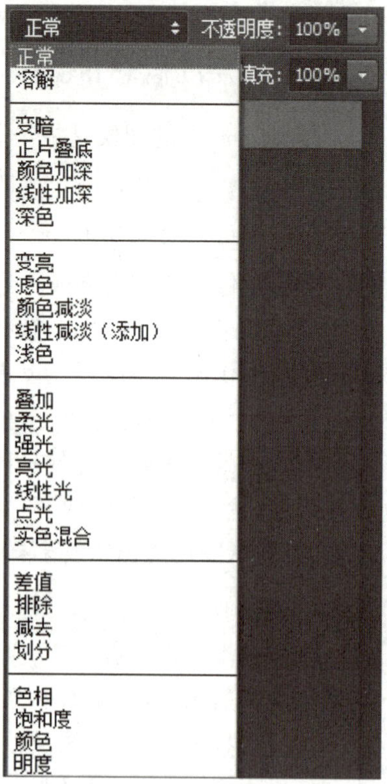

图3-3-1 图层混合模式

组合模式：包括正常模式（直接显示当前图层的图像，不受下方图层的影响）和溶解模式（根据每个像素点位置的不透明度，随机以当前图层或下方图层中的像素点显示，从而产生溶解效果）。

加深模式：包括变暗模式（查看每个通道的颜色信息，并选择基色与混合色中较暗的颜色作为结果色）、正片叠底模式（将基色与混合色相乘，然后再除以255，得到的结果色总是比原来的颜色更暗）、颜色加深模式（使基色变暗以反映混合色，通过与黑色混合将不发生变化）、线性加深模式（通过降低亮度使基色变暗以反映混合色，混合色为黑色时，结果色也为黑色）等。

减淡混合模式：包括变亮模式（与变暗模式相反，选择基色与混合色中较亮的颜色作为结果色）、滤色模式（与正片叠底模式相反，将基色与混合色的互补色相乘，然后除以255，结果色总是较亮）、颜色减淡模式（通过降低对比度使基色变亮以反映混合色，亮的区域变得更亮，暗的区域变化较小）、线性减淡模式（通过增加亮度来减淡颜色，效果比滤色模式和颜色减淡模式都强烈）等。

对比混合模式：包括叠加模式（结合正片叠底和滤色模式，比50%暗的区域采用正片叠底，比50%亮的区域采用滤色模式）、柔光模式（根据混合色的明暗来决定图像的最终效果，混合色比基色暗则图像变暗，反之则变亮，效果较为柔和）、强光模式（与柔光模式相似，但效果更为强烈）、线性光模式（通过增加或减少亮度来混合颜色，具体取决于混合色的亮度）、点光模式（替换颜色中比混合色暗的像素，或者替换比混合色亮的像素，取决于混合色的亮度）、实色混合模式（通过增加或减少对比度来混合颜色，效果比叠加模式更为强烈）等。

比较混合模式：包括差值模式（查看每个通道中的颜色信息，用基色减去混合色或从混合色中减去基色，具体取决于哪个颜色的亮度值更大）、排除模式（与差值模式类似，但效果更为柔和，产生一种柔和的色彩对比效果）等。

色彩混合模式：包括色相模式（用混合色的色相以及基色的饱和度和亮度创建结果色）、饱和度模式（用混合色的饱和度以及基色的色相和亮度创建结果色）、颜色模式（用混合色的色相和饱和度以及基色的亮度创建结果色）、明度模式（用混合色的亮度以及基色的色相和饱和度创建结果色）。

例 1 打开 C:\素材\第 3 章\SC3-3-2(1).jpg 和 SC3-3-2(2).jpg 文件，如图 3-3-2(a)(b)所示，为 SC3-3-2(1).jpg 文件新建一个蓝色(#A6A8F7)图层，并设置图层混合模式为“叠加”；将 SC3-3-2(2).jpg 文件中的海鸥合成到 SC3-3-2(1).jpg 中，适当调整大小和位置；复制该海鸥图层并缩小右边的海鸥、设置其图层不透明度为 60%。样张如图 3-3-2(c)所示，并将结果以 LT3-3-2.jpg 为文件名保存在 C:\KS 文件夹中，关闭文档。

(a)原图 SC3-3-2(1)　(b)原图 SC3-3-2(2)　(c)效果图 LT3-3-2

图 3-3-2　图层混合模式示意图

步骤 1▶ 双击电脑桌面 Adobe Photoshop CC 图标，单击“文件”菜单中“打开”选项，弹出“打开”对话框，找到 C:\素材\第 3 章\SC3-3-2(1).jpg 和 SC3-3-2(2).jpg 文件，点击“打开”按钮。

步骤 2▶ 单击工具箱“移动工具”，选中 SC3-3-2(1).jpg 图像文件，单击“图层面板”右上角快捷菜单，执行“新建图层”命令，默认参数点击“确认”按钮；单击“前景色”，输入蓝色(#A6A8F7)，点击“确定”；单击工具箱“油漆桶”，对上述新建图层填充蓝色(填充之前，最好把背景层眼睛关闭)；再单击“图层面板”混合模式下拉项，选择“叠加”选项。

步骤 3▶ 单击工具箱“移动工具”，选中 SC3-3-2(2).jpg 图像文件，再单击工具箱“魔棒工具”，工具栏中选择“添加选区”、容差 32、勾选“连续”选项，勾勒出除海鸥外的天空部分，执行“选择”菜单中“反选”命令(快捷键为 Shift+Ctrl+I)，则选中海鸥。单击“移动工具”，将海鸥合成到 SC3-3-2(1).jpg 图像中，执行“编辑”菜单“自由变换”命令(快捷键为 Ctrl+T)或“变换”中“缩放”命令，调整海鸥的大小并按 Enter 键完成编辑，移至相应位置。

步骤 4▶ 单击“图层面板”中海鸥所在的图层，右击鼠标弹出快捷菜单，执行“复制图层”命令或者鼠标选中海鸥图层，拖至右下角“创建新图层”上放开鼠标，都能创建海鸥图层的副本。继续单击“编辑”菜单“自由变换”按钮(快捷键为 Ctrl+T)或“变换”中“缩放”按钮，缩小海鸥副本和相应位置，同时在“图层面板”右上角不透明度框改为“60%”。

步骤 5▶ 单击“文件”菜单中“存储为”选项，弹出“另存为”对话框，选择 C:\KS 文件夹，在文件名框输入 LT3-3-2，在保存类型下拉列表中选择 JPEG(*.JPG;*.JPEG;*.JPE)，单击“保存”按钮；在弹出的“JPEG 选项”对话框设置默认参数，单击“确定”按钮。

4. 图层的高级应用

图层样式：就是为图层或图层组应用一种或多种效果，如添加阴影、发光、浮雕、渐变叠加、图案叠加等，从而增强图像的外观和质感，使图像看起来更加立体、生动和有趣。

Photoshop 常见的图层样式如图 3-3-3 所示。

斜面和浮雕：为图层添加高亮显示和阴影的各种组合效果，创建出三维立体感。

描边：使用颜色、渐变颜色或图案描绘图层对象的轮廓，增强边缘效果。

内阴影：在图层对象内部添加阴影效果，与对象的形状相互作用，创建出深邃的视觉效果。

内发光：与外发光相反，内发光是从图层对象内部向外添加发光效果，营造出柔和的光晕效果。

光泽：在图层对象内部应用阴影，创建出光滑的磨光及金属效果。

颜色叠加：在图层对象上叠加一层纯色，改变对象的颜色。

渐变叠加：在图层对象上叠加一种渐变颜色，增加色彩变化。

图案叠加：在图层对象上叠加一致的重复图案，创造出独特的纹理效果。

外发光：从图层对象、文本或形状的边缘向外添加发光效果，使对象看起来更加明亮和突出。

投影：为图层上的对象、文本或形状后面添加阴影效果，增强立体感。

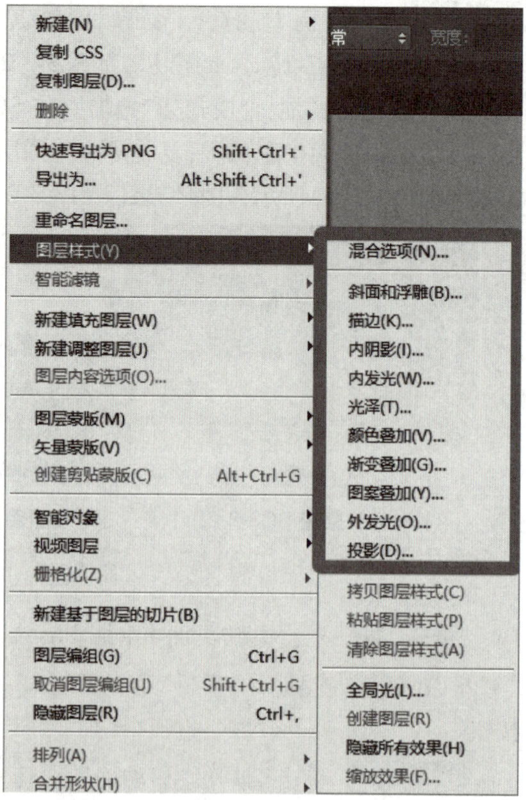

图 3-3-3 图层样式

例 2 打开 C:\素材\第 3 章\SC3-3-4(1).jpg 和 SC3-3-4(2).jpg 文件，如图 3-3-4(a)(b)所示，将 SC3-3-4(1).jpg 合成到 SC3-3-4(2).jpg 中相应位置；为图像添加文字“丝绸之路”，设置字体：华文琥珀 Regular，字体大小：48 点，字体颜色：#FFFFFF，变形文字：旗帜、垂直弯曲+50%，字间距 200；为文字图层设置图层样式：描边（大小：5px、位置：外部、颜色：#FF0000），投影（不透明度：100%、距离：20px、大小：12px）；在背景层上新建一个相框图层，并对相框图层设置图层样式：斜面与浮雕（样式：浮雕效果、大小：15px）。样张如图 3-3-4(c)所示，并将结果以 SCZL3-3-4.jpg 为文件名保存在 C:\KS 文件夹中，关闭文档。

(a)原图 SC3-3-4(1)　(b)原图 SC3-3-4(2)　(c)效果图 SCZL3-3-4

图 3-3-4　图层样式示意图

步骤 1▶ 双击电脑桌面 Adobe Photoshop CC 图标，单击“文件”菜单中“打开”选项，弹出“打开”对话框，找到 C:\素材\第 3 章\SC3-3-4(1) . jpg 和 SC3-3-4(2) . jpg 文件，点击“打开”按钮。

步骤 2▶ 单击工具箱“移动工具”，选中 SC3-3-4(1) . jpg 图像文件，单击工具箱“魔棒工具”，在工具栏中选择“添加选区”、容差 32、取消勾选“连续”复选框，单击黑色的人和骆驼，选择“移动工具”移至 SC3-3-4(2) . jpg 中相应位置。

步骤 3▶ 单击工具箱“直排文本工具”，单击鼠标在光标所在位置输入“丝绸之路”，拖曳选中上述文字，在工具栏上选择字体：华文琥珀 Regular，字体大小：48 点，字体颜色：#FFFFFF；单击变形文字按钮，弹出“变形文字”对话框，设置变形文字：旗帜、垂直弯曲+50%；再单击“字符面板”按钮，在弹出的字符面板中设置字间距 200，单击工具栏上“√”或按 Enter 键完成文本编辑。

步骤 4▶ 选中文字图层，单击“图层”菜单中“图层样式”下“描边”按钮，在弹出的“图层样式”对话框中勾选左边 “描边”样式，右边设置大小：5px、位置：外部、颜色：#FF0000；再次勾选左边“投影”样式，右边设置不透明度：100%、距离：20px、大小：12px，点击“确定”按钮。

步骤 5▶ 单击“图层面板”右上角快捷菜单，单击“新建图层”按钮，默认 “确定”选项，新建一个透明图层（通过鼠标拖曳至背景层上方，若不影响骆驼或文字也可不拖曳）；单击工具箱“矩形选框工具”，选择背景图层，拉出一个合适的矩形选区，单击“选择”菜单“反选”项，则显示矩形选区以外的区域，按下快捷键 Ctrl+C（复制），再选中刚才新建的透明图层，按下快捷键 Ctrl+V（粘贴），就出现了背景色的边框；单击“图层”菜单中“图层样式”下“斜面与浮雕”按钮，在弹出的“图层样式”对话框中勾选左边“斜面与浮雕”样式，右边设置样式：浮雕效果、大小：15px，点击“确定”按钮。

步骤 6▶ 单击“文件”菜单中“存储为”选项，弹出“另存为”对话框，选择 C:\KS 文件夹，在文件名框输入 SCZL3-3-4，在保存类型下拉列表中选择 JPEG(*. JPG; *. JPEG; *. JPE)，单击“保存”按钮；在弹出的“JPEG 选项”对话框设置默认参数，单击“确定”按钮。

小·贴士

图层样式的“设为默认值”和“复位默认值”功能

1. 设为默认值

设为默认值是将当前图层样式的设置保存为新的默认值，在之后创建的新图层或应用图层样式时，这些设置将作为起点。需要注意的是，一旦设置了新的默认值，它将会覆盖 Photoshop 原有的出厂默认值，直到再次更改，所以慎用。

2. 复位默认值

复位默认值是将图层样式的设置恢复到 Photoshop 的出厂默认值，通过复位默认值可以避免因自定义设置而带来的混淆。

(1) 智能滤镜：可以将滤镜效果应用为智能对象图层的一部分，从而在不破坏原图像的前提下随时修改滤镜效果。

(2) 图层蒙版：通过图层蒙版可以控制图层内容的显示区域，实现图像的局部调整或合成效果。

（3）图层组：可以将多个图层组合成一个图层组，以便更好地组织和管理图层。

3.3.2 滤镜的概念和操作

Photoshop 中的滤镜是一种强大的工具，也被称为增效工具，它简单易用，功能强大，内容丰富，样式繁多，如图 3-3-5 所示。

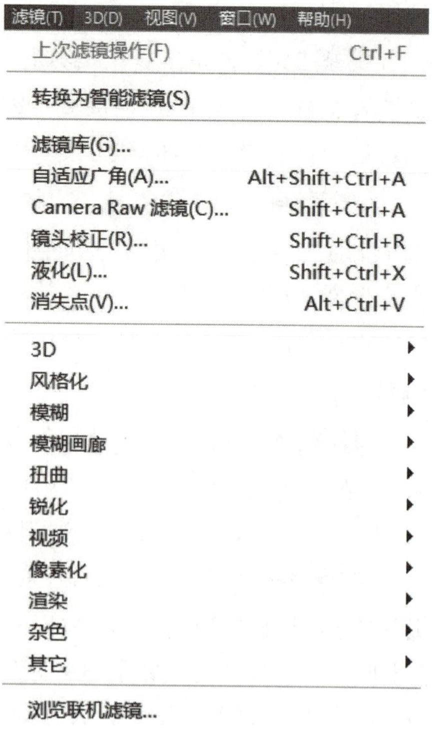

图 3-3-5　滤镜

3.3.2.1 滤镜种类

内置滤镜（Photoshop 自带的滤镜）：是 Photoshop 缺省安装时，自动安装到 plugin 目录下的滤镜，共 12 组 72 支滤镜。这些滤镜涵盖了多种图像效果，可以满足基本需求。

外挂滤镜（第三方滤镜）：由第三方厂商为 Photoshop 所生产的滤镜，这些滤镜不仅种类齐全，品种繁多，而且功能强大，版本与种类也在不断升级与更新。据不完全统计，Photoshop 的第三方滤镜有 800 种以上，其中一些知名的外挂滤镜如 KPT 系列，包括 KPT Gradient Designer（渐变设计师）、KPT Spheroid Designer（球体设计师）、KPT 3D Stereo Noise（添加杂质）、Eye Candy 4000 等。

3.3.2.2 滤镜功能介绍

1. 风格化滤镜

风格化滤镜支持查找边缘、等高线、风、浮雕效果、拼贴、曝光过度、凸出、油画等多种效果，能够一键生成绘画或印象派的效果。

例 1　打开 C:\素材\第 3 章\SC3-3-6. jpg 文件，如图 3-3-6（a）所示，对图像应用风的风格化滤镜（方法：飓风、方向：从右），样张如图 3-3-6（b）所示，并将结果以 FENG3-3-6. jpg 为文件名保存在 C:\KS 文件夹中，关闭文档。

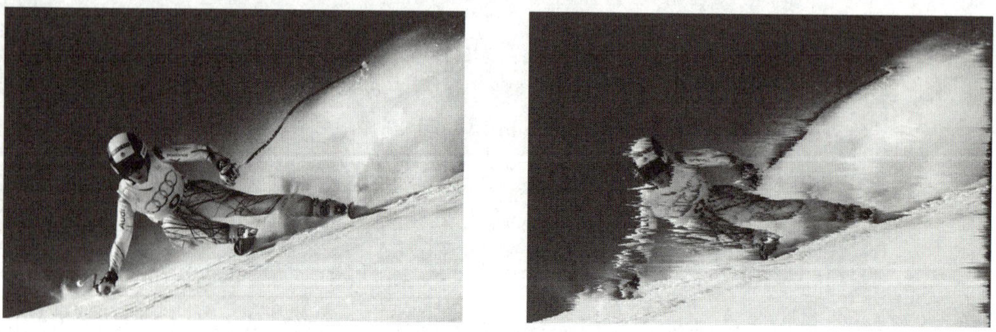

（a）原图 SC3-3-6　　（b）效果图 FENG3-3-6

图 3-3-6　风格化滤镜示意图

步骤 1▶ 双击电脑桌面 Adobe Photoshop CC 图标，单击“文件”菜单中“打开”按钮，弹出“打开”对话框，找到 C：\素材\第 3 章\SC3-3-6. jpg 文件，点击“打开”按钮。

步骤 2▶ 单击“滤镜”菜单中“风格化”下“风”按钮，弹出“风”对话框，在方法中选择“飓风”、方向选择“从右”，单击“确定”按钮。

步骤 3▶ 单击“文件”菜单中“存储为”选项，弹出“另存为”对话框，选择 C：\KS 文件夹，在文件名框输入 FENG3-3-6，在保存类型下拉列表中选择 JPEG(*. JPG; *. JPEG; *. JPE)，单击“保存”按钮；在弹出的“JPEG 选项”对话框设置默认参数，单击“确定”按钮。

2. 模糊滤镜

模糊滤镜效果丰富，如高斯模糊、动感模糊、径向模糊等，可以使图像中过于清晰或对比度过于强烈的区域产生模糊效果，从而柔化图像。

例 2 打开 C：\素材\第 3 章\SC3-3-7. jpg 文件，如图 3-3-7(a)所示，对图像应用径向模糊(数量：15、模糊方法：旋转、品质：好)的模糊滤镜，样张如图 3-3-7(b)所示，并将结果以 HY3-3-7. jpg 为文件名保存在 C：\KS 文件夹中，关闭文档。

(a) 原图 SC3-3-7

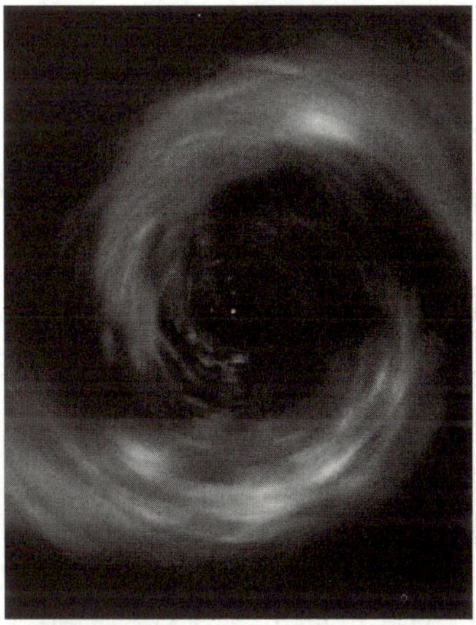

(b) 效果图 HY3-3-7

图 3-3-7 模糊滤镜示意图

步骤 1▶ 双击电脑桌面 Adobe Photoshop CC 图标，单击“文件”菜单中“打开”按钮，弹出“打开”对话框，找到 C：\素材\第 3 章\SC3-3-7. jpg 文件，点击“打开”按钮。

步骤 2▶ 单击“滤镜”菜单中“模糊”下“径向模糊”按钮，弹出“径向模糊”对话框，在数量框中输入“15”、模糊方法选择“旋转”，品质选择“好”，单击“确定”按钮。

步骤 3▶ 单击“文件”菜单中“存储为”选项，弹出“另存为”对话框，选择 C：\KS 文件夹，在文件名框输入 HY3-3-7，在保存类型下拉列表中选择 JPEG(*. JPG; *. JPEG; *. JPE)，单击“保存”按钮；在弹出的“JPEG 选项”对话框设置默认参数，单击“确定”按钮。

3. 扭曲滤镜

扭曲滤镜通过几何学原理将图像变形,如切变、挤压、旋转扭曲、极坐标、水波等,可以创作出三维效果或其他的整体变化。

例 3 打开 C:\素材\第 3 章\SC3-3-8. jpg 文件,如图 3-3-8(a)所示,对图像中池塘部分应用水波(样式:水池波纹、数量:60、起伏:20)的扭曲滤镜。样张如图 3-3-8(b)所示,并将结果以 CT3-3-8. jpg 为文件名保存在 C:\KS 文件夹中,关闭文档。

(a)原图 SC3-3-8

(b)效果图 CT3-3-8

图 3-3-8 扭曲滤镜示意图

步骤 1▶ 双击电脑桌面 Adobe Photoshop CC 图标,单击“文件”菜单中“打开”选项,弹出“打开”对话框,找到 C:\素材\第 3 章\SC3-3-8. jpg 文件,点击“打开”按钮。

步骤 2▶ 单击工具箱“椭圆选框工具”,在图像池塘中拉出一个扁的椭圆形,单击“滤镜”菜单中“扭曲”下“水波”按钮,弹出“水波”对话框,样式选择“水池波纹”,数量框中输入“60”、起伏框中输入“20”,单击“确定”按钮。最后,单击“选择”菜单中“取消选择”按钮(快捷键为 Ctrl+D),取消选区。

步骤 3▶ 单击“文件”菜单中“存储为”选项,弹出“另存为”对话框,选择 C:\KS 文件夹,在文件名框输入 CT3-3-8,在保存类型下拉列表中选择 JPEG(*.JPG;*.JPEG;*.JPE),单击“保存”按钮;在弹出的“JPEG 选项”对话框设置默认参数,单击“确定”按钮。

4. 锐化滤镜

锐化滤镜用于增强图像的清晰度,包括进一步锐化、锐化、锐化边缘、智能锐化、USM 锐化等。

5. 像素化滤镜

像素化滤镜将图像分解成像素块,形成特定的视觉效果,如彩块化、彩色半调、点状化、晶格化、马赛克等。

例 4 打开 C:\素材\第 3 章\SC3-3-9. jpg 文件,如图 3-3-9(a)所示,对图像中检票部分应用马赛克(单元格大小:10 方形)的像素化滤镜,样张如图 3-3-9(b)所示,并将结果以 MP3-3-9. jpg 为文件名保存在 C:\KS 文件夹中,关闭文档。

(a)原图 SC3-3-9

(b)效果图 MP3-3-9

图 3-3-9　像素化滤镜示意图

步骤 1▶ 双击电脑桌面 Adobe Photoshop CC 图标,单击“文件”菜单中“打开”按钮,弹出“打开”对话框,找到 C:\素材\第 3 章\SC3-3-9. jpg 文件,点击“打开”按钮。

步骤 2▶ 单击工具箱“矩形选框工具”,在图像检票部分拉出一个矩形,单击“滤镜”菜单中“像素化”下“马赛克”按钮,弹出“马赛克”对话框,在单元格大小框中输入“10”,单击“确定”按钮。最后,单击“选择”菜单中“取消选择”按钮(快捷键为 Ctrl+D),取消选区。

步骤 3▶ 单击“文件”菜单中“存储为”选项,弹出“另存为”对话框,选择 C:\KS 文件夹,在文件名框输入 MP3-3-9,在保存类型下拉列表中选择 JPEG(* . JPG; * . JPEG; * . JPE),单击“保存”按钮;在弹出的“JPEG 选项”对话框默认参数,单击“确定”按钮。

6. 渲染滤镜

渲染滤镜用于创建光照效果和不同光源效果,如 3D 变换、云彩、光照效果、分层云彩、镜头光晕等。

例 5 打开 C:\素材\第 3 章\SC3-3-10. jpg 文件,如图 3-3-10(a)所示,对图像中乌云部分应用镜头光晕(亮度:120、镜头类型:105 毫米聚焦)的渲染滤镜,样张如图 3-3-10(b)所示,并将结果以 SH3-3-10. jpg 为文件名保存在 C:\KS 文件夹中,关闭文档。

(a)原图 SC3-3-10

(b)效果图 SH3-3-10

图 3-3-10 渲染滤镜示意图

步骤 1▶ 双击电脑桌面 Adobe Photoshop CC 图标，单击“文件”菜单中“打开”按钮，弹出“打开”对话框，找到 C:\素材\第 3 章\SC3-3-10.jpg 文件，点击“打开”按钮。

步骤 2▶ 单击“滤镜”菜单中“渲染”下“镜头光晕”按钮，弹出“镜头光晕”对话框，设置亮度:120%、镜头类型:105 毫米聚焦，并在预览区左上角云朵处拖曳鼠标放置镜头，单击“确定”按钮。

步骤 3▶ 选择“文件”菜单中“存储为”选项，弹出“另存为”对话框，选择 C:\KS 文件夹，在文件名框输入 SH3-3-10，在保存类型下拉列表中选择 JPEG(*.JPG; *.JPEG; *.JPE)，单击“保存”按钮；在弹出的“JPEG 选项”对话框设置默认参数，单击“确定”按钮。

7. 杂色滤镜

杂色滤镜用于增加或去除图像中的杂点，如减少杂色、蒙尘与划痕、去斑、添加杂色、中间值滤镜等。

例 6 打开 C:\素材\第 3 章\SC3-3-11.jpg 文件，如图 3-3-11(a)所示，对图像中地球部分应用添加杂色(数量:15%、分布:高斯分布、勾选:单色)的杂色滤镜，样张如图 3-3-11(b)所示，并将结果以 DQ3-3-11.jpg 为文件名保存在 C:\KS 文件夹中，关闭文档。

(a)原图 SC3-3-11

(b)效果图 DQ3-3-11

图 3-3-11 杂色滤镜示意图

步骤1▶ 双击电脑桌面 Adobe Photoshop CC 图标，单击“文件”菜单中“打开”按钮，弹出“打开”对话框，找到 C:\素材\第 3 章\SC3-3-11. jpg 文件，点击“打开”按钮。

步骤2▶ 单击工具箱“椭圆选框工具”，对地球图像部分拉出一个圆，单击“滤镜”菜单中“杂色”下“添加杂色”按钮，弹出“添加杂色”对话框，设置数量:15%、单击“高斯分布”、勾选单色复选框，单击“确定”按钮。最后，单击“选择”菜单中“取消选择”按钮(快捷键为 Ctrl+D)，取消选区。

步骤3▶ 单击“文件”菜单中“存储为”选项，弹出“另存为”对话框，选择 C:\KS 文件夹，在文件名框输入 DQ3-3-11，在保存类型下拉列表中选择 JPEG(*. JPG; *. JPEG; *. JPE)，单击“保存”按钮；在弹出的“JPEG 选项”对话框设置默认参数，单击“确定”按钮。

例 7 打开 C:\素材\第 3 章\SC3-3-12. jpg 文件，如图 3-3-12(a)所示，对图像应用颗粒滤镜(强度:70、对比度:60、颗粒类型:常规)的滤镜效果(滤镜库)，样张如图 3-3-12(b)所示，并将结果以 DGGJ3-3-12. jpg 为文件名保存在 C:\KS 文件夹中，关闭文档。

(a)原图 SC3-3-12

(b)效果图 DGGJ3-3-12

图 3-3-12 颗粒滤镜示意图

步骤1▶ 双击电脑桌面 Adobe Photoshop CC 图标，单击“文件”菜单中“打开”选项，弹出“打开”对话框，找到 C:\素材\第 3 章\SC3-3-12. jpg 文件，点击“打开”按钮。

步骤2▶ 单击“滤镜”菜单中“滤镜库”下“纹理”效果中的“颗粒”选项，设置强度:70、对比度:60、颗粒类型:常规，单击“确定”按钮。

小提示：若要恢复参数的默认值，可按住 Ctrl 键，“取消”按钮则变为默认值，鼠标点击即可。

步骤3▶ 单击“文件”菜单中“存储为”选项，弹出“另存为”对话框，选择 C:\KS 文件夹，在文件名框输入 DGGJ3-3-12，在保存类型下拉列表中选择 JPEG（ *. JPG; *. JPEG; *. JPE），单击“保存”按钮；在弹出的“JPEG 选项”对话框设置默认参数，单击“确定”按钮。

综上所述，在 Photoshop 中使用滤镜非常简单，只需要打开 Photoshop 软件，选择“滤镜”菜单下的选项，即可看到所有可用的滤镜列表。根据需要选择相应的滤镜，并根据滤镜提供的参数进行调整，即可实现所需的图像效果。

3.3.3 蒙版的概念和操作

Photoshop 中的蒙版是一种非常重要的图像处理工具，它允许对图像的特定区域进行隐藏、显示或编辑，而不会影响到图像的其他部分。蒙版可以与图层绑定，从而提供更加灵活和强大的图像处理能力。

3.3.3.1 蒙版的种类

Photoshop 中的蒙版通常分为四种主要类型：图层蒙版、剪贴蒙版、矢量蒙版和快速蒙版。

1. 图层蒙版

图层蒙版是一种与分辨率相关的位图图像，可使用绘画或选择工具进行编辑。主要用于控制图层的显示区域，通过黑色、白色和灰色来表现不同的透明度，黑色表示完全透明（即隐藏区域），白色表示完全不透明（即显示区域），灰色表示部分透明（即半显示区域）。

例 1 打开 C:\素材\第 3 章\SC3-3-13(1). jpg 和 SC3-3-13(2). jpg 文件，如图 3-3-13(a)(b)所示，利用图层蒙版制作如图 3-3-13(c)所示效果，并将结果以 RWJ3-3-13. jpg 为文件名保存在 C:\KS 文件夹中，关闭文档。

(a)原图 SC3-3-13(1)

(b)原图 SC3-3-13(2)

(c)效果图 RWJ3-3-13

图 3-3-13 图层蒙版示意图

步骤 1▶ 双击电脑桌面 Adobe Photoshop CC 图标，单击“文件”菜单中“打开”按钮，弹出

“打开”对话框，找到 C:\素材\第 3 章\SC3-3-13(1) .jpg 和 SC3-3-13(2) .jpg 文件，点击“打开”按钮。

步骤 2▶ 单击工具箱“移动工具”，选中 SC3-3-13(2) .jpg 图像文件，按下鼠标左键并拖至 SC3-3-13(1) .jpg 上右半部分遮住侧脸即可。

步骤 3▶ 关闭图层 1 前面的眼睛，选中背景图层，单击工具箱“快速选择工具”，勾选出侧脸区域；打开图层 1 前面的眼睛，选中图层 1(即在图层 1 上添加图层蒙版)，再单击“图层面板”底部“添加图层蒙版”按钮，如图 3-3-14 所示。

步骤 4▶ 单击“文件”菜单中“存储为”选项，弹出“另存为”对话框，选择 C:\KS 文件夹，在文件名框输入 RWJ3-3-13，在保存类型下拉列表中选择 JPEG(*.JPG; *.JPEG; *.JPE)，单击“保存”按钮；在弹出的“JPEG 选项”对话框默认参数，单击“确定”按钮。

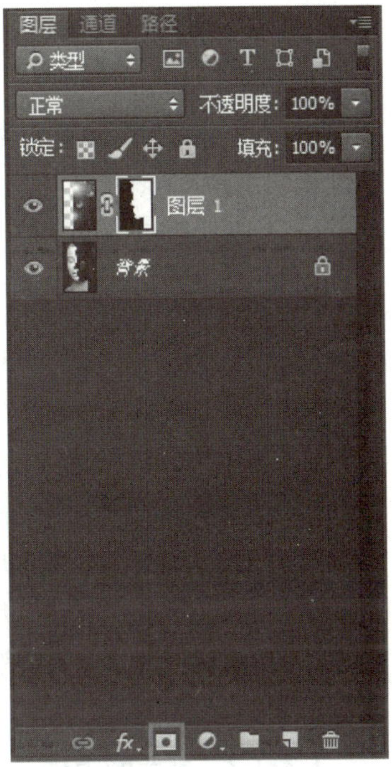

图 3-3-14 图层蒙版

小贴士

图层蒙版的使用技巧

1. 图层蒙版的概念

通俗地说，图层蒙版就是给图层蒙上一个板子，板子颜色决定了图层内容是否显示以及怎么显示。板子只有三种颜色：黑、白和灰。如果板子是黑色的，图层内容就被遮盖住，完全不显示而只会显示下方图层的内容；如果板子是白色的，图层内容就会完全显示出来，不受任何影响；如果板子是灰色的，图层内容就会以半透明的状态显示出来。

2. 如何创建图层蒙版

(1) 若是图层没有选区的话，创建出来的蒙版就是全白色的；但如果按住 Alt 键，再单击第三个按钮(创建图层蒙版按钮)，创建的蒙版就是全黑色的。

(2) 若是图层中有选区的话，单击图层面板底端第三个按钮(创建图层蒙版按钮)，选区范围的蒙版就是白色的，选区以外的蒙版就是黑色的。

3. 调整不透明度

不透明度的高低会影响蒙版的遮盖效果，所以需要根据实际情况进行调整。

2. 剪贴蒙版

剪贴蒙版由多个图层组成，最下面的一个图层叫作基底图层(基层)，位于其上的图层叫作顶层。基层只能有一个，顶层可以有若干个。基层充当着类似于一般意义上蒙版的角色，它的任何属性都可能影响到所有顶层。剪贴蒙版的作用范围比一般的图层蒙版更宽泛，可以影响一组图层的显示效果。

3. 矢量蒙版

矢量蒙版与分辨率无关,可使用钢笔或形状工具创建。矢量蒙版适用于需要精确边缘控制的图像,如文字或图形。

4. 快速蒙版

快速蒙版是一种临时的蒙版模式,主要用于快速创建选区。在快速蒙版模式下,红色覆盖的区域表示未选择区域,其他区域表示已选择区域。

3.3.3.2 蒙版的作用

蒙版的作用主要体现在以下几个方面:

第一,抠图:蒙版可以精确地将图像中的某个对象或区域从背景中分离出来,实现抠图效果。

第二,边缘淡化:蒙版可以制作图像的边缘淡化效果,使图像过渡更加自然。

第三,图层融合:蒙版可以将多个图层融合在一起,创造出丰富的图像效果。

第四,保护原图:蒙版在编辑图像时不会破坏原图,可以随时调整蒙版效果,而不会影响到原始图像。

3.3.3.3 蒙版的优势

蒙版的优势主要表现在以下几个方面:

第一,修改方便:蒙版可以随时修改和调整,不会因为使用橡皮擦或剪切删除而造成不可返回的遗憾。

第二,灵活性高:蒙版支持不同的笔刷、橡皮样式和滤镜效果,可以根据需要自由创作。

第三,不破坏原图:蒙版在编辑过程中不会改变原图像数据,保护了原始图像的完整性。

3.3.4 通道的概念和操作

Photoshop 中的通道是一个功能强大且灵活的工具,它主要用于记录图像的颜色信息和位置信息,帮助实现精确的图像编辑和创作效果。

1. 通道的概念和类型

通道是用来记录图像颜色信息和位置的灰度图像,灰度值的大小代表着发光的强弱程度。

通道的类型主要有:①颜色通道:图像自带的通道,用于记录图像的颜色信息。②Alpha 通道:可以手动创建或保存选区时自动生成,用于存储图像的透明度信息或选区信息。③专色通道:主要用于印刷领域,用于指定印刷时的特殊油墨。

2. 通道的功能

记录颜色信息:颜色通道是构成整体图像的颜色信息整理并表现为单色图像的工具。由于颜色模式不同,颜色通道的数量也不同。例如,在 RGB 颜色模式下,图像包含红色、绿色和蓝色三个颜色通道,每个通道记录着对应颜色的灰度信息。

存储透明度信息:Alpha 通道用于记录图像的透明度信息,它用灰度阶来表示透明度的强弱,范围从 0(完全透明)到 255(完全不透明)。

指定印刷油墨：专色通道用于指定印刷时的特殊油墨，这在印刷领域中非常有用。

3. 通道的应用

调色：通过调整颜色通道的灰度值，可以改变图像的颜色。例如，在 RGB 颜色模式下，减少红色通道的灰度值可以增加图像的绿色调。

抠图：利用通道的灰度信息，可以精确地抠出图像中的特定对象。例如，使用 Alpha 通道或通过计算不同颜色通道的差值来创建选区。

创建特殊效果：通过复制、粘贴或合并通道，可以创建出各种特殊的图像效果。例如，将多个通道的灰度信息合并到一个新通道中，可以生成具有特殊纹理或色调的图像。

例 1 打开 C：\素材\第 3 章\SC3-3-15. jpg 文件，如图 3-3-15(a)所示，利用通道的抠图作用制作如图 3-3-15(b)所示的效果，并将结果以 XRK3-3-15. jpg 为文件名保存在 C：\KS 文件夹中，关闭文档。

(a)原图 SC3-3-15

(b)效果图 XRK3-3-15

图 3-3-15 抠图示意图

步骤 1▶ 双击电脑桌面 Adobe Photoshop CC 图标，单击“文件”菜单中“打开”按钮，弹出“打开”对话框，找到 C：\素材\第 3 章\SC3-3-15. jpg 文件，点击“打开”按钮。

步骤 2▶ 单击“通道面板”选择蓝色通道，鼠标拖曳至面板底部右数第二个按钮“创建新通道”(或右击鼠标选择“复制通道”按钮)，再单击“图像”菜单中“调整”下“色阶”按钮，移动输入色阶中左右两边黑白滑块，直至图像能够区分黑白，如图 3-3-16 所示。接着，单击“图像”菜单中“调整”下“反相”按钮，将通道颜色反相，选中“蓝色拷贝”通道，鼠标拖曳至面板底部左数第一个按钮“将通道作为选区载入”，返回“图层面板”。

步骤 3▶ 单击“图层”菜单中“新建”下“通过拷贝的图层”按钮，此时在背景层上方新建了拷贝的图层，且向日葵已被抠出。单击“选择”菜单中“反选”按钮(快捷键为 Shift+Ctrl+I)，则选中除向日葵以外的蓝色天空，按 Delete 键删除。最后，单击“选择”菜单中“取消选择”按钮(快捷键为 Ctrl+D)，取消选区。(关闭背景图层，即可看到抠出的向日葵)

步骤 4▶ 单击“文件”菜单中“存储为”选项，弹出“另存为”对话框，选择 C：\KS 文件夹，在文件名框输入 XRK3-3-15，在保存类型下拉列表中选择 JPEG(*. JPG; *. JPEG; *. JPE)，单击“保存”按钮；在弹出的“JPEG 选项”对话框设置默认参数，单击“确定”按钮。

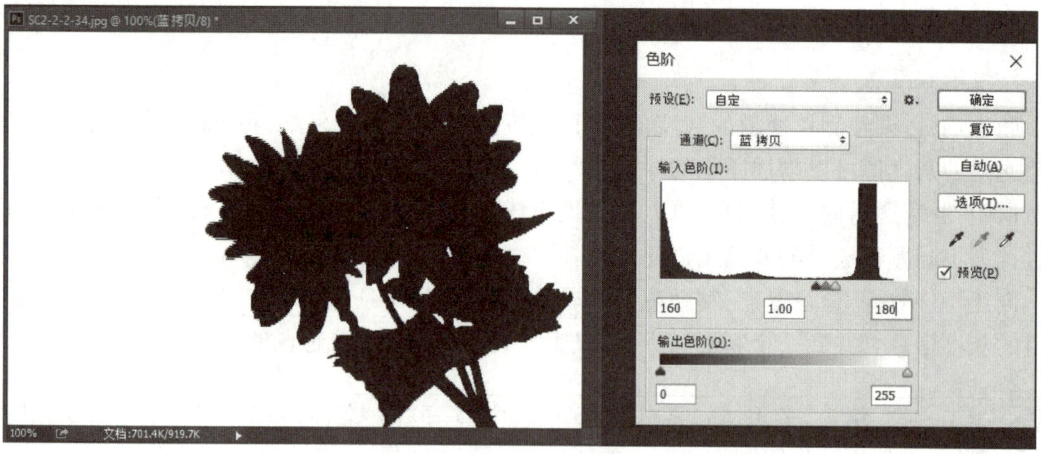

图 3-3-16　通道抠图

1. 通道的数目

(1) 位图模式仅有 1 个通道,通道中有黑色和白色 2 个色阶。

(2) 灰度模式的图像有 1 个通道,通道表现的是从黑色到白色 256 个色阶的变化。

(3) RGB 模式的图像有 4 个通道:1 个复合通道(RGB 通道),另 3 个分别代表红色、绿色、蓝色的通道。

(4) CMYK 模式的图像有 5 个通道:1 个复合通道(CMYK 通道),另 4 个分别代表青色、洋红、黄色和黑色的通道。

(5) LAB 模式的图像有 4 个通道:1 个复合通道(LAB 通道),1 个明度分量通道,2 个色度分量通道。

2. 通道的主要功能

(1) 存储图像的色彩资料。(2) 存储和创建选区。(3) 抠图。

3. 通道在抠图中的作用

在通道里,白色代表有,黑色代表无,它是由黑、白、灰三种亮度来显示的。换而言之,若想将图像中某部分抠出来,就需在通道里将这部分调整成白色。

3.3.5　课后练习

1)打开 C:\素材\第 3 章\SC3-3-17. jpg 文件,如图 3-3-17(a)所示,利用选择工具、绘图工具、文本工具、辅助工具以及图层、滤镜等操作,按要求完成对图像的处理,样张如图 3-3-17(b)所示,将结果以 photo4. jpg 为文件名另存在 C:\KS 文件夹中。(小提示:结果保存时请注意文件位置、文件名及 JPEG 格式。)

(1) 为 SC3-3-17. jpg 图像文件新建两个图层,制作邮票的白色边框和黑色背景,利用橡皮擦工具(画笔大小:12px、硬度:100%、间距 150%)制作邮票的锯齿边界。

（2）输入文字“CHINA 中国邮政”和“1. 20 元”，前者字体分别为：Arial Bold 和微软雅黑 Regular、字体大小分别为 12 点和 14 点、字体颜色：#000000；后者字体分别为：Bell MT Bold 和黑体 Regular、字体大小分别为 36 点和 12 点、字体颜色：#FFFFFF、字符面板中设置“基线偏移”：1 为-3 点、20 为+3 点、元为+10 点、0 和元字间距为 50。

（3）对图像“OFO 小黄车”字样，应用波纹（数量：110%、大小：大）的扭曲滤镜效果。

（a）原图 SC3-3-17　　（b）效果图 photo4

图 3-3-17　课后练习 1

步骤 1▶ 双击电脑桌面 Adobe Photoshop CC 图标，单击“文件”菜单中“打开”按钮，弹出“打开”对话框，找到 C：\素材\第 3 章\SC3-3-17. jpg 文件，点击“打开”按钮。

步骤 2▶ 单击“图层面板”右上角快捷菜单，执行“新建图层”命令，默认参数点击“确认”按钮；单击“前景色”，输入黑色（#000000），点击“确定”，单击工具箱“油漆桶”，对上述新建图层填充黑色（填充之前，最好把背景层眼睛关闭）；依此操作，再新建一个白色（#FFFFFF）图层。双击背景图层，单击“确定”按钮，将背景图层转化为一般图层（即图层 0），将图层 0 移至最上层，如图 3-3-18 所示。单击“编辑”菜单下“自由变换”按钮（快捷键为 Ctrl+T），对图层 0 进行缩小；同样的方法，对白色图层（图层 1）进行缩小，使它比图层 0 稍微大一点即可。

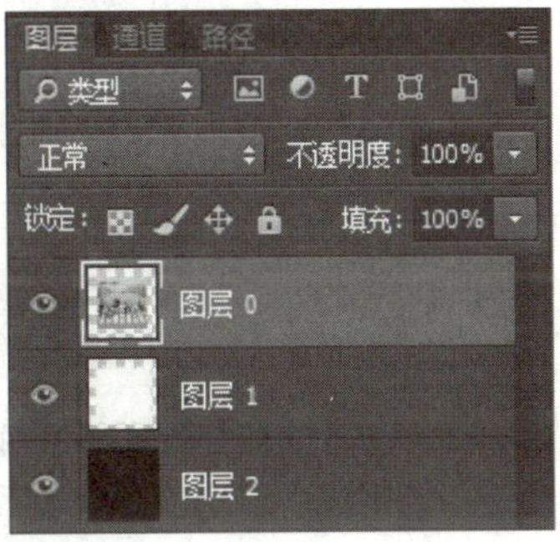

图 3-3-18　图层基本操作

步骤 3▶ 单击工具箱“橡皮擦”，打开工具栏“切换画笔面板”按钮，选择“画笔笔尖形状”，取消形状动态和散布复选框，设置画笔大小：12px、硬度：100%、间距 150%，接着选择图层 1，按下 Shift 键在水平方向从左往右拖曳鼠标（圆形光标一半在白色内，一半在白色外），重复进行另外三条边的擦除。

步骤 4▶ 选中图层 0，单击工具箱“横排文本工具”，在光标所在位置输入“CHINA 中国邮政”（此时自动生成文字图层），拖曳选中“CHINA”，在工具栏上选择字体：Arial Bold，字体大小：12 点，字体颜色：#000000；再拖曳选中“中国邮政”，在工具栏上选择字体：微软雅黑 Regular，字体大小：14 点，字体颜色：#000000，单击工具栏上“√”或按 Enter 键完成文本编辑。同理，单击工具箱“横排文本工具”，在光标所在位置输入“1. 20 元”，按题目要求设置“1. 20”和“元”的字体、字体大小和颜色，选中“1”，单击“字符面板”按钮，在弹出的字符面板中设置“基线偏移”：-3、选中“20”，设置“基线偏移”：+3、选中“元”，设置“基线偏移”：+10、选中“0 元”，设置字符间距 50，单击工具栏上“√”或按 Enter 键完成文本编辑。

步骤 5▶ 选中图层 0，单击工具箱“矩形选框工具”，在图像上框出“OFO 小黄车”选区，接着单击“滤镜”菜单中“扭曲”下“波纹”按钮，弹出“波纹”对话框，在数量中设置 110%、大小选择“大”，单击“确定”按钮。

步骤 6▶ 单击“文件”菜单中“存储为”按钮，弹出“另存为”对话框，选择 C：\KS 文件夹，在文件名框输入 photo4，在保存类型下拉列表中选择 JPEG（＊.JPG；＊.JPEG；＊.JPE），单击“保存”按钮；在弹出的“JPEG 选项”对话框设置默认参数，单击“确定”按钮。

2）打开 C：\素材\第 3 章\SC3-3-19（1）.jpg 和 SC3-3-19（2）.jpg 文件，如图 3-3-19（a）（b）所示，利用选择工具、绘图工具、文本工具、辅助工具以及图层、滤镜等操作，按要求完成对图像的处理。样张如图 3-3-19（c）所示，将结果以 photo5.jpg 为文件名另存在 C：\KS 文件夹中。

（1）将 3-3-19（2）.jpg 图像中北极熊合成到 3-3-19（1）.jpg 文件中，适当调整大小和位置，设置投影的图层样式（距离：12 像素、大小：20 像素）。

（2）输入文字“北极风光”，字体为：华文琥珀 Regular、字体大小为 72 点、变形文字：拱形、垂直-50%；设置描边的图层样式（大小：5 像素、位置：外部、颜色：#FF0000），透明文字效果。

（3）对背景层应用镜头光晕（亮度：120%、镜头类型：电影镜头）的渲染滤镜效果。

（a）原图 SC3-3-19（1）

（b）原图 SC3-3-19（2）

（c）效果图 photo5

图 3-3-19 课后练习 2

步骤 1▶ 双击电脑桌面 Adobe Photoshop CC 图标，单击“文件”菜单中“打开”按钮，弹出“打开”对话框，找到 C:\素材\第 3 章\SC3-3-19(1) .jpg 和 SC3-3-19(2) .jpg 文件，点击“打开”按钮。

步骤 2▶ 选中 SC3-3-19(2) .jpg 图像，单击工具箱“磁性套索工具”，将鼠标起点定位于北极熊的某处，通过磁性套索工具沿着北极熊轮廓勾勒（不够光滑处可多点几下鼠标），当终点汇合到起点时，即可显示勾勒的北极熊，单击工具箱“移动工具”，将北极熊移至 SC3-3-19(1) .jpg 图像文件中。再单击“编辑”菜单下“自由变换”按钮（快捷键为 Ctrl+T），对北极熊图层进行缩小并移至相应位置。最后，单击“图层”菜单下“图层样式”中“投影”按钮，弹出“图层样式”对话框，左边“样式”列勾选“投影”，右边“投影”参数中设置（距离：12 像素、大小：20 像素）。

小提示：若之前做过投影样式，可先选择“复位为默认值”按钮，再设置相应参数，以免混淆。

步骤 3▶ 单击工具箱“直排文本工具”，在光标所在位置输入“北极风光”（此时自动生成文字图层），拖曳选中文字在工具栏上选择字体：华文琥珀 Regular，字体大小：72 点，单击变形文字按钮，弹出“变形文字”对话框，设置变形文字：拱形、垂直-50%，单击工具栏上“√”或按 Enter 键完成文本编辑。再次单击“图层”菜单下“图层样式”中“描边”按钮，弹出“图层样式”对话框，左边“样式”列勾选“描边”，右边“描边”中设置参数（大小：5 像素、位置：外部、颜色：#FF0000）。最后，单击“图层面板”右边，找到“填充”项，将默认值“100%”改为“0%”，这是透明文字效果的设置。

步骤 4▶ 选中背景图层，单击“滤镜”菜单中“渲染”下“镜头光晕”按钮，弹出“镜头光晕”对话框，设置亮度：120%、镜头类型：电影镜头，并在预览区左上角山坳处拖曳鼠标放置镜头，单击“确定”按钮。

步骤 5▶ 单击“文件”菜单中“存储为”选项，弹出“另存为”对话框，选择 C:\KS 文件夹，在文件名框输入 photo5，在保存类型下拉列表中选择 JPEG(* . JPG; * . JPEG; * . JPE)，单击“保存”按钮。在弹出的“JPEG 选项”对话框设置默认参数，单击“确定”按钮。

3）打开 C:\素材\第 3 章\SC3-3-20(1) .jpg、SC3-3-20(2) .jpg 和 SC3-3-20(3) .jpg 文件，如图 3-3-20(a)(b)(c)所示，利用选择工具、绘图工具、文本工具、辅助工具以及图层、滤镜等操作，按要求完成对图像的处理，样张如图 3-3-20(d)所示，将结果以 photo6. jpg 为文件名另存在 C:\KS 文件夹中。（结果保存时请注意文件位置、文件名及 JPEG 格式）

(1) 将 SC3-3-20(1) .jpg 图像文件合成到 SC3-3-20(2) .jpg 文件中（直接复制），适当调整图像大小和位置，设置图层混合模式为“差值”。

(2) 将 SC3-3-20(3) .jpg 图像文件合成到 SC3-3-20(2) .jpg 文件中，适当调整图像大小和位置。

(3) 输入文字“上交院書”，设置字体：隶书 Regular、字体大小：10 点、字体颜色：#FF0000、行间距：10 点，并制作印章效果（宽度：2 像素、颜色：#FF0000、位置：居中）。

步骤 1▶ 双击电脑桌面 Adobe Photoshop CC 图标，单击“文件”菜单中“打开”选项，弹出“打开”对话框，找到 C:\素材\第 3 章\SC3-3-20(1) .jpg、SC3-3-20(2) .jpg 和 SC3-3-20(3) .jpg 文件，点击“打开”按钮。

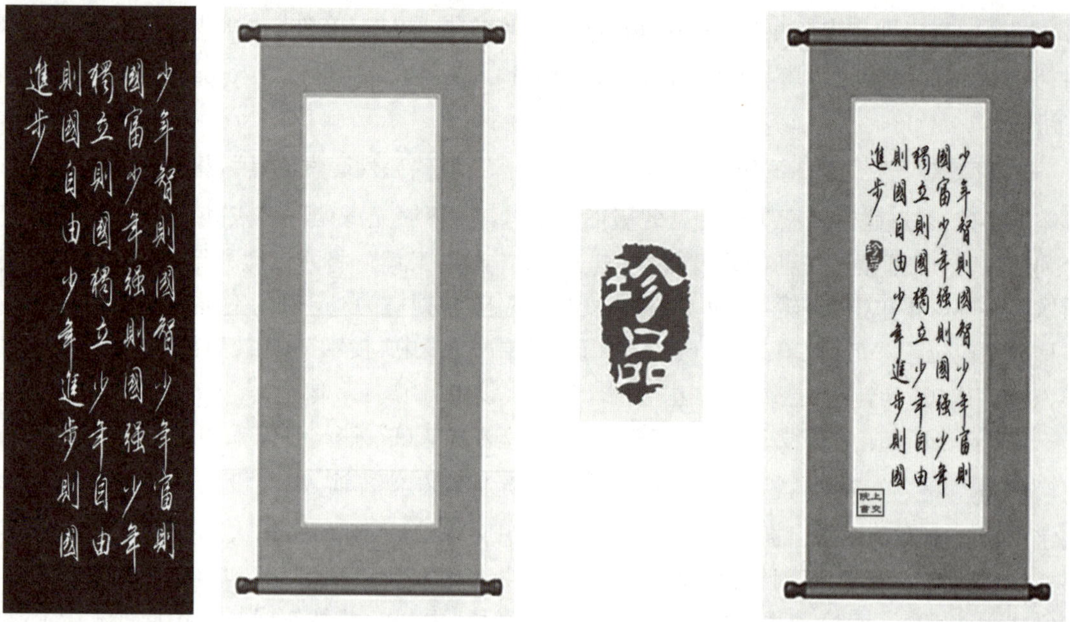

(a)原图 SC3-3-20(1)　(b)原图 SC3-3-20(2)　(c)原图 SC3-3-20(3)　(d)效果图 photo6

图 3-3-20　课后练习 3

步骤 2▶ 选中 SC3-3-20(1).jpg 图像,单击工具箱“移动工具”,直接移至 SC3-3-20(2).jpg 图像中,单击“编辑”菜单下“自由变换”按钮(快捷键为 Ctrl+T),对图层 1(SC3-3-20(1).jpg)进行缩小并移至相应位置。再单击“图层面板”混合模式下拉项,执行“差值”命令。

步骤 3▶ 选中 SC3-3-20(3).jpg 图像,单击工具箱“快速选择工具”,根据印章的大小不断调整相应“工具栏”中笔头的大小、硬度、间距等参数,通过“添加选区”或“减少选区”按钮选取印章,再单击工具箱“移动工具”,直接移至 SC3-3-20(2).jpg 图像中,对图层 2(SC3-3-20(3).jpg)进行缩小并移至相应位置。

步骤 4▶ 单击工具箱“直排文本工具”,在光标所在位置输入“上交”按 Enter 键再输入“院书”(注:因后面有行距设置,所以此标题换行输入;若没有行距要求,可通过添加文本图层进行),拖曳选中上述两列文字,在工具栏上选择字体:隶书 Regular,字体大小:10 点,字体颜色:#FF0000,单击“字符面板”按钮,在弹出的字符面板中设置行间距:10 点,单击工具栏上“√”或按 Enter 键完成文本编辑。

步骤 5▶ 单击“图层面板”右上角快捷菜单,选择“新建图层”按钮,默认参数点击“确认”按钮(便于任意移动印章的外框)。单击工具箱“矩形选框工具”,参考上述文字大小拖曳出紧挨着的矩形选区,接着单击“编辑”菜单中“描边”按钮,在弹出的“描边”对话框中设置描边效果(宽度:2 像素、颜色:#FF0000、位置:居中)。最后,单击“选择”菜单中“取消选择”按钮(快捷键为 Ctrl+D),取消选区。

步骤 6▶ 单击“文件”菜单中“存储为”选项,弹出“另存为”对话框,选择 C:\KS 文件夹,在文件名框输入 photo6,在保存类型下拉列表中选择 JPEG(*.JPG;*.JPEG;*.JPE),单击“保存”按钮;在弹出的“JPEG 选项”对话框设置默认参数,单击“确定”按钮。

小贴士

文本描边和选区描边的区别

1. 文本描边

文本描边是指在 Photoshop 中为文字添加边框效果,使文字看起来更加突出或具有特定的视觉效果。即对输入的文本,执行“图层”菜单下“图层样式”中“描边”命令。

2. 选区描边

选区描边是指在 Photoshop 中沿着选区的边缘添加边框效果,可用于各种图形元素,如形状、图片裁剪区域等。即对拉出的选区,执行“编辑”菜单下“描边”命令。

注意:蒙版文字若需要描边,则属于“选区描边”。

3.4 综合练习

1)打开 C:\素材\第 3 章\lx1. jpg 和 lx2. jpg 文件,利用选择工具、绘图工具、文本工具、辅助工具以及图层、滤镜等操作,按要求完成对图像的处理,样张如图 3-4-1 所示,将结果以 zhlx1. jpg 为文件名另存在 C:\KS 文件夹中。(结果保存时请注意文件位置、文件名及 JPEG 格式)

图 3-4-1 综合练习 1 效果图

(1) 将 lx1. jpg 图像文件合成到 lx2. jpg 文件中,适当调整图像大小,并设置其水平翻转和图层不透明度 80%。

(2) 输入文字“碧海蓝天”,设置字体:华文隶书 Regular、字体大小:72 点、字体颜色:#00FFD8,并设置投影的图层样式(不透明度:75%、距离:10 像素)。

(3) 按样张对左侧水域应用旋转扭曲(角度:480 度)的扭曲滤镜效果。

2)打开 C:\素材\第 3 章\lx3. jpg 和 lx4. jpg 文件,利用选择工具、绘图工具、文本工具、辅助工具以及图层、滤镜等操作,按要求完成对图像的处理,样张如图 3-4-2 所示,将结果以 zhlx2. jpg 为文件名另存在 C:\KS 文件夹中。(结果保存时请注意文件位置、文件名及 JPEG 格式)

(1) 为 lx3. jpg 图像文件添加白色衬底图层,适当调整 lx3. jpg 图像大小,并设置其投影的图层样式(不透明度:100%、距离:12 像素)。

(2) 对上述白色衬底图层应用龟裂缝(裂缝间距:20、裂缝深度:10)的纹理滤镜效果(滤镜库)。

(3) 将 lx4. jpg 图像文件合成到 lx3. jpg 文件中,适当调整图像大小,按样张对图像副本进行水平翻转。

图 3-4-2 综合练习 2 效果图

3)打开 C:\素材\第 3 章\lx5. jpg 和 lx6. jpg 文件,利用选择工具、绘图工具、文本工具、辅助工具以及图层、滤镜等操作,按要求完成对图像的处理,样张如图 3-4-3 所示,将结果以 zhlx3. jpg 为文件名另存在 C:\KS 文件夹中。(结果保存时请注意文件位置、文件名及 JPEG 格式)

(1) 将 lx5. jpg 图像文件合成到 lx6. jpg 文件中(直接复制),适当调整图像大小和位置,设置图层混合模式为“正片叠底”。

(2) 输入文字“我的青春我做主”,设置字体:华文行楷 Regular、字体大小:30 点、行间距:36 点,并设置描边的图层样式(大小:3 像素、填充类型:渐变、渐变:蓝红黄)。

(3) 按样张对左侧人物应用喷溅(喷色半径:12)的画笔描边滤镜效果(滤镜库)。

图 3-4-3 综合练习 3 效果图

4)打开 C:\素材\第 3 章\lx7. jpg 文件,利用选择工具、绘图工具、文本工具、辅助工具以及图层、滤镜等操作,按要求完成对图像的处理,样张如图 3-4-4 所示,将结果以 zhlx4. jpg 为文件名另存在 C:\KS 文件夹中。(结果保存时请注意文件位置、文件名及 JPEG 格式)

(1) 为 lx7. jpg 图像文件新建两个图层,制作邮票的白色边框和黑色背景,利用橡皮擦工具(画笔大小:25px、硬度:100%、间距 132%)制作邮票的锯齿边界。

(2) 输入文字“中国邮政”和“1. 20 元”,前者字体为:微软雅黑 Regular、字体大小 30 点、字体颜色:#FFFFFF;后者字体分别为:Bell MT Italic 和黑体 Regular、字体大小分别为 36 点和 12 点、字体颜色:#FFFFFF、字符面板中设置"基线偏移":1 为-3 点、20 为+3 点、元为+10 点、0 和元字间距为 100。

(3) 对 lx7. jpg 图像应用镜头光晕(镜头类型:105 毫米聚焦)的渲染的滤镜效果。

图 3-4-4 综合练习 4 效果图

5)打开 C:\素材\第 3 章\lx8. jpg 和 lx9. jpg 文件,利用选择工具、绘图工具、文本工具、辅助工具以及图层、滤镜等操作,按要求完成对图像的处理,样张如图 3-4-5 所示,将结果以 zhlx5. jpg 为文件名另存在 C:\KS 文件夹中。(结果保存时请注意文件位置、文件名及 JPEG 格式)

(1) 将 lx9. jpg 图像文件合成到 lx8. jpg 文件中(直接复制),适当调整图像大小和位置,设置图层混合模式为"变亮"。

(2) 输入文字"智慧交通",设置字体:华文琥珀 Regular、字体大小:72 点,设置描边的图层样式(大小:5 像素、位置:外部、橙黄橙渐变填充),透明文字效果。

(3) 对背景图层应用纹理化(纹理:砂岩、凸现:6)的纹理滤镜效果(滤镜库)。

图 3-4-5 综合练习 5 效果图

第 4 章　二维动画基础与应用

学习提要

知识目标：了解常用的二维动画软件，熟悉 Animate 常用的选项功能。

能力目标：掌握二维动画的基本元素和操作，熟练进行逐帧动画、形状补间动画及传统补间动画的制作。

思政目标：用一款广泛应用于全球的软件，讲中国故事，让中国传统文化飘香世界。

重点提示：动画的基本元素，逐帧动画，形状补间动画，传统补间动画。

学习导图

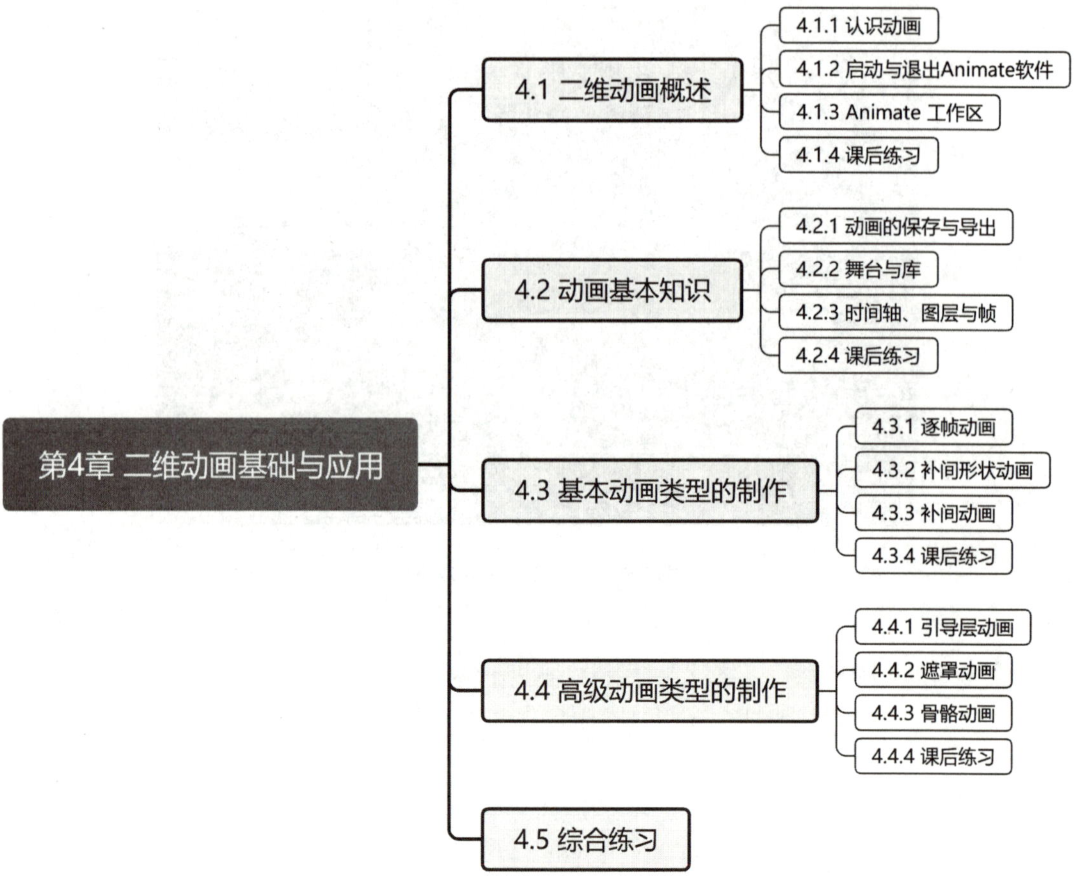

二维动画是在二维平面上显示平面角色和背景组成的动画画面。在众多的动画制作软件中，应用最为广泛的软件是 Adobe 公司出品的 Animate，它擅长于交互式二维动画的制作，在互联网上可以看到大量用该软件制作的动画作品。

本书以上海市高等学校信息技术水平考试（一级）《数字媒体基础》考试大纲中考试环境要求为依据，主要介绍 Adobe Animate CC 2017 中文版的使用。

4.1 二维动画概述

学习内容

✧ 动画的产生原理、类型及常用软件；
✧ ActionScript 3.0 动画文档的新建、保存与导出；
✧ Adobe Animate CC 工作界面。

学习目标

✧ 了解动画的产生原理、类型、常用软件；
✧ 掌握 ActionScript 3.0 文档的新建、保存与退出；
✧ 熟悉 Adobe Animate CC 界面及工具。

思政目标

✧ 在实际工作中需要先熟悉工作的内容或工作所使用的工具。

4.1.1 认识动画

4.1.1.1 动画的产生原理

计算机动画是利用计算机图形、图像处理技术，使用计算机程序制作出来的，是动画艺术与计算机技术的有机结合。

动画的形成是利用了人眼的视觉暂留特征：每当一幅图像从眼前消失的时候，留在视网膜上的画面并不会立即消失，还会延迟约 1/16~1/12 秒。在这段时间内，如果下一幅图出现了，眼睛里就会产生上一画面与下一画面之间的过渡效果从而形成连续的画面。电影、电视和动画都是利用这一原理制作的。

需要指出的是，目前研究的动画产生理论已不再限于视觉暂留特征这一简单的解释，而引入了现代心理学的元素，画面和色彩的变化使人脑产生的运动幻觉才是动画产生的真正原因。

4.1.1.2 数字动画的类型

从动画的视觉效果来看，计算机动画可分为：产生平面动态图形效果的二维动画、具有立体效果的三维动画和用于虚拟现实的真实感三维动画。另外，人们习惯上把通过电影电视等活动图像采集加工得到的视频也列入动画的范畴。

二维动画是在二维平面上显示平面角色和背景组成的动画画面。三维动画则是要在二维的平面中展示具有空间立体感的角色对象和场景的动画。真实感三维动画包括虚拟现实、增强现实、4D 电影等,其视觉效果与人眼观察现实世界的效果相同。

4.1.1.3 数字动画常用软件

二维动画制作软件中,使用最广泛的是 Adobe 公司出品的 Animate CC,由原 Adobe Flash Professional CC 更新得来,除维持原有的 Flash 开发工具外,新增了 HTML 5 创作工具,为网页开发者提供了更适应网页应用的音频、图片、视频、动画等创作支持。Animate CC 拥有大量新的特性,特别是在继续支持 Animate SWF、AIR 格式的同时,还支持 HTML5 Canvas、WebGL,并能通过可扩展架构支持包括 SVG 在内的几乎任何动画格式。通常,我们通过 Animate 软件制作脚本程序版本为 ActionScript 3.0 的动画。

此外,被称为"平面设计大师"的 Photoshop,也增加了制作二维动画的功能,其 CS6 版本更增加了制作 4D 动画的功能。另外,GIF Animation 则经常被用来制作短小的 GIF 动画。如果想比较快速地做出一些简单的二维平面动画,万彩动画大师也是不错的选择。它包含了大量的模板和动画元素,不需要花费大量精力学习软件的使用,利用其中的模板和动画元素,在短时间内,也可以制作出靓丽的动画作品。

在三维动画的制作方面,目前,许多电影动画使用 AutoDesk 公司出品的 MAYA 制作,这家公司的 4ds Max 也是功能比较完善的三维动画制作软件。而 Ulead 公司推出的 Cool 4D 软件,则可以用来快速建立三维图形对象,并通过设置关键帧,快速地完成动画的制作。实际上,该软件也能输出 JPEG 和 GIF 格式的三维图像,制作的图像不仅能用于网页,还可以用作各种效果的标题、对象和标记等。Blender 则是一款开源的跨平台全能三维动画制作软件,提供从建模、动画、材质、渲染,到音频处理、视频剪辑等一系列动画短片制作解决方案,甚至打破了 2D 和 4D 壁垒,可以用来制作 2D 逐帧动画,有兴趣可以从其官方网站了解更多内容(https://www.blender.org/)。

4.1.2 启动与退出 Animate 软件

4.1.2.1 启动 Adobe Animate CC

方法 1:单击电脑桌面左下角"开始"按钮,点击字母 A 开头的"Adobe Animate CC"选项,启动后进入软件欢迎屏幕,如图 4-1-1 所示。

方法 2:若桌面上有 Adobe Animate CC 快捷方式,则双击该图标,启动软件。

方法 3:双击打开扩展名为".fla"的文件,即可启动软件。

4.1.2.2 新建动画文档

新建一个脚本程序版本为 ActionScript 3.0 的 Animate 文档(动画),有两种方法。

方法 1:启动软件后,在欢迎屏幕中单击 ActionScript 3.0 按钮,如图 4-1-2 所示。

方法 2:选择"文件"选项卡"新建"选项,在弹出的"新建文档"对话框中,选择"常规"选项卡中"类型"组的"ActionScript 3.0"选项,如图 4-1-3 所示。

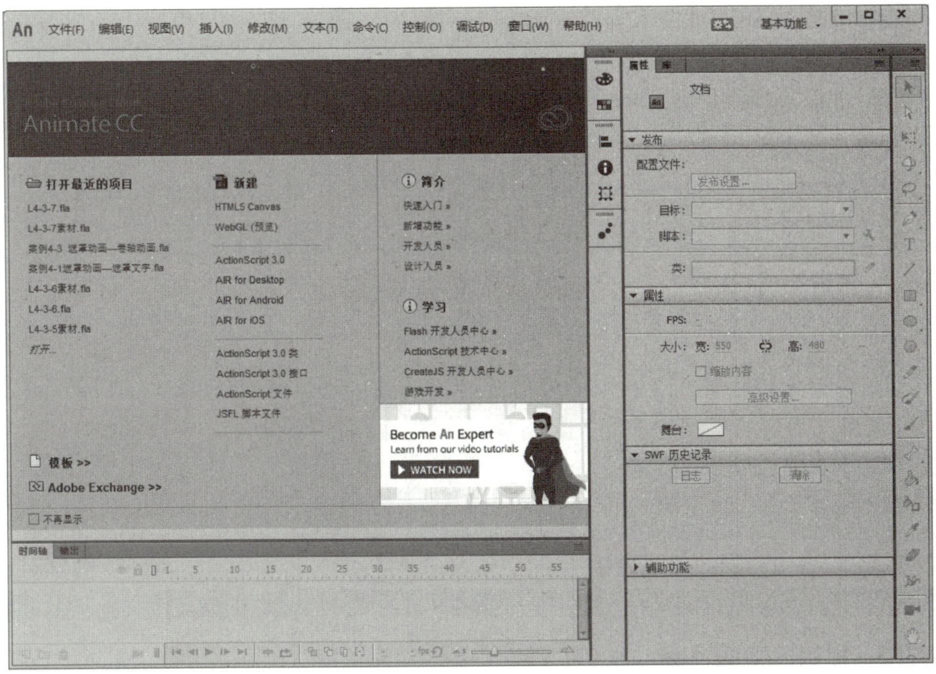

图 4-1-1　Adobe Animate CC 启动后界面

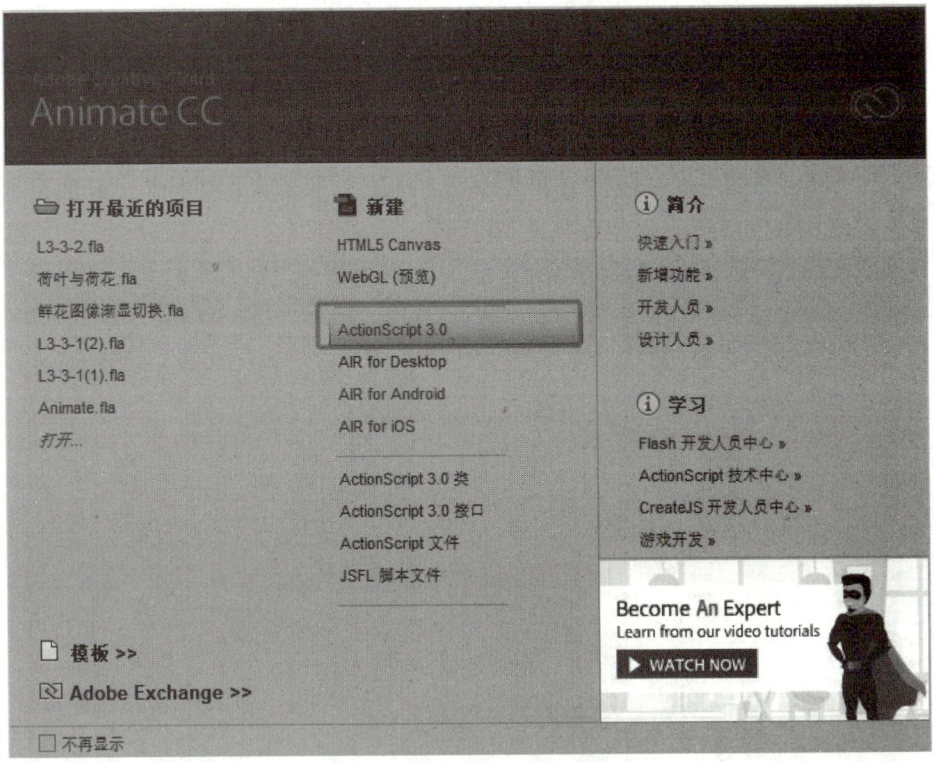

图 4-1-2　新建动画文档-1

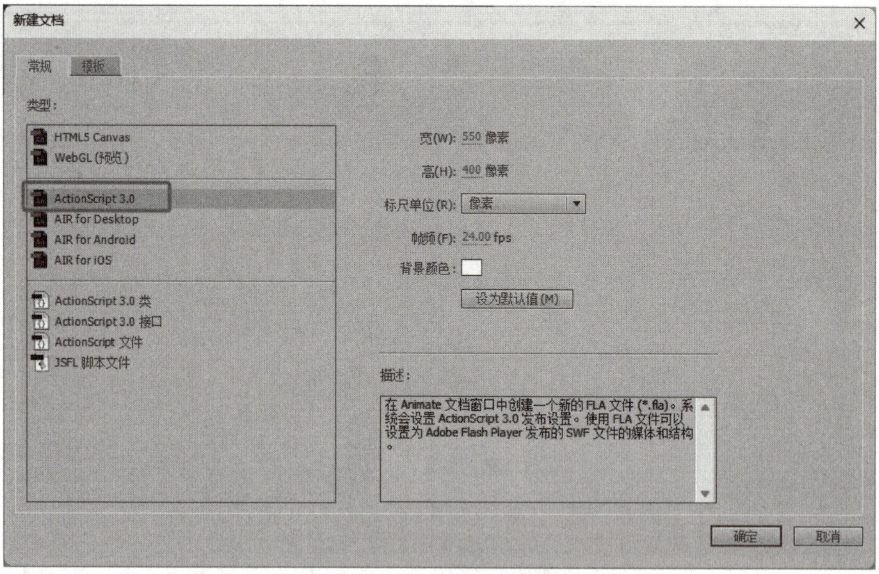

图 4-1-3　新建动画文档-2

4.1.2.3　退出 Adobe Animate CC

方法 1:单击应用程序窗口标题栏右侧的“×”(关闭)按钮。

方法 2:单击或右击软件左上角图标,从弹出的菜单中执行“关闭”命令。

方法 3:使用 Alt+F4 组合键或者 Ctrl+Q 组合键,退出软件。

4.1.3　Animate 工作区

Adobe Animate CC 的工作区包括菜单栏、标题栏、编辑栏、舞台、时间轴、工具面板、属性面板和工具箱等,如图 4-1-4 所示。

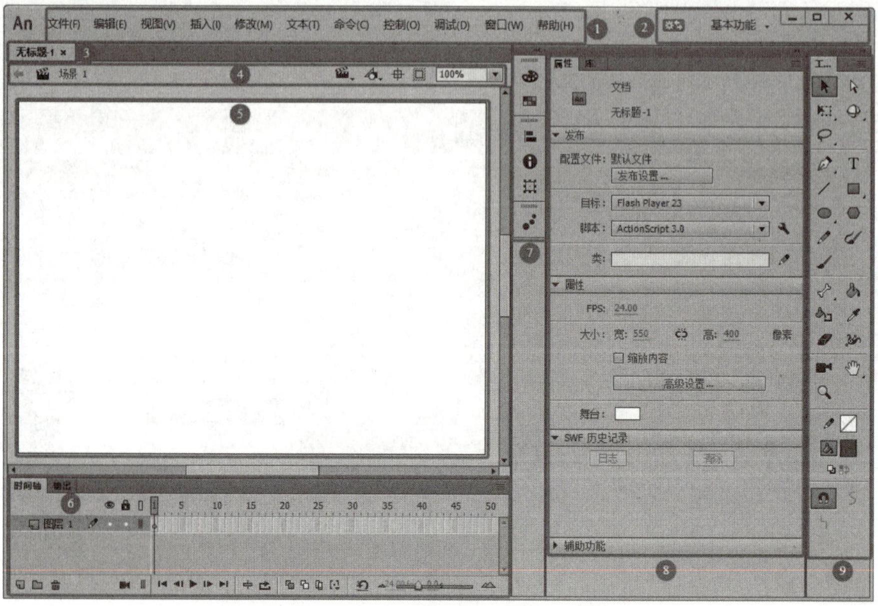

图 4-1-4　Adobe Animate CC 工作区

表 4-1-1 列举了 Adobe Animate CC 工作界面的主要组成部件及其功能。

表 4-1-1　Adobe Animate CC 工作区组件及功能

序号	名称	功能
①	菜单栏	包含文件、编辑、视图、插入、修改、文本、命令、控制、调试、窗口和帮助共 11 个选项卡。
②	功能区	可设置工作区风格，对当前窗口进行最大化、最小化及关闭等操作。
③	标题栏	显示当前文档的文件名。可打开多个文档，通过点击文档名进行切换。
④	编辑栏	可编辑场景、编辑元件、舞台居中、剪切掉舞台范围以外的内容、设置舞台的显示比例等。
⑤	舞台	用来放置各种元件、图形对象，放置在舞台上的对象也是最终输出区域。
⑥	时间轴	用于组织图层和帧的动画内容，决定了动画的时长、效果等。
⑦	工具面板	包含颜色、样本、对齐、信息、变形、动画预设等用于调整的工具。
⑧	属性面板	显示选中对象的属性，并对属性进行相关设置，可切换到库。
⑨	工具箱	包含动画制作过程中的常用工具。

工作区布局设置就是用户根据自己的喜好或工作的需要，确定打开和关闭哪些面板，重新调整工作区内各面板的位置，调整工作区大小等。Animate 提供了多种布局，默认布局为“基本功能”。要将工作区重置为原始布局，可点击右上角“功能区”中的“基本功能”组“重置基本功能”，如图 4-1-5 所示，或者选择“窗口”选项卡中“工作区”重置“基本功能”，如图 4-1-6 所示。

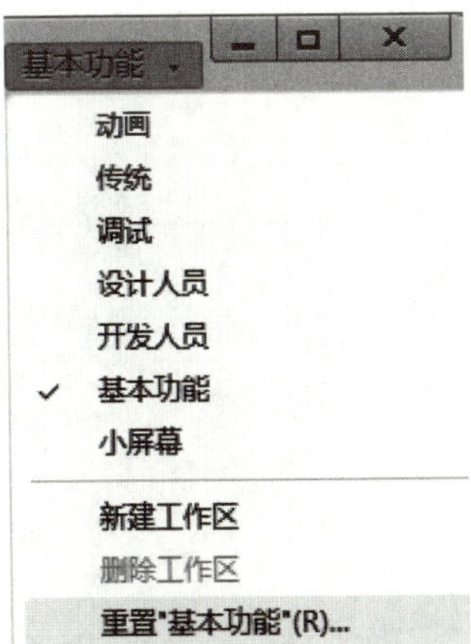

图 4-1-5　重置“基本功能”-1

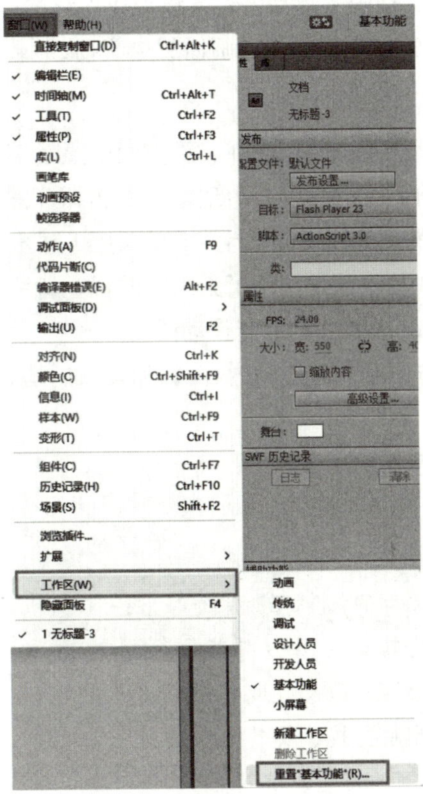

图 4-1-6　重置“基本功能”-2

小贴士

包括时间轴、工具面板、属性面板、工具箱在内的常用组，如果用户不小心关闭，可以通过选择“窗口”菜单中的相应命令恢复窗格。

4.1.4 课后练习

4.1.4.1 单选题

(1)动画产生的原理主要是利用人眼的(　　)。

A. 视觉透视特征　B. 视觉暂留特征　C. 视觉漂移特征　D. 视觉后置现象

(2)(　　)不是 Animate 软件可以导出的文件格式。

A. 图像　B. 影片　C. 动画　D. 音频

(3)(　　)是 Animate 的标准脚本语言。

A. C 语言　B. JAVA　C. VB　D. ActionScript

(4)Animate 源文件和影片文件的扩展名分别为(　　)。

A. . FLA、. FLV　B. . FLA、. SWF　C. . FLV、. SWF　D. . DOC、. GIF

(5)下列说法错误的是(　　)。

A. 动画就是通过一系列相互关联的画面，让视觉形成了连续变化的感觉

B. 动画在空间的视觉效果上可分为平面动画、三维动画和真实模拟动画

C. JPG 动画实际是由若干幅动作连续的静态图片组构成的

D. 用矢量图制作的动画播放更流畅，下载速度更快

4.1.4.2 判断题

(1)计算机动画不可以在二维空间中显示三维效果的三维动画。(　　)

(2)目前研究的动画产生理论已不再限于视觉暂留特征这一简单的解释，更进一步地研究画面和色彩的变化使人脑产生了运动幻觉，这才是动画产生的真正原因。(　　)

(3)动画与视频是利用了人眼睛的视觉暂留特征的数字媒体。(　　)

(4)Audition 软件可以制作动画。(　　)

(5)工作区和舞台上的内容，影片发布后均可见。(　　)

4.2 动画基本知识

学习内容

✧ 动画文件的保存与影片的导出；
✧ 舞台及其属性、库及外部元素的导入；
✧ 时间轴的原理及区域划分；
✧ 图层控制区按钮及其操作；
✧ 帧频、帧的类型及其特点。

学习目标

✧ 掌握动画文件的保存与影片的导出;
✧ 掌握舞台属性的设置、导入素材到库的操作;
✧ 掌握时间轴上图层控制区和帧控制区的操作。

思政目标

✧ 具备仔细、务实的工作态度和一定的审美意识,能够高效地完成任务。

4.2.1 动画的保存与导出

4.2.1.1 动画的保存

新建一个 ActionScript 3.0 动画文档,以 donghua. fla 为文件名保存至 C:\KS 文件夹中。

注意:Animate CC 文档的保存类型的扩展名为. fla。

步骤 1▶ 启动 Adobe Animate CC,单击“新建”中的“ActionScript3. 0”。

步骤 2▶ 单击“文件”选项卡“保存”或“另存为”按钮。

步骤 3▶ 选择文档保存位置为“C:\KS”文件夹。

步骤 4▶ 设置文件名为“donghua”,保存类型为“Flash 文档(*. fla)”。

步骤 5▶ 单击“保存”按钮。

4.2.1.2 动画的导出

打开上一步保存的 donghua. fla 文件,以 donghua. swf 为文件名导出影片至 C:\KS 文件夹中。

注意:Animate CC 文档导出影片的扩展名为. swf。

步骤 1▶ 找到 donghua. fla 文件,双击打开。

步骤 2▶ 选择“文件”选项卡(菜单)“导出”组“导出影片”选项,如图 4-2-1 所示。在弹出的“导出影片”对话框中,选择文档保存位置为 C:\KS 文件夹,文件名为“donghua”,保存类型为“SWF 影片(*. swf)”,单击“保存”按钮,如图 4-2-2 所示。

小贴士

“ *. fla”文件的保存与“ *. swf”影片的导出是“文件”选项卡中的不同功能,注意根据文件类型选择不同的选项。

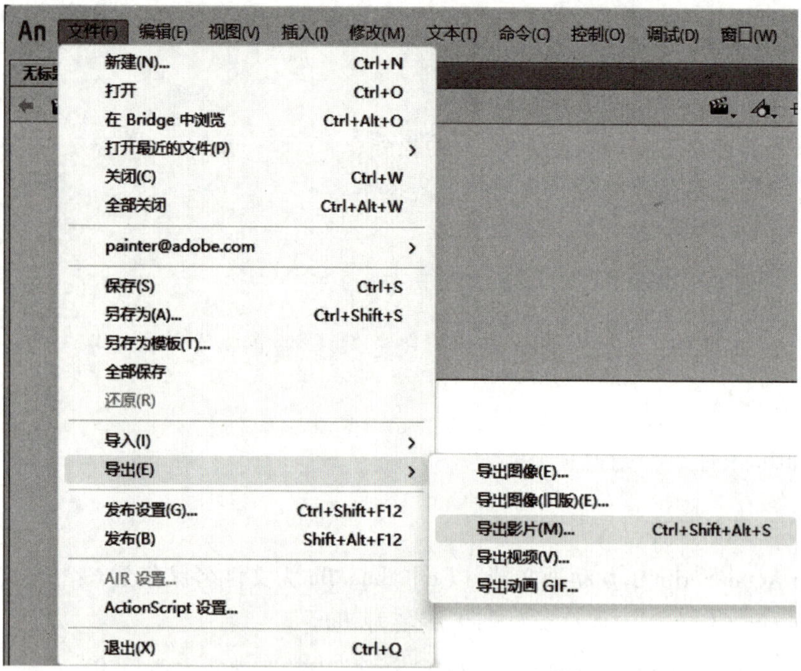

图 4-2-1 选择“导出影片”选项

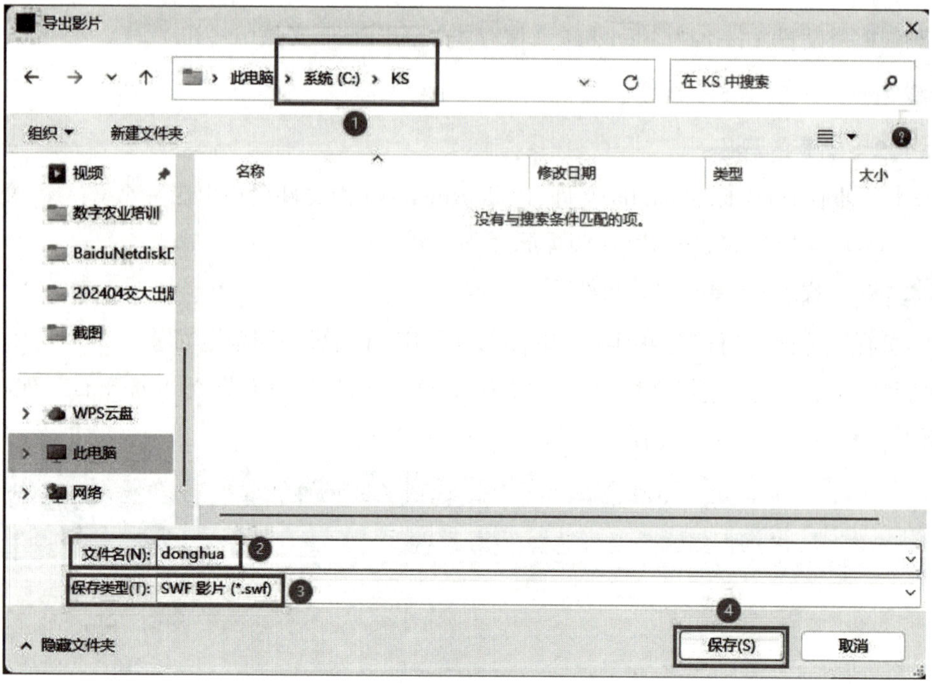

图 4-2-2 “导出影片”对话框

4.2.2 舞台与库

1. 舞台

舞台是位于工作区内部的白色矩形区域，是创建影片的区域，相当于导演指挥演员演戏时排练和演出的场所。只有在舞台上的对象才会出现在动画中，舞台范围外的对象则不会出现在动画中。

设置舞台的大小，就是要让动画的展示画面与动画将要显示的显示器屏幕的大小相匹配。如果要制作在计算机上展示的动画，可以将舞台设置为 1024×768 像素大小，如果制作的动画要在 Android 手机上展示，则可设置舞台大小为 480×800 像素。

在新建文档时可以设置舞台的大小和背景色（见图 4-1-3），也可以在文档中进行舞台属性的修改，执行“修改”菜单“文档”命令（见图 4-2-3），在弹出的“文档设置”对话框中设置舞台的大小和背景色（见图 4-2-4）。

在进行舞台大小的设置时，要注意根据需要选择单位，可以直接设置舞台的宽和高，也可以通过“匹配内容”按钮将舞台大小调整为与内容相一致。

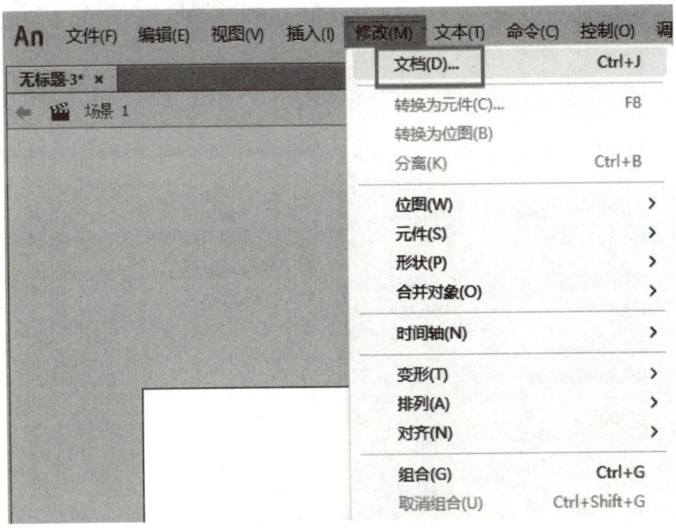

图 4-2-3 修改文档

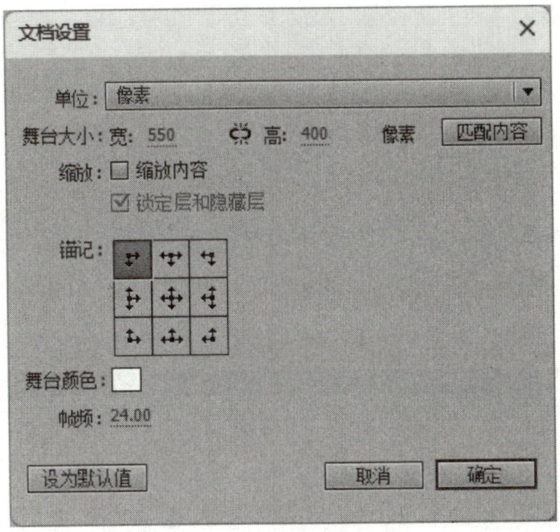

图 4-2-4 “文档设置”对话框

小贴士

在动画制作过程中,调整了软件的窗口大小后,常通过设置舞台显示比例为“显示帧”将舞台完整显示在工作区中。

2. 库

动画的构成需要大量的角色、场景和各类图形等,这些元素可以通过软件的绘图工具绘制,也可以导入外部元素。绘制和导入的元素都会存储在库中,使用时从库面板中选取。

制作动画前,要先将外部元素导入到库,执行“文件”菜单“导入”组“导入到库”命令,如图 4-2-5 所示。在“导入到库”对话框中可以查看 Animate 支持导入的文件类型,如图 4-2-6 所示。

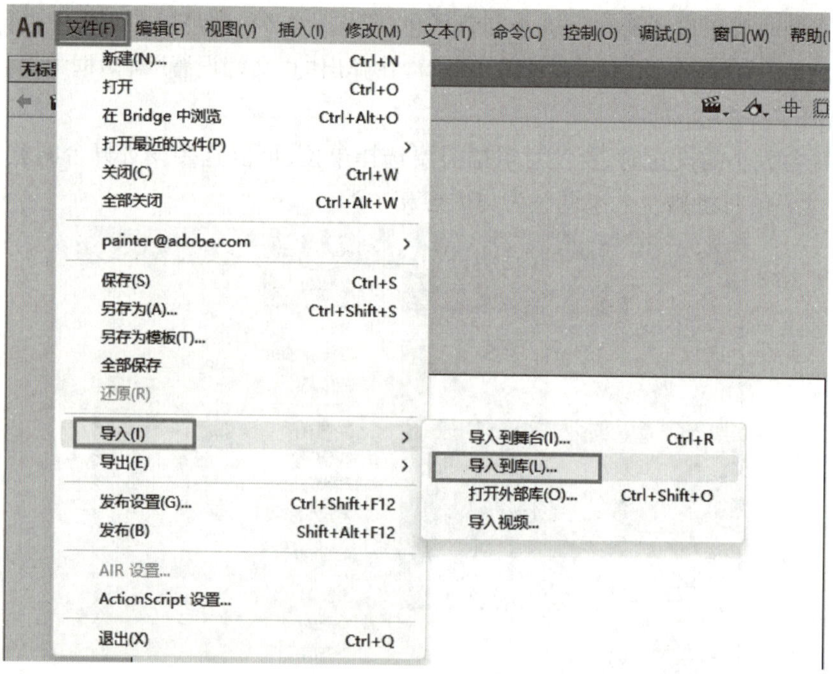

图 4-2-5 导入到库

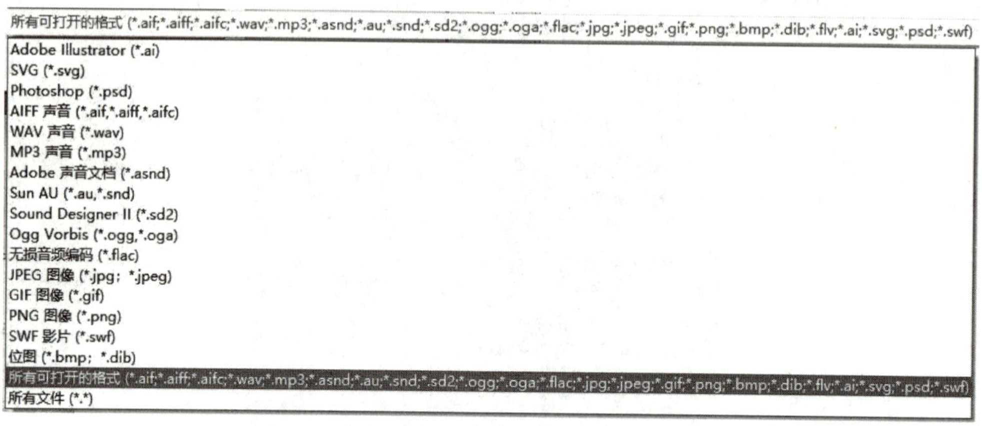

图 4-2-6 Animate 支持导入的文件类型

4.2.3 时间轴、图层与帧

1. 时间轴

时间轴将动画按照时间顺序分解为一系列静止的画面，每个单幅的静止画面称为帧，通过连续播放一系列帧，给视觉造成连续变化的效果。在 Animate 中，帧是最小的时间单位。时间轴上的一行代表一个图层，一个图层中的一个小方格代表一帧。

时间轴可以分为左右两个区域，如图 4-2-7 所示。左边区域是图层控制区，主要用来进行各图层的操作；右边区域是帧控制区，主要用来进行各帧的操作。将鼠标指针移到图层控制区和帧控制区之间的分隔条之上，当鼠标指针呈水平双箭头状时，水平拖动，可以调整图层控制区和帧控制区的大小比例。

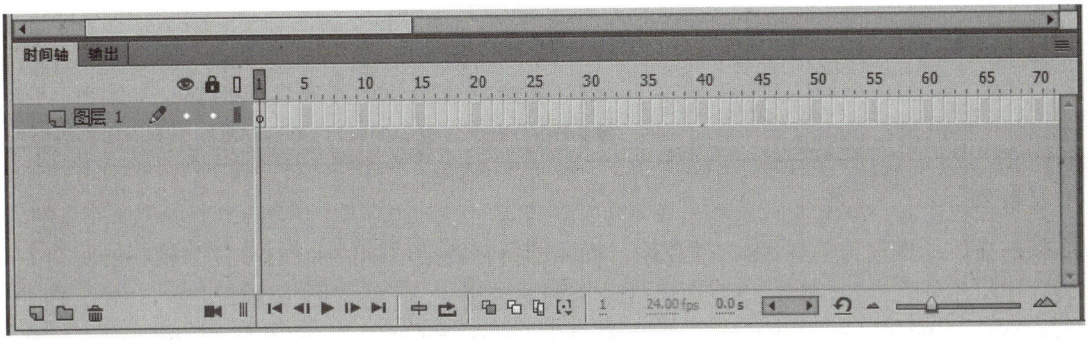

图 4-2-7 时间轴

在时间轴的帧控制区中有一条红色的竖线，称为播放指针。它所在的帧是当前帧，指示了舞台工作区内显示的是哪一帧画面。水平拖动播放指针，可以改变舞台内显示的帧画面。

2. 图层

图层相当于舞台中演员所处的前后位置，可以在一个动画中建立多个图层，一部动画就是由各个图层中的动画叠加而成的。在同一个纵深位置处，上面图层的对象会挡住下面图层的对象。在不同纵深位置处，可以透过前面图层看到后面图层内的对象。

每个图层都有相对独立的时间轴，各图层上的动画内容都是独立的，对一个图层上的对象进行编辑不会影响其他图层中的内容。图层多少不会影响输出文件的大小。

上下拖动图层可以调整图层的顺序，双击图层名可以重命名图层，右击图层名称在快捷菜单中选择“属性”可以查看和修改图层属性。

在动画制作中，为避免选错图层，可以将除当前编辑图层外的其他图层全部锁定，只有当前图层是解除锁定的状态。

图层控制区中的按钮，可以完成对图层属性的设置和图层的操作，其名称和功能见表 4-2-1。

表 4-2-1　时间轴图层控制区内按钮的名称及功能

序号	按钮	名称	功能
①		显示/隐藏所有图层	使所有图层的内容显示或隐藏。
②		锁定/解除锁定所有图层	使所有图层的内容锁定或解锁，图层锁定后，其内对象不可操作。
③		将所有图层显示为轮廓	使所有图层中的图形只显示轮廓。
④		新建图层	在选定图层的上面再增加一个新的普通图层。
⑤		新建图层文件夹	在选定图层之上新增一个图层目录，拖动图层到图层目录处，可将图层放入该图层目录中。
⑥		删除图层	删除选定的图层。
⑦		添加/删除摄像头图层	在没有摄像头图层时，单击它可以在图层最上边添加一个摄像头图层；有了摄像头图层后，单击它可以删除摄像头图层。

3. 帧频

帧的播放速度称为帧频，也称帧速率。帧频即每秒钟播放帧的个数，单位为帧/秒，写为 f/s，在软件中写作 fps。一般而言，电影以 24 帧/秒的速度播放，电视以 25 帧/秒（PAL 制式）或以 40 帧/秒（NSTC 制式）播放，动画以 24 帧/秒或 12 帧/秒的速度播放。在用动画制作软件进行编辑时，也可根据所表达的艺术效果灵活设定播放的频率。帧频可以在“新建文档”或“文档设置”中修改（见图 4-1-3、4-2-4）。

4. 帧

时间轴上的帧分为三种类型：可以编辑修改的关键帧、延长显示关键帧内容的普通帧、计算机根据某种规则插补的过渡帧等。

（1）关键帧：动画中关键性内容或动作变化所在的帧，通常是动画的起点、终点或转折点的帧。在时间轴上以黑色实心圆表示。关键帧内的对象可以进行编辑修改。插入关键帧时会继承上一关键帧中的内容。

（2）普通帧：该帧内是空的，没有任何对象，也不可以在其内创建对象，用于延长显示关键帧内容。

（3）空白关键帧：舞台上没有内容的关键帧，在时间轴上以空心圆表示。可以在帧内创建各种对象，并对对象进行编辑。新建一个 Animate 文档，则在第 1 帧自动创建一个空白关键帧，插入空白关键帧时不继承上一关键帧的内容。

4.2.4　课后练习

4.2.4.1　单选题

（1）在 Animate 中，要调整动画播放速度可以通过设置（　　）参数实现。

A. 帧频　　B. 时间轴　　C. 图层　　D. 帧

(2)在 Animate 中,一个新建的文档中首先就有的帧是(　　)。

A. 普通帧　　B. 关键帧　　C. 空白关键帧　　D. 过渡帧

(3)在 Animate 中,有一个 60 帧的动画,需要播放 4 秒,那么帧频应设置为(　　)fps。

A. 10　　B. 15　　C. 20　　D. 25

(4)插入空白关键帧的作用是(　　)。

A. 起延时作用　　B. 使动画更加流畅

C. 完整地复制前一帧的所有内容　　D. 等于插入一张白纸

(5)以下对于关键帧的描述中,不正确的是(　　)。

A. 关键帧是一种特殊的、表示对象特定状态(颜色、大小、位置、形状等)的帧

B. 关键帧一般表示一个变化的起点或者终点,或变化过程中的一个特定的转折点

C. 空白关键帧不是关键帧

D. 关键帧是动画的骨架和关键所在

4.2.4.2　判断题

(1)设置帧频就是设置动画的播放速度,帧频越大,播放速度越慢。　(　　)

(2)Animate 中动画的帧频最大可以设置到 120fps。　(　　)

(3)在一个动画中可以有多个场景存在。　(　　)

(4)Animate 是典型的三维动画制作软件。　(　　)

(5)GIF 类型的图像文件具有动画功能。　(　　)

4.3　基本动画类型的制作

学习内容

✧ 二维动画的基本类型;

✧ 逐帧动画的概念、特点及其制作;

✧ 补间形状动画的概念、特点及其制作;

✧ 传统补间动画、补间动画的概念、特点、区别及其制作。

学习目标

✧ 熟练掌握逐帧动画的制作;

✧ 熟练掌握补间形状动画的制作;

✧ 熟练掌握传统补间动画、补间动画的制作。

思政目标

✧ 在学习过程中领略古诗词之美,运用数字媒体技术实现想要的动画效果。

使用 Animate 可以制作的基本动画类型有:逐帧动画和补间动画。逐帧动画是指在时间轴上逐帧绘制动画内容,补间动画是指在建立动画过程的首、尾关键帧的内容后,由计算机根据首、尾关键帧的特性及动画属性通过计算来补充中间的过渡帧形成动画。Animate 中的补间动画有三类,分别是补间形状、传统补间和补间动画,如图 4-3-1 所示。

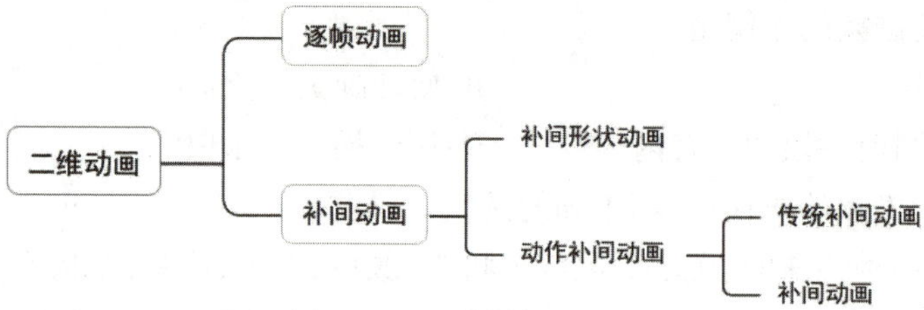

图 4-3-1　二维动画的基本类型

4.3.1　逐帧动画

逐帧动画是一种最传统的动画形式,时间轴上的每一帧都由制作者确定,几乎所有的帧都是关键帧。用这种方式几乎可以完成所有的动画效果,缺点就是需要逐帧制作,比较耗时费力,工作量巨大,而优点就是可以灵活地把握每个动态。

逐帧动画适于制作非常复杂的动画,GIF 格式的动画就属于这种动画。为了使一帧画面显示的时间长一些,可以在关键帧后边添加几个普通帧。

例 1　参照 FL4-3-1 样例. gif,利用 C:\素材\第 4 章\4. 3. 1 例 1 文件夹中的 7 张图片制作 GIF 动画,结果以文件名 FL4-3-1. gif 保存在 C:\KS 文件夹中。

步骤 1▶　启动 Adobe Animate CC,单击“新建”中的“ActionScript3. 0”。在新的文档窗口中,执行“文件”菜单“导入”组“导入到库”命令,将“例 1”文件夹中的 7 张图片导入到库中。导入过程及库中的结果如图 4-3-2 所示。打开“导入到库”对话框并找到需导入的图片后,可以按 Ctrl 键同时选中要导入的多个文件,一次性导入素材。

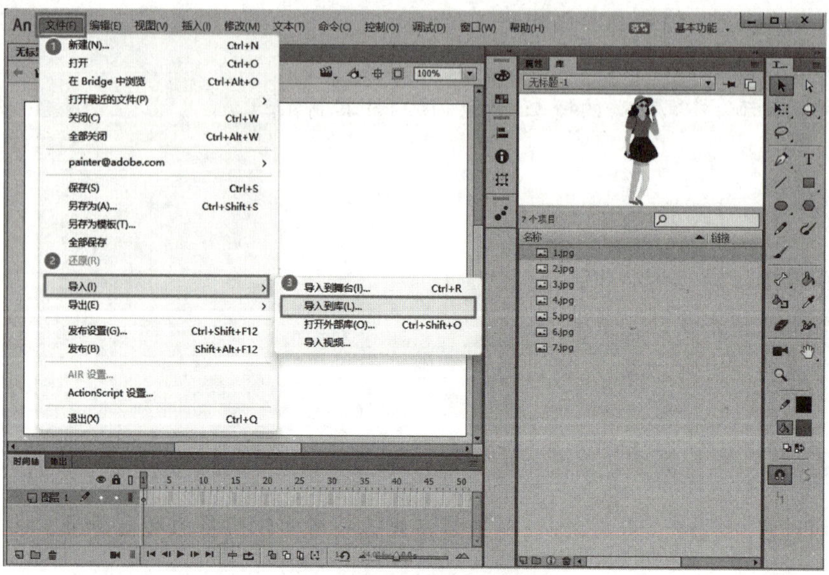

图 4-3-2　导入素材

步骤 2▶ 选中第一帧，将库中的图片 1 拖曳到舞台，如图 4-3-3 所示。执行“修改选项卡文档”命令，在弹出的对话框中单击“匹配内容”按钮，设置帧频为 12fps，单击“确定”按钮，使舞台大小与舞台上的对象内容相匹配，如图 4-3-4 所示。

图 4-3-3　拖曳图片 1 到舞台

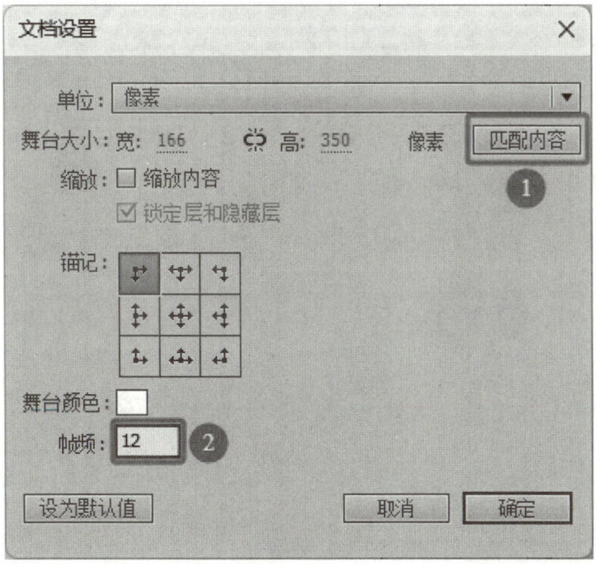

图 4-3-4　设置舞台大小与帧频

步骤 3▶ 鼠标右击时间轴上第 2 帧的位置，从快捷菜单中执行“插入空白关键帧”命令，如图 4-3-5 所示。然后将图片 2 拖曳到第 2 帧的舞台上，打开对齐面板，勾选“与舞台对齐”，使图片与舞台水平中齐、垂直中齐，如图 4-3-6 所示。用类似的方法分别在时间轴上的第 3~7 帧插入空白关键帧，并分别在对应帧将其余图像依次拖曳到舞台上，如图 4-3-7 所示。

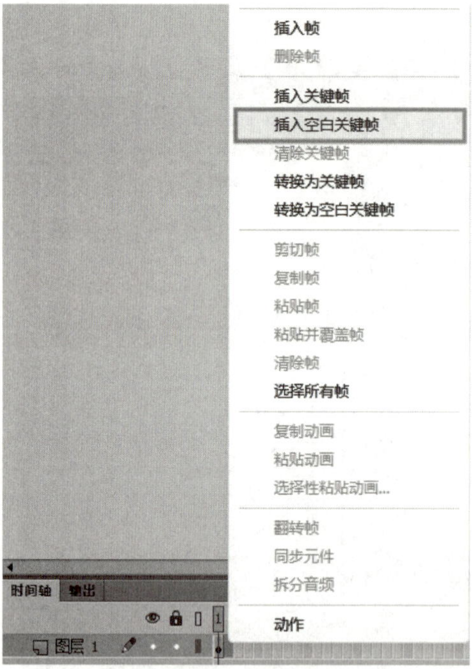

图 4-3-5　插入空白关键帧

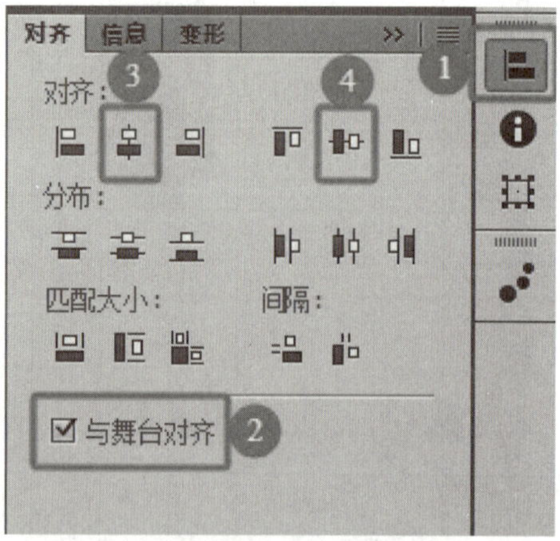

4-3-6　图片与舞台对齐

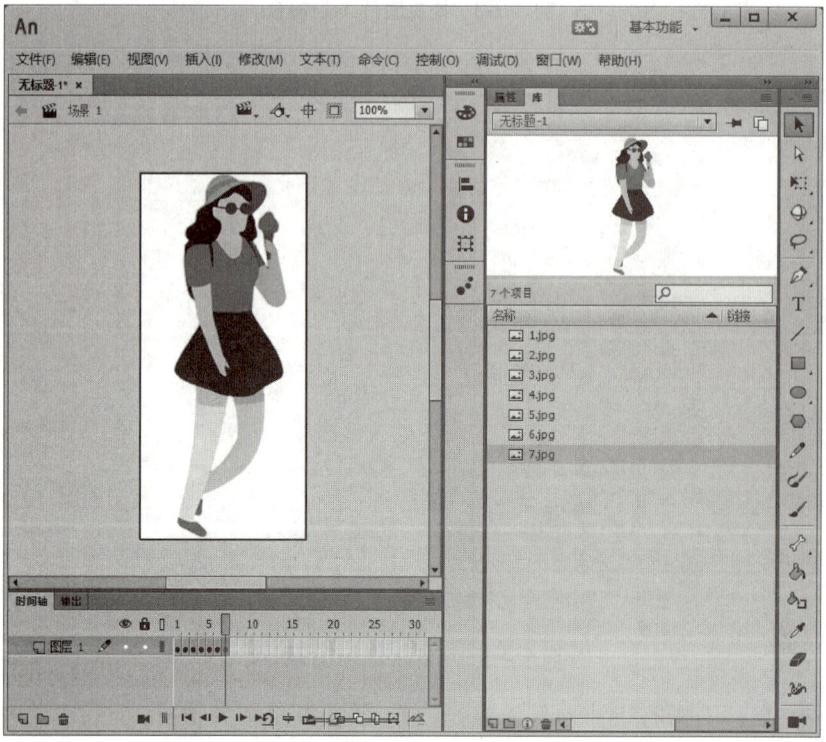

图 4-3-7　逐帧制作

步骤 4▶ 执行“文件”菜单“另存为”命令，将制作好的动画以文件名“FL4-3-1(1).fla”保存在 C:\KS 文件夹中。执行“控制”菜单“测试”命令，或者按 Ctrl+Enter 组合键，在 Animate 中测试影片。查看 KS 文件夹，生成了一个“FL4-3-1(1).swf”文件。执行“文件”菜单“导出”组“导出动画 GIF”命令，在弹出的“导出图像”对话框中按默认设置，单击“保存”，在“另存为”对话框中输入文件名为“FL4-3-1”，文件保存类型为“GIF Image(*.gif)”。在 KS 文件夹中对产生的 SWF 动画文件双击，可以看到动画的播放效果。如果没有安装动画播放器，可以选择其他打开方式(例如 Microsoft Edge 浏览器、视频播放软件等)，观看该动画循环播放的效果。

步骤 5▶ 打开“FL4-3-1(1).fla”文件，利用“文档设置”对话框将帧频由 12 改为 4，测试影片，观看效果。打开“FL4-3-1(1).fla”文件，选中每个关键帧，按 F5 键在每个关键帧后插入帧，如图 4-3-8 所示。测试影片，观看效果。将动画以文件名“FL4-3-1(2).fla”另存在 C:\KS 文件夹中。

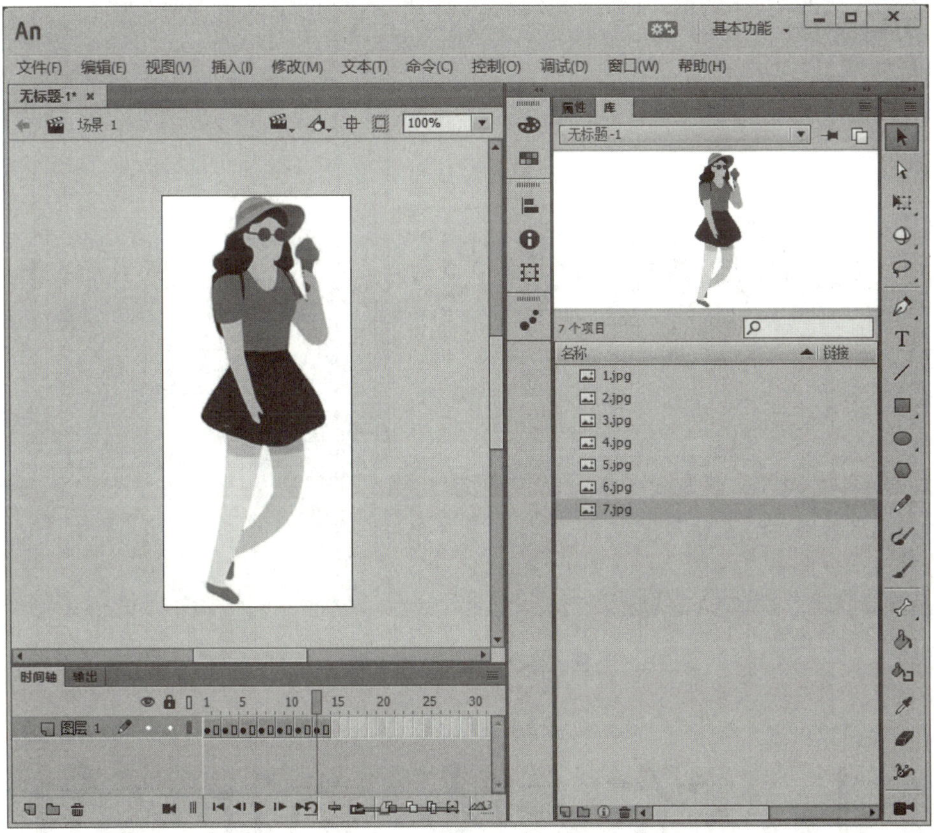

图 4-3-8　插入帧的效果

小贴士

(1)想要减缓动画播放速度，有两种方法：降低帧频和插入普通帧。

(2)“*.fla”文件保存后，在 Animate 中测试影片会在“*.fla”文件相同目录中生成“*.swf”影片。

例 2 参照 FL4-3-2 样例. swf，制作“上海欢迎您”文字逐字出现、并闪烁 3 次的动画，结果以 FL4-3-2. fla、FL4-3-2. swf 为文件名保存和导出影片至 C:\KS 文件夹中。

步骤 1▶ 启动 Animate，新建“ActionScript3. 0”类型的空白文档。选择文本工具，在“属性”面板中设置字符格式（系列：楷体、大小：100 磅、字母间距：5、颜色：#0066FF）。在舞台上单击，在文本框中输入文本“上海欢迎您”。利用对齐面板将文本对齐到舞台中央，如图 4-3-9 所示。利用“文档设置”对话框使舞台大小匹配内容，在“显示比例”组中选择“显示帧”以调整舞台的显示大小。使用选择工具单击选定文本对象，执行“修改”菜单“分离”命令 2 次，将文本分离为矢量（呈现为均匀的点），如图 4-3-10 所示。在“属性”面板中，设置文本的填充为蓝黑色渐变，如图 4-3-11 所示。

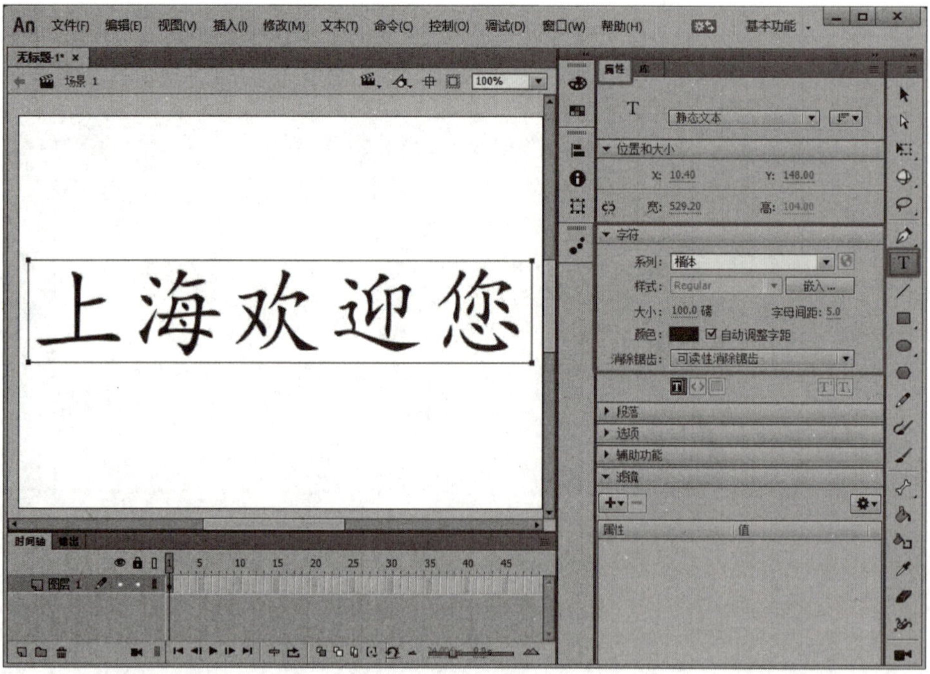

图 4-3-9 输入文本对象

图 4-3-10 将文本分离为矢量

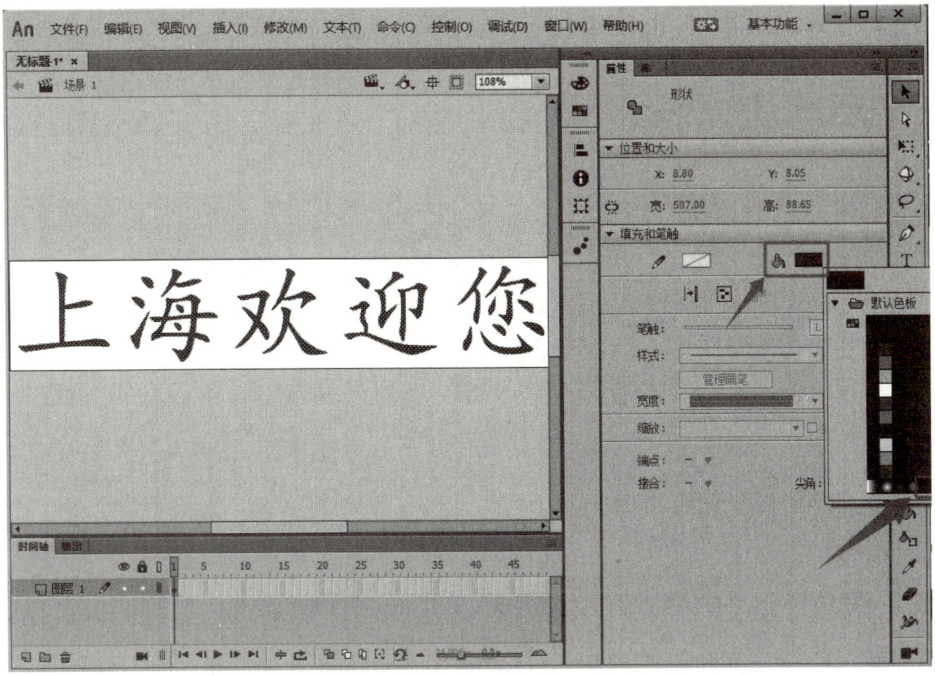

图 4-3-11 修改文本的填充色

步骤 2▶ 在第 2 帧右击,从快捷菜单中执行“插入关键帧”命令。同样,在第 3~11 帧分别插入关键帧。选择第 1 帧,删除文本中后面 4 个字,只留“上”字;选择第 2 帧,删除文本中后面 4 个字,留“上海”两个字;依此类推,第 3 帧删除后 2 个字,第 4 帧删除后 1 个字,第 5 帧保持不变。这样就在 1~5 帧形成文字逐个显示的动画效果。选择第 6 帧,按 Delete 键删除舞台上所有内容,该帧转变为空白关键帧;同样的,将第 8 帧和第 10 帧都转变为空白关键帧,这样就形成了文字闪烁的动画效果。时间轴的状态如图 4-3-12 所示。

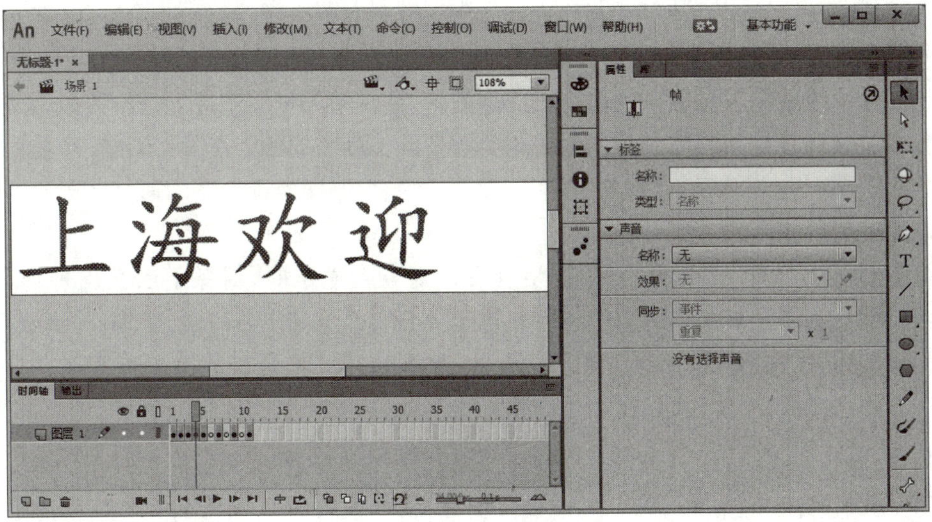

图 4-3-12 时间轴状态

步骤 3▶ 测试影片,发现动画播放太快。执行“修改”菜单“文档”命令,将帧频更改为12fps。再次测试影片,还是感觉太快。在时间轴上对每个关键帧右击,在快捷菜单中执行 2 次“插入帧”命令,每个关键帧后都插入 2 个普通帧来延长画面的显示时间。调整后时间轴上的安排如图 4-3-13 所示。

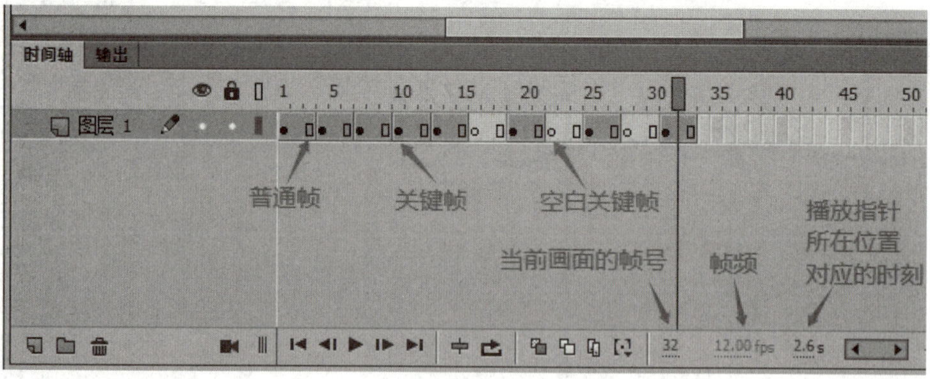

图 4-3-13 调整播放速度后的时间轴面板

步骤 4▶ 执行“文件”菜单“另存为”命令和“文件”菜单“导出”组“导出影片”命令,分别将制作好的动画以文件名“FL4-3-2. fla”“FL4-3-2. swf”保存和导出影片至 C:\KS 文件夹中。

4.3.2 补间形状动画

补间形状动画是针对矢量图形角色的动画,是指在时间轴的首关键帧中绘制一个矢量形状,然后在尾关键帧中更改该形状或绘制另一个形状,Animate 自动在这两个关键帧之间的普通帧中插入过渡形状。

补间形状动画只能针对矢量图形进行,是针对画面中点到点的形状变化,包括位置、颜色、形状、大小、笔触、角度、透明度等属性的变化。首尾关键帧上的图形应该都是矢量图形。

1. 矢量图形

矢量图形由线条轮廓和填充色块组成。例如,一朵花的矢量图实际上是由线段构成轮廓,由轮廓颜色以及轮廓所封闭的填充颜色构成花朵颜色。矢量图的优点是轮廓清晰、色彩明快,可以任意缩放而不会产生失真现象,缺点是难以表现出像照片那样连续色调的逼真效果。Animate 软件主要以处理矢量图形为主。

矢量图形在 Animate 中的表现特征是:在图形对象被选定时,对象上面会出现均匀的小点(见图 4-3-10)。利用工具箱中的直线、椭圆、矩形、刷子、铅笔等工具可直接绘制矢量图形。如果对象是元件实例、位图、组等,必须先执行“修改”菜单“分离”命令转换为矢量图形,即对象上出现均匀小点的状态后,才能创建补间形状动画。

2. 位图

位图又称点阵图、像素图、栅格图,由点阵组成,这些点进行不同排列和染色构成图样,因而位图的大小和质量取决于图像中点的多少,也就是像素的多少。位图类似于照片,能够较真实地再现人眼观察到的世界,因而适用于表现风景、人像等色彩丰富、包含大量细节的图像。

例 1 参照 FL4-3-3 样例. swf 制作补间形状动画,第 1 帧至第 30 帧淡黄色月牙从舞台左下方运动到上方并逐渐变成白色圆月,并静止显示至 40 帧,第 10 帧至第 30 帧“海上生明月”文字变形为“天涯共此时”,结果以 FL4-3-3. fla、FL4-3-3. swf 为文件名保存和导出影片至 C:\KS 文件夹中。

步骤 1▶ 启动 Animate,新建“ActionScript3. 0”类型的空白文档。将 C:\素材\第 4 章\4. 3. 2 例 1 文件夹中的“背景. jpg”图片导入到库,从库中将背景图像拖曳到舞台上。执行“修改”菜单“文档”命令,将舞台大小设置为“匹配内容”。在“显示比例”组中选择“显示帧”以调整舞台的显示大小。在第 40 帧右击,在弹出的快捷菜单中选择“插入帧”,使背景图像静止显示至 40 帧。点击时间轴上的“锁定或解除锁定所有图层”按钮,将图层 1 锁定,如图 4-3-14 所示。

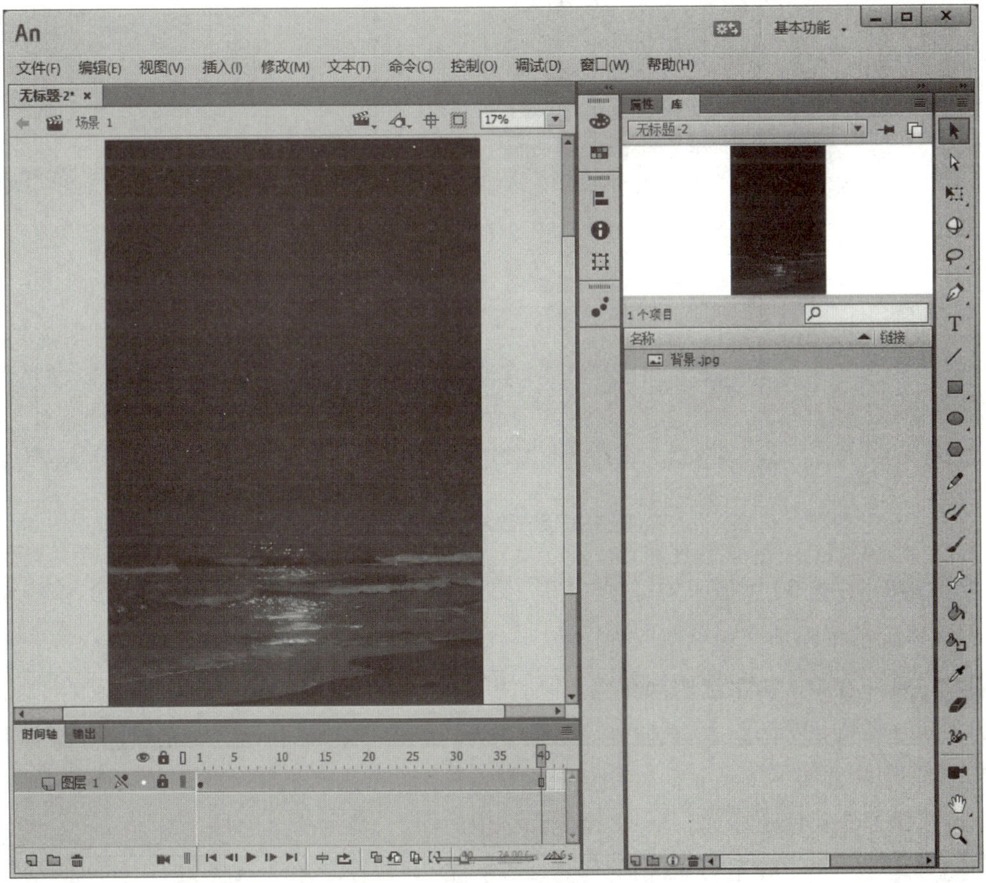

图 4-3-14 制作背景图层

步骤 2▶ 新建图层 2,使用工具箱中的“椭圆工具”,在“属性”面板上,设置边框色(即笔触颜色)为无色,填充色为淡黄色(#FFFF99),在第一帧的左下方绘制一个正圆(按住 shift 键拖曳鼠标,可以直接绘制正圆)。使用“选择”工具,单击选中淡黄色正圆,在属性面板中设置宽、高均为 318 像素(可利用“将宽度值和高度值锁定在一起”按钮统一设置),如图 4-3-15 所示。

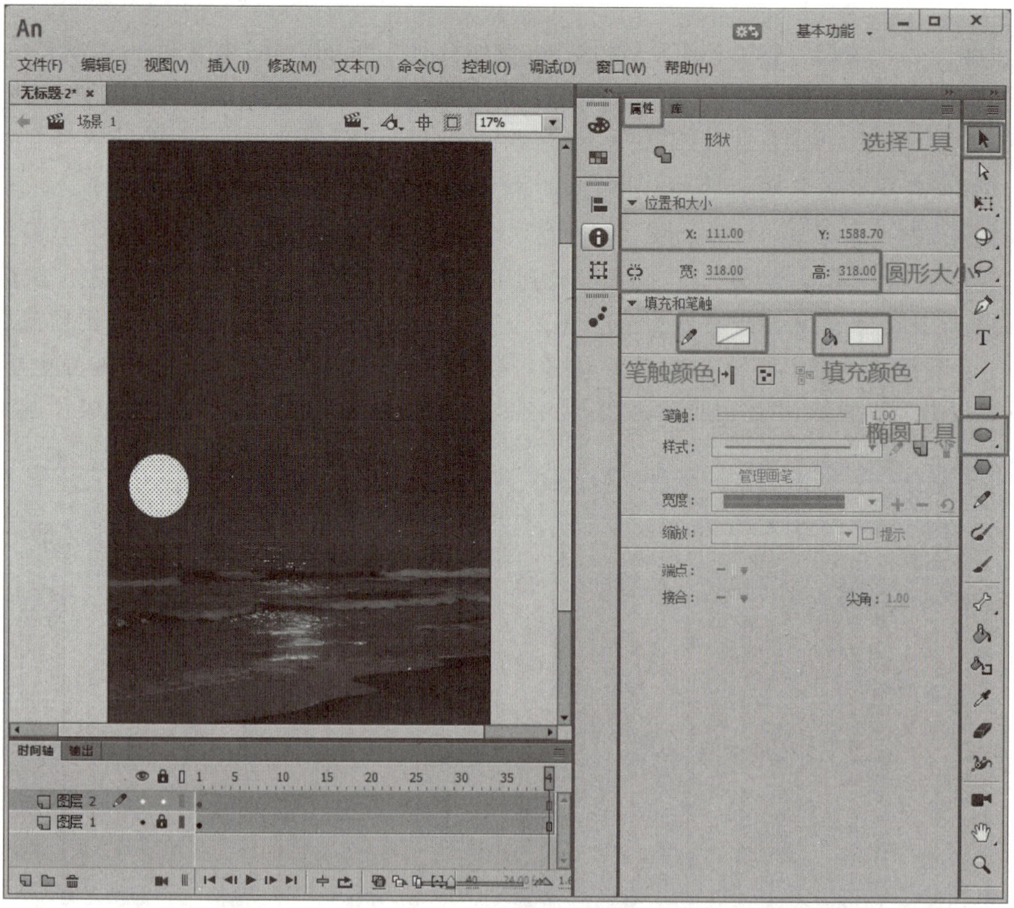

图 4-3-15　绘制淡黄色正圆

步骤 3▶ 在第 30 帧插入关键帧，使用工具箱的“选择工具”选中淡黄色圆形，拖曳至舞台上方，在属性面板中将填充颜色修改为白色。

步骤 4▶ 在第一帧上选中淡黄色正圆，使用 Ctrl+C 组合键（复制）、Ctrl+V 组合键（粘贴），创建并选中淡黄色正圆的副本，在属性面板设置为与淡黄色正圆不同的填充颜色。将其移动到淡黄色正圆上，如图 4-3-16 所示。使用选择工具在圆形外的舞台空白处单击，取消圆形的选择。再次单击选择非淡黄色圆形，按 Delete 键删除选中的图形，得到淡黄色月牙形。

步骤 5▶ 在第 1 帧至第 30 帧的任意一帧右击，在快捷菜单中选择“创建补间形状”，可以看到时间轴上第 1~30 帧的范围变成淡绿色并产生了一条带箭头的线，如图 4-3-17 所示。将图层 2 锁定。

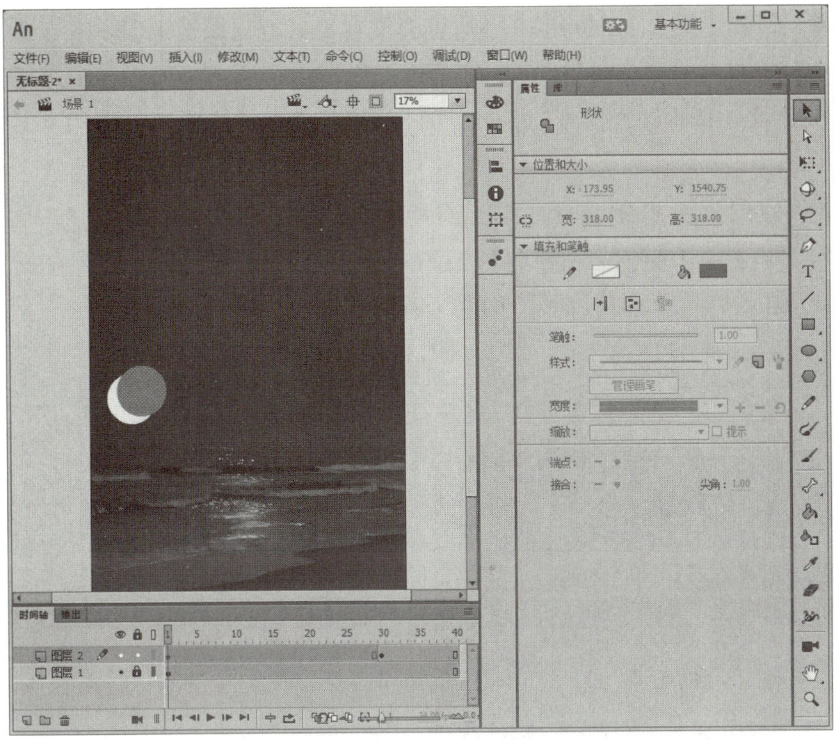

图 4-3-16 将两个圆形部分重叠

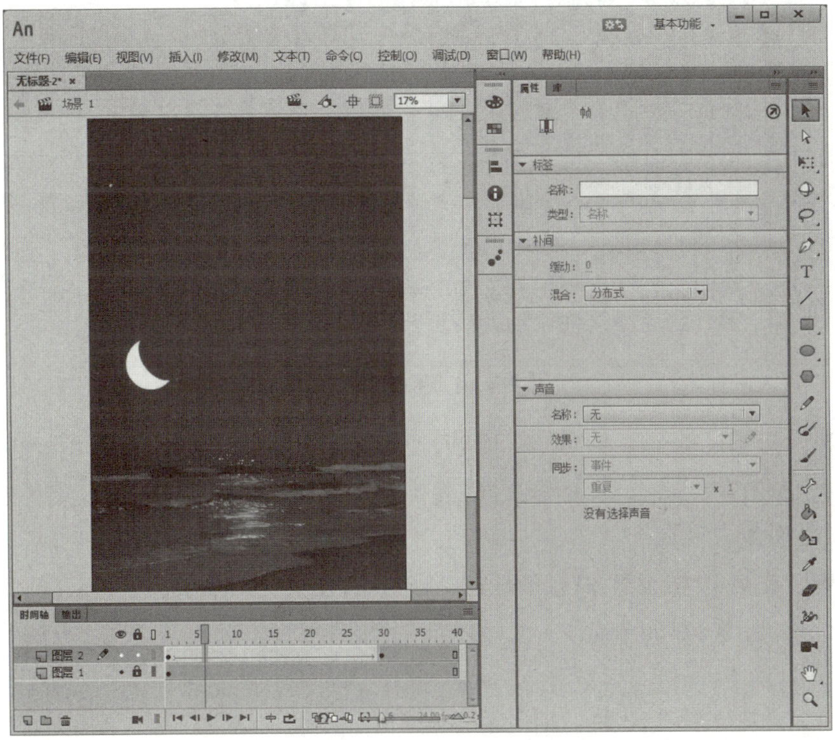

图 4-3-17 创建补间形状

步骤 6▶ 新建图层 3。定位到第 1 帧，选择文本工具，在“属性”面板中，单击“改变文本方向”按钮设置为“水平”，设置字符格式（系列：楷体、大小：200 磅、字母间距：10、颜色：#FFFF99），在舞台上单击，在文本框中输入文本“海上生明月”，调整文本的位置。在第 10 帧插入关键帧，如图 4-3-18 所示。

步骤 7▶ 定位至第 30 帧，插入空白关键帧。选择文本工具，在“属性”面板中，“改变文本方向”为“垂直”，设置字符颜色为白色（#FFFFFF），其他字符格式与上一步骤相同，在舞台上单击，在文本框中输入文本“天涯共此时”，调整文本的位置，如图 4-3-19 所示。

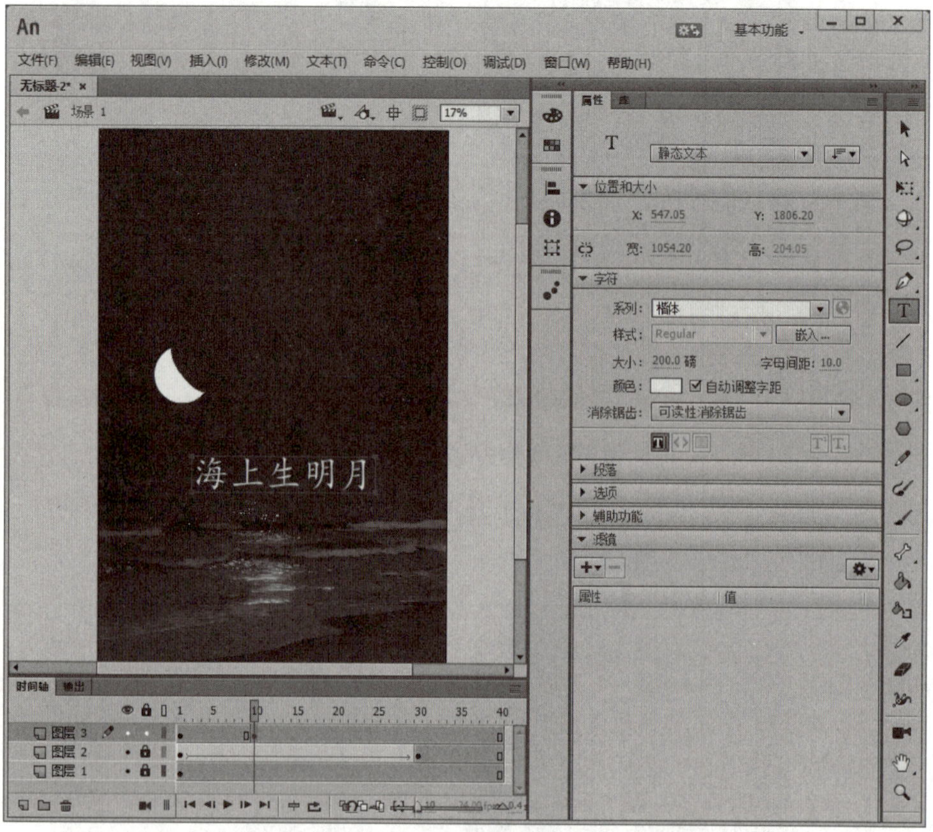

图 4-3-18　第 1、10 帧画面

步骤 8▶ 分别定位至第 10 帧、第 30 帧，使用选择工具单击选中文本“海上生明月”“天涯共此时”，执行“修改”菜单“分离”命令 2 次，或者按 Ctrl+B 组合键 2 次，将首、尾关键帧的文本均分离为矢量（呈现为均匀的点）。

步骤 9▶ 在第 10 帧至第 30 帧的任意一帧右击，在快捷菜单中选择“创建补间形状”，制作出文字变形效果，如图 4-3-20 所示。

图 4-3-19　第 30 帧画面

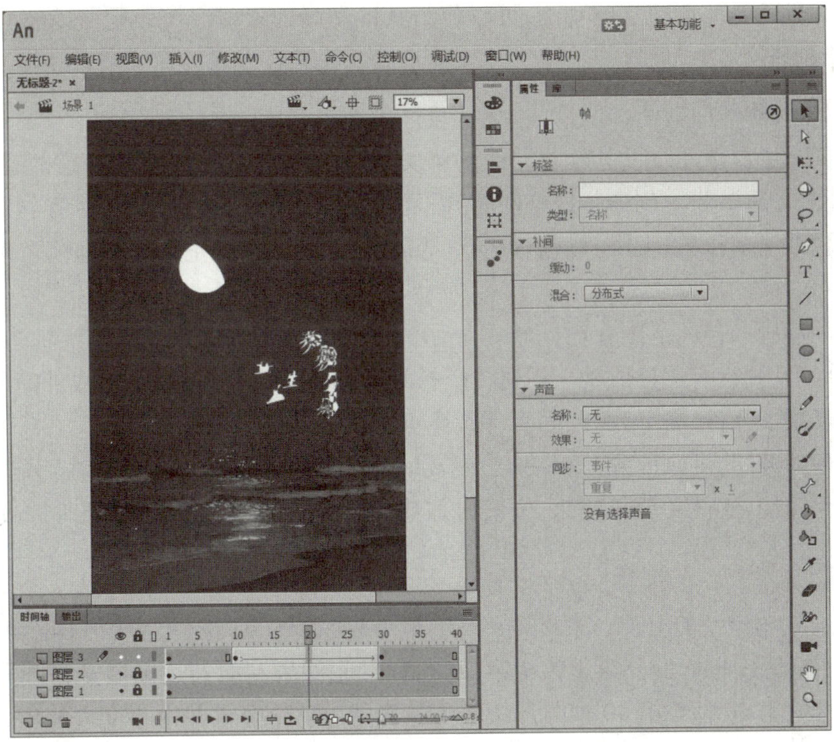

图 4-3-20　文字变形

步骤 10▶ 按 Ctrl+Enter 组合键测试影片。执行“文件”菜单“另存为”命令，将制作好的动画以文件名 FL4-3-3. fla 保存在 C:\KS 文件夹中。执行“文件”菜单“导出”组“导出影片”命令，将制作好的动画以文件名 FL4-3-3. swf 导出影片至 C:\KS 文件夹中。

4.3.3 补间动画

补间动画，也称为动作补间动画，是针对非矢量对象的动画，包括元件实例、文字、位图、组合等，用来制作因对象属性变化而产生的动画效果，是 Animate 中使用最多的动画制作方法。Animate 可以创建两种类型的补间动画：补间动画和传统补间动画。

4.3.3.1 元件

元件是动画制作中的一个核心概念，是指可以在多个场景或多个动画项目中重复使用的角色对象，有助于保持动画设计的一致性并节省时间。所有创建的元件都会自动存储在库中，便于组织和管理。库中的元件可以进行分类、重命名和删除等操作。

把元件从库中拖动到舞台上，就创建了一个该元件的实例。每个元件实例可以有自己的属性，如位置、大小、颜色和透明度等，这些属性不会影响其他实例和元件本身。但若更改库中的元件则会更新该元件的所有实例。在元件的属性面板中，可以设置类型、位置、大小、色彩效果、循环等参数。色彩效果包括亮度、色调、高级和 Alpha 值(即透明度)等。

元件的类型有 3 种：图形、影片剪辑和按钮。图形元件用于创建静态图形或动画效果，包括基本形状、画笔和填充工具创建的元素，如矩形、圆形、直线等。影片剪辑具有独立的时间轴，一个影片剪辑元件就是一段独立的动画，可以作为其他动画的素材。按钮则可以感应鼠标或键盘的操作，用于制作交互式动画。

4.3.3.2 传统补间动画

传统补间动画是 Animate 中最常见的动画类型，可以对元件制作位移、缩放、旋转、渐隐渐显、颜色变化等动画效果。创建传统补间时，需要建立首、尾两个关键帧，并在两个关键帧中对于同一元件实例改变其位置、大小、颜色、透明度等属性，软件会自动把两个关键帧之间的变化效果计算出来。

传统补间动画的补间范围在时间轴中显示为淡紫色背景，并有一条带箭头的线，如果是虚线，则表示补间动画没有创建成功。创建传统补间动画后，自动将对象转换成补间的实例，“库”面板中会自动增加元件，名字为“补间 1”和“补间 2”等。

对于创建的补间，可以设置其缓动值、旋转、缩放、调整到路径等。“缓动”用于调整补间对象的属性变化速度，正值时动画减速，负值时加速。“旋转”用于设置对象顺时针或逆时针旋转 N 周。

例 1 打开 C:\素材\第 4 章\FL4-3-4 素材. fla 文件，参照 FL4-3-4 样例. swf 制作传统补间动画，第 1 帧至第 20 帧背景元件从左向右逐渐展开，并静止显示至 50 帧，第 20 帧至第 40 帧圆月从舞台左下方运动到上方并由小变大淡出，结果以 FL4-3-4. fla、FL4-3-4. swf 为文件名保存和导出影片至 C:\KS 文件夹中。

步骤 1▶ 打开 FL4-3-4 素材. fla 文件，将库中的背景图像拖曳至舞台，将舞台设置为与背景图像大小一致。在“显示比例”组中选择“显示帧”以调整舞台的显示大小。执行“修改”菜单“转换为元件”命令，或按 F8 快捷键，打开“转换为元件”对话框，修改元件名称为“背景”，类型为“图形”，如图 4-3-21 所示。

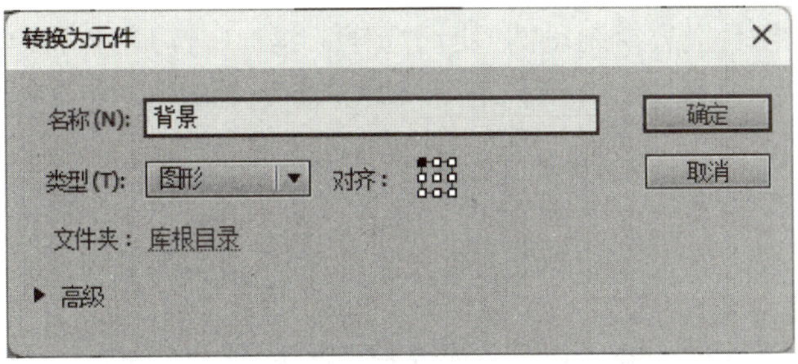

图 4-3-21 转换为元件

步骤 2▶ 在第 20 帧插入关键帧。定位至第 1 帧，在工具箱中选择“任意变形工具”，将背景元件中心的控制点移至左侧，将元件右侧拖曳至左侧（注意不要超过元件左侧），将元件合起来，如图 4-3-22 所示。定位至第 20 帧，将元件中心的控制点移至最左边。

小·贴士

在对元件做任意变形时，控制点所在的位置是不动的，要制作从左到右逐渐展开的动画，需注意尾关键帧中元件的控制点也要移至左侧。

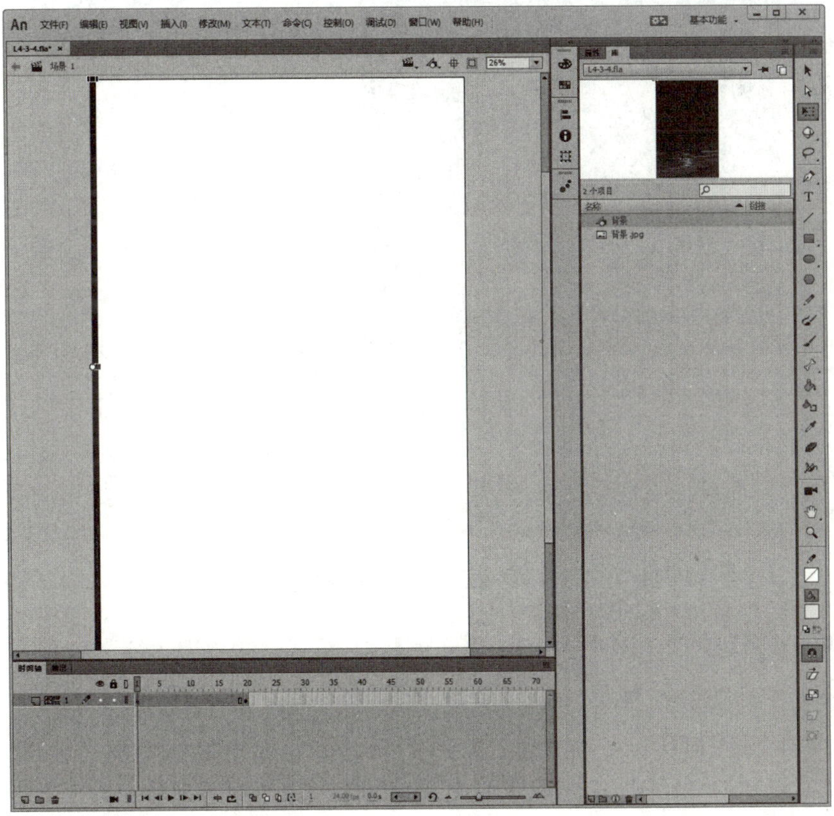

图 4-3-22 背景元件合起

步骤 3▶ 在第 1 帧至第 20 帧的任意一帧右击,在快捷菜单中选择“创建传统补间”,可以看到时间轴上第 1~20 帧的范围变成淡紫色并产生了一条带箭头的线。在第 50 帧插入帧,使画面静止显示至 50 帧。锁定图层 1。

步骤 4▶ 新建图层 2,在第 20 帧插入关键帧,选择椭圆工具(无笔触颜色、填充颜色#FFFF99),按 Shift 键在舞台上方绘制正圆,使用选择工具选中圆形,执行“修改”菜单“转换为元件”命令,将圆形转换为“月亮”图形元件,在第 40 帧插入关键帧。定位至第 20 帧,使用任意变形工具将月亮元件缩小(使用 Shift 键可等比例缩放),并使用移动工具将其移至舞台左下角,在属性面板中设置“色彩效果/样式/Alpha”为 0%,将缩小的月亮元件的透明度设为 0%,如图 4-3-23 所示。

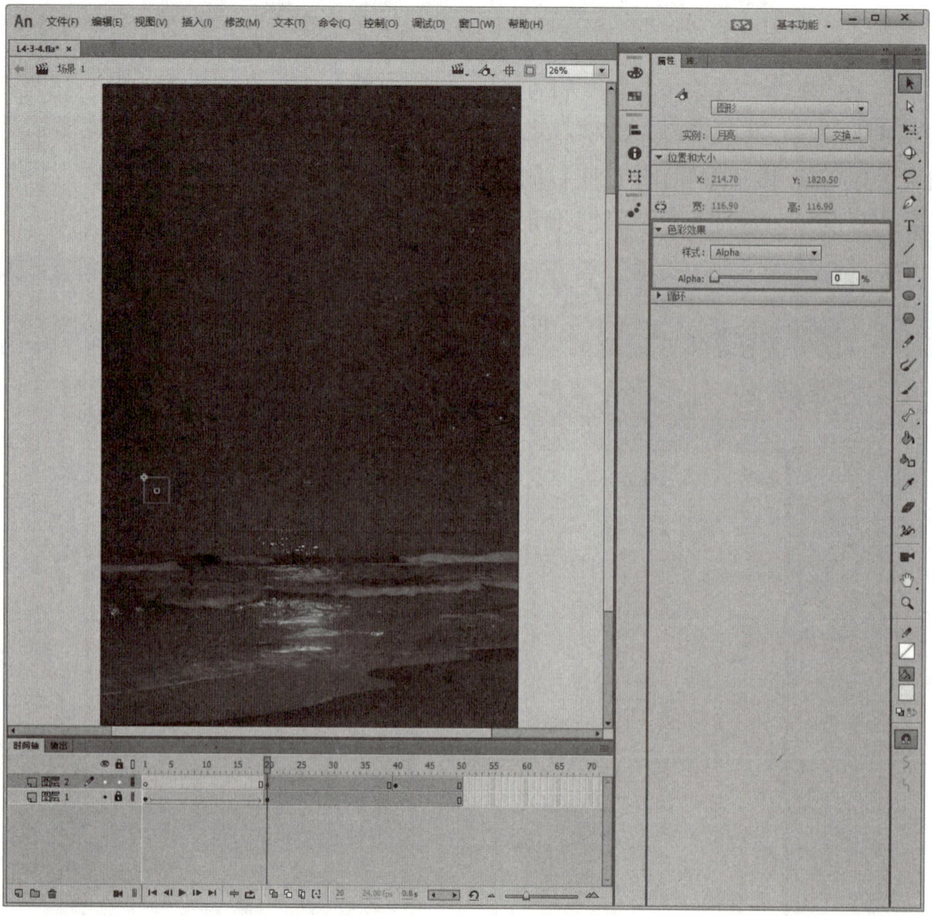

图 4-3-23 设置元件透明度

步骤 5▶ 在第 20 帧至第 40 帧的任意一帧右击,在快捷菜单中选择“创建传统补间”。

步骤 6▶ 执行“控制”菜单“测试”命令,或按 Ctrl+Enter 组合键,测试影片。执行“文件”菜单“另存为”命令,将制作好的动画以文件名 FL4-3-4. fla 保存在 C:\KS 文件夹中。执行“文件”菜单“导出”组“导出影片”命令,将制作好的动画以文件名 FL4-3-4. swf 导出影片至 C:\KS 文件夹中。

4.3.3.3 补间动画

补间动画比传统补间动画操控性更好，更易于调整元件实例的属性，可以最大限度地减小文件大小。但在操作上与传统补间动画不同，创建好首关键帧后就可以创建补间动画，不需要尾关键帧。创建补间动画后，自动将对象转换成影片剪辑元件的实例，“库”面板中会自动增加元件名字为“元件 1”和“元件 2”等。

创建补间动画后，时间轴上会产生一个浅蓝色背景的补间范围，在补间范围中的任意帧中改变元件实例的属性，即会产生属性关键帧，属性关键帧在时间轴上以一个黑色实心菱形表示。如果补间动画中包含了位置的变化，那么在位置的起点和终点间会生成一条运动路径，其中的小圆点表示每帧中补间对象的位置。运动路径就是补间对象在舞台上移动时所经过的路径。可以使用选择、部分选择、转换锚点、删除锚点和任意变形等工具来修改舞台上的运动路径。

例 2 打开 C:\素材\第 4 章\FL4-3-5 素材. fla 文件，参照 FL4-3-5 样例. swf 制作补间动画，从图层 2 的第 10 帧至第 40 帧，月亮从舞台左下方运动到上方，结果以 FL4-3-5. fla、FL4-3-5. swf 为文件名保存和导出影片至 C:\KS 文件夹中。

步骤 1▶ 打开 FL4-3-5 素材. fla 文件，在“显示比例”组中选择“显示帧”以调整舞台的显示大小。

步骤 2▶ 新建图层 2，在第 10 帧插入关键帧，使用椭圆工具在舞台外左下方绘制正圆（无笔触颜色、填充颜色#FFFF99）。右击第 10 帧，在快捷菜单中选择“创建补间动画”，弹出“将所选的内容转换为元件以进行补间”对话框，单击“确定”按钮，如图 4-3-24 所示。可以看到，时间轴上第 10~50 帧范围变成了浅蓝色背景，库中增加了名为“元件 1”的影片剪辑元件，双击库中元件 1 的名称，将其重命名为“月亮”。

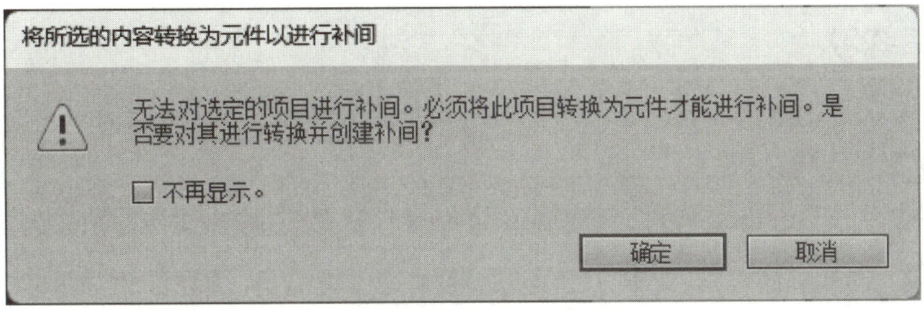

图 4-3-24 将所选的内容转换为元件以进行补间

步骤 3▶ 定位至第 40 帧，将舞台外左下方的正圆移至舞台上方，可以看到舞台上生成了一条运动路径，将鼠标靠近运动路径，鼠标的箭头下出现短弧线时拖曳路径，使路径由直线变为弧线，如图 4-3-25 所示。

步骤 4▶ 执行“控制”菜单“测试”命令，或按 Ctrl+Enter 组合键，测试影片。

步骤 5▶ 执行“文件”菜单“另存为”命令，将制作好的动画以文件名 FL4-3-5. fla 保存在 C:\KS 文件夹中。执行“文件”菜单“导出”组“导出影片”命令，将制作好的动画以文件名 FL4-3-5. swf 导出影片至 C:\KS 文件夹中。

图 4-3-25　调整运动路径

4.3.4　课后练习

1)参照 SY4-3-1 样例. swf 制作倒计时的逐帧动画,结果以 SY4-3-1. fla、SY4-3-1. swf 为文件名保存和导出影片至 C:\KS 文件夹中。

步骤 1▶ 打开 Animate 软件,新建 ActionScript 3. 0 文档,修改文档的帧频为 2。

步骤 2▶ 选择椭圆工具,绘制一个正圆,笔触颜色为黑色,填充颜色为紫色,笔触为 5,圆的宽、高都是 300,使用对齐工具使圆位于舞台中央。

步骤 3▶ 选择文本工具,在圆中输入文本"5",字符系列为黑体,大小为 250 磅,文本颜色为黑色。

步骤 4▶ 在第二帧插入关键帧,选择文本工具,将文本改为"4"。依此类推,制作后面几帧。

步骤 5▶ 保存文件名为"SY4-3-1. fla",并导出影片。效果如图 4-3-26 所示。

2)打开 C:\素材\第 4 章\SY4-3-2 素材. fla 文件,参照 SY4-3-2 样例. swf 制作动画,结果以 SY4-3-2. fla、SY4-3-2. swf 为文件名保存和导出影片至 C:\KS 文件夹中。最终效果如图 4-3-27 所示。

图 4-3-26　课后练习 1 效果图

注意：添加并选择合适的图层，动画总长为 50 帧。

(1)第 1 帧至第 10 帧“背景”元件从左至右逐渐展开淡出，静止显示至 50 帧。

(2)新建图层，第 10 帧至第 30 帧“花朵”元件由小变大。

(3)新建图层，第 10 帧至第 25 帧逐字显示“万物生长”，文本系列为隶书、50 磅、绿色；第 30 帧至第 45 帧变形为红色的“春暖花开”。

图 4-3-27　课后练习 2 效果图

步骤 1▶ 打开 SY4-3-2 素材. fla 文件,把背景元件拖曳至舞台,使用对齐工具使元件与舞台重合。在第 10 帧插入关键帧,使用任意变形工具将元件的控制点移至左边。定位至第 1 帧,将元件的控制点移至左边并将元件重合起来,在属性面板设置元件的 Alpha 值为 0%。在第 1 帧至第 10 帧的任意一帧右击,创建传统补间。在第 50 帧插入帧。锁定该图层。

步骤 2▶ 新建图层,在第 10 帧插入关键帧,将库中的花朵元件拖曳至舞台,将控制点移至底部并调整大小和位置,在第 30 帧插入关键帧,将控制点移至底部并调整大小,在第 10 帧至第 30 帧的任意一帧右击,创建传统补间。锁定该图层。

步骤 3▶ 新建图层,在第 10 帧插入关键帧,选择文本工具,在属性面板中设置文本系列为隶书、大小为 50 磅、颜色为绿色,在舞台上单击输入文本“万物生长”,调整文本的位置。分别在第 15 帧、20 帧、25 帧、30 帧插入关键帧,选择第 10 帧,分离文本并删除文本中后面 3 个字,以此类推,分别删除第 15 帧、20 帧文本中后面的 2 个字、1 个字。

步骤 4▶ 在第 45 帧插入关键帧,选择文本工具,在属性面板中设置颜色为红色,修改文本为“春暖花开”。分别在第 30 帧、第 45 帧分离文本,将文本转换为矢量。在第 30 帧至第 45 帧的任意一帧右击,创建补间形状。

步骤 5▶ 保存文件名为“SY4-3-2. fla”,并导出影片。

4.4 高级动画类型的制作

学习内容

✧ 引导层动画的概念及特点,引导层动画的制作要素;
✧ 遮罩动画的概念及特点,遮罩动画的制作要素;
✧ 骨骼动画的概念及特点。

学习目标

✧ 掌握引导层动画、遮罩动画的制作。

思政目标

✧ 通过两个动画案例的制作,提高想象力和创造力。

4.4.1 引导层动画

引导层动画,也称为路径引导动画或轨迹引导动画,是指让一个或多个对象沿着设计好的运动路径做传统补间运动。引导层动画由引导层和被引导层组成,这两部分缺一不可。引导层用来绘制运动路径的线条,即引导线。被引导层位于引导层的下面,用来创建对象的传统补间动画,动画对象必须是元件。一个引导层下可以有多个被引导层,即许多个对象沿着同一条引导线运动。在动画的制作过程中引导层主要起辅助作用,不会显示在发布的影片中。

引导层动画的创建方法是:在目标图层上右击,执行"添加传统运动引导层"快捷菜单命令,建立引导层。在引导层中使用钢笔、铅笔、线条工具等可以绘制笔触的工具画引导线。在被引导层的首关键帧和尾关键帧中,把对象的中心点拖至引导线上。在属性面板中,可以设置路径属性,如贴紧、调整到路径、沿路径着色、沿路径缩放等。

对于补间动画,则不需要添加引导层。可在普通图层上绘制路径,再将该路径复制到运动元件所在的图层中,即可添加运动路径,或者直接使用选择工具和部分选择工具等改变运动路径的形状。

例 1 打开 C:\素材\第 4 章\FL4-3-6 素材.fla 文件,参照 FL4-3-6 样例.swf 制作流星从星空滑落的引导层动画,结果以 FL4-3-6.fla、FL4-3-6.swf 为文件名保存和导出影片至 C:\KS 文件夹中。

步骤 1▶ 打开 FL4-3-6 素材.fla 文件,新建图层并重命名为"流星",将库中的流星元件拖曳至舞台上方,使用任意变形工具调整元件的角度。在第 40 帧插入关键帧,将元件移至舞台左下方。

步骤 2▶ 新建图层并重命名为"路径",使用钢笔工具,在该图层绘制一条曲线,作为流星从星空滑落的路径,如图 4-4-1 所示。可以使用选择工具选中曲线,然后使用任意变形工具调整曲线。

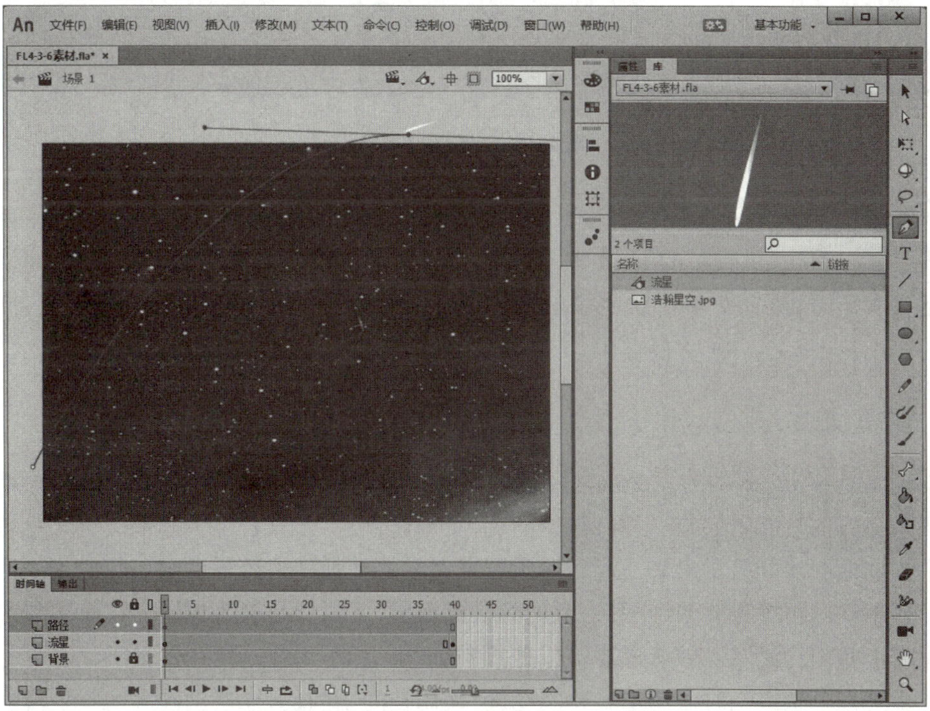

图 4-4-1 绘制运动路径

步骤 3▶ 分别在流星图层的第 1 帧、第 40 帧,将流星的中心点与曲线路径的上端、下端重合。在第 1 帧至第 40 帧之间的任意一帧右击,执行“创建传统补间”命令。

步骤 4▶ 在路径图层名称上右击,执行“引导层”命令。按住鼠标左键拖动流星图层到路径图层之下,将流星图层作为被引导层。为了让流星紧贴路径运动,选择流星图层的任意一帧,在属性面板中勾选“调整到路径”复选框即可,如图 4-4-2 所示。

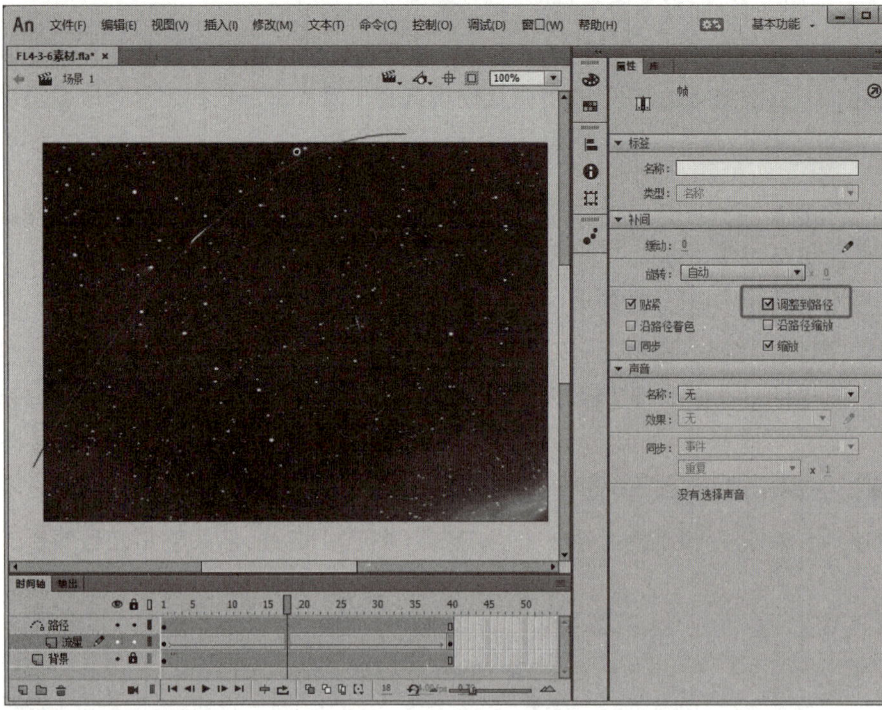

图 4-4-2 设置被引导层

步骤 5▶ 执行“控制”菜单“测试”命令,或按 Ctrl+Enter 组合键,测试影片。

步骤 6▶ 执行“文件”菜单“另存为”命令,将制作好的动画以文件名“FL4-3-6. fla”保存在 C:\KS 文件夹中。执行“文件”菜单“导出”组“导出影片”命令,将制作好的动画以文件名“FL4-3-6. swf”导出影片至 C:\KS 文件夹中。

4.4.2 遮罩动画

遮罩动画是 Animate 中的一个很常用也很实用的动画类型,很多效果丰富的动画都是通过遮罩动画来完成的。遮罩层是一种特殊的图层,使用遮罩层后,只有位于遮罩层填充色块下方的被遮罩层中的内容才能显示出来。利用遮罩层来完成的动画称为遮罩动画。

制作遮罩动画至少需要两个图层,上面的是遮罩层,下面的是被遮罩层。在遮罩层中绘制或者放置填充形状作为遮罩。被遮罩层可以使用按钮、影片剪辑图形、位图、文字、线条。遮罩层、被遮罩层中可以分别或同时使用形状补间动画、动作补间动画、引导层动画等动画手段。

在图层上右击,执行“遮罩层”快捷菜单命令即可建立遮罩层。一个遮罩层可以遮罩多个图层。要添加被遮罩层,只需要将其拖放到遮罩层的下面即可。

例 1 打开 C:\素材\第 4 章\FL4-3-7 素材. fla 文件,参照 FL4-3-7 样例. swf 制作卷轴从左到右展开的遮罩动画,结果以 FL4-3-7. fla、FL4-3-7. swf 为文件名保存和导出影片至 C:\KS 文件夹中。

步骤 1▶ 打开 FL4-3-7 素材. fla 文件,将图层 1 重命名为“卷轴”,将库中的卷轴图片拖曳到舞台上,使用对齐面板使其位于舞台中央,在第 50 帧插入帧。

步骤 2▶ 执行“插入”菜单“新建元件”命令,设置元件名称为文字、类型为图形。选择文本工具,在属性面板中设置字体:华文行楷、大小:100、颜色:黑色,在舞台上单击并输入文本“开卷有益”,如图 4-4-3 所示。

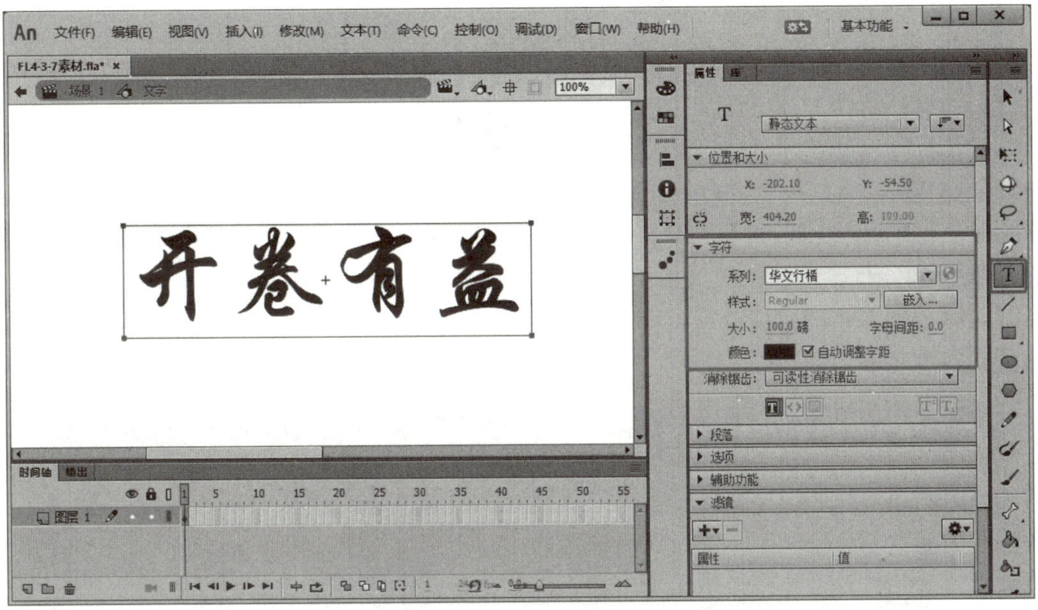

图 4-4-3 创建元件

步骤 3▶ 回到场景 1,将库中的文字元件拖曳至舞台,使用对齐面板使其位于舞台中央。

步骤 4▶ 新建图层并重命名为“遮罩”。绘制一个比卷轴略大可以遮住卷轴的无边框、任意填充颜色的矩形,使用任意变形工具可以调整矩形大小,如图 4-4-4 所示。

步骤 5▶ 在第 50 帧插入关键帧。选择遮罩层第 1 帧,在属性面板中修改矩形宽度为 1 像素。在第 1~50 帧之间创建补间形状动画。

步骤 6▶ 右击遮罩图层,执行“遮罩层”快捷菜单命令,此时该图层转换为遮罩层,卷轴图层为被遮罩层。

步骤 7▶ 新建图层并重命名为“卷轴棒”。定位至第 1 帧,右击遮罩图层,执行“遮罩层”快捷菜单命令,暂时取消遮罩层以露出背景。将库中的卷轴棒拖入舞台并移至左侧卷轴棒的位置。

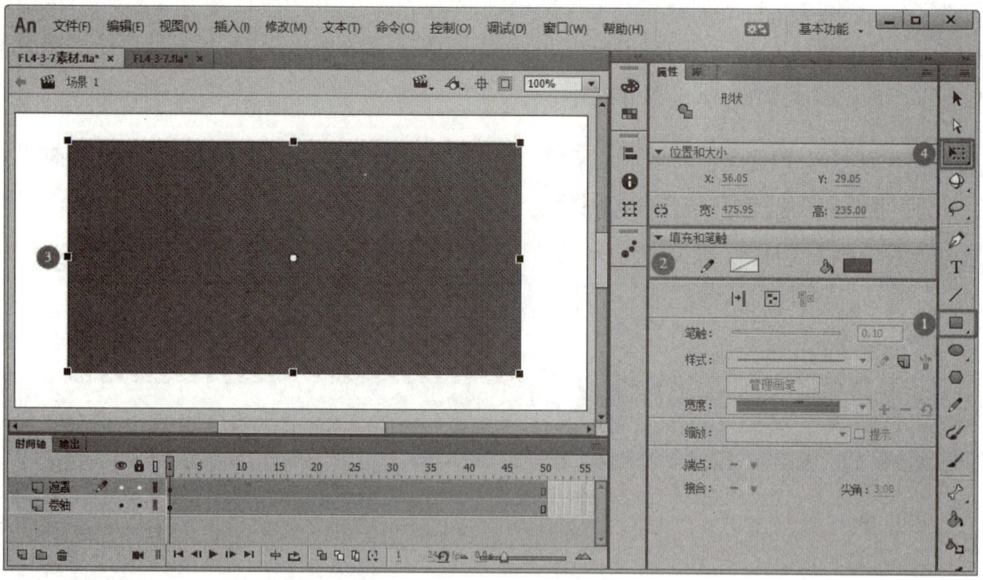

图 4-4-4　绘制矩形

步骤 8▶ 右击遮罩图层,执行“遮罩层”快捷菜单命令,重新将遮罩图层转为遮罩层。在第 50 帧插入关键帧,将左侧卷轴棒移至右侧卷轴棒的位置。在 1~50 帧的任一帧创建传统补间,如图 4-4-5 所示。

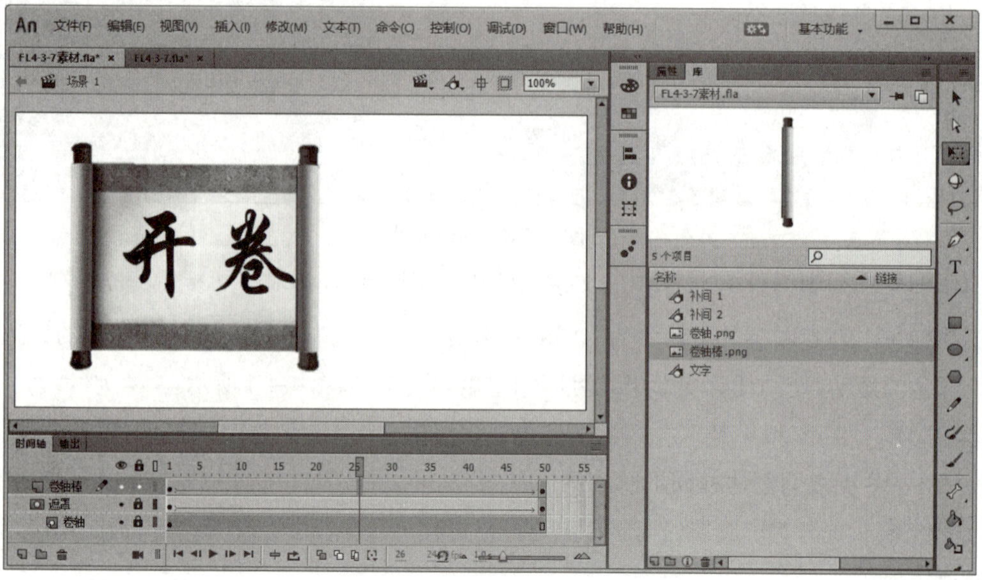

图 4-4-5　遮罩动画最终效果

步骤 9▶ 执行“控制”菜单“测试”命令,或按 Ctrl+Enter 组合键,测试影片。执行“文件”菜单“另存为”命令,将制作好的动画以文件名 FL4-3-7. fla 保存在 C:\KS 文件夹中。执行“文件”菜单“导出”组“导出影片”命令,将制作好的动画以文件名 FL4-3-7. swf 导出影片至 C:\KS 文件夹中。

4.4.3 骨骼动画

在 Animate 动画中，有时要制作诸如人物走路、动物摇尾巴、毛毛虫爬行、机械手臂运动等动画，如果利用逐帧动画实现，需要手工绘制角色的每一个动作，工作量比较大。但利用骨骼动画，就可以方便地实现这类效果。

同 3ds Max 的骨骼动画一样，Animate 的骨骼动画也是运用了正反向动力学原理。利用 Animate 的“骨骼工具”，可以很便捷地把影片剪辑元件的实例或矢量图形对象连接起来，形成父子关系，来实现类似于关节骨骼运动的动画。例如，可以将骨骼绑定到固定对象，并使用“任意变形工具”调整骨骼各部分的支点。

骨骼动画的特点是，需要做动画的物体对象本身不记录位移、旋转、缩放、变形信息，而是通过第三方的“骨骼”物体记录动画信息，然后物体对象本身只记录受到骨骼物体影响的权重。在播放时，通过骨骼物体的关键帧和物体对象记录的权重让动画重现。

上海市高等学校信息技术水平考试（一级）《数字媒体基础》考试大纲中对骨骼动画的学习要求知道即可，本文不再进行详细介绍。对这一部分内容感兴趣的同学可以到 Adobe 官网（http://www.adobe.com/cn/devnet/flash/articles/character_animation_ikhtml）中进行了解和学习。

4.4.4 课后练习

1）打开 C:\素材\第 4 章\SY4-4-1 素材.fla 文件，参照 SY4-4-1 样例.swf 制作引导层动画，蜻蜓从舞台右下方沿曲线运动至荷花上，第 20 帧至第 40 帧文字从舞台上方移动至画面上方、淡出，结果以 SY4-4-1.fla、SY4-4-1.swf 为文件名保存和导出影片至 C:\KS 文件夹中。最终效果如图 4-4-6 所示。

注意：添加并选择合适的图层，动画总长为 50 帧。

图 4-4-6 课后练习 1 效果图

步骤 1▶ 打开 SY4-4-1 素材. fla 文件,把图层 1 重命名为“背景”,将背景图拖曳至舞台,使用对齐工具使图片与舞台重合。在第 50 帧插入帧,使画面静止显示至 50 帧。

步骤 2▶ 新建图层并重命名为“引导层”,使用钢笔工具绘制一条曲线,这条曲线就是蜻蜓的运动路线。

步骤 3▶ 新建图层并重命名为“蜻蜓”,在蜻蜓图层第 1 帧,将库中的蜻蜓元件拖曳至舞台的右侧,将其移动到曲线的始端,注意蜻蜓的中心点要和曲线的始端重合,并用任意变形工具调整蜻蜓的方向。在第 50 帧插入关键帧,将蜻蜓元件移动至曲线的终端,注意蜻蜓的中心点要和曲线的终端重合。在第 1 帧至第 50 帧的任意一帧右击,创建传统补间。

步骤 4▶ 在引导层上右击,在弹出的快捷菜单中选择“引导层”选项,将蜻蜓图层拖动至引导层的下方,完成引导层动画制作。

步骤 5▶ 新建图层并重命名为“文字”,在第 20 帧插入关键帧,将库中的文字元件移至舞台上方,在第 40 帧插入关键帧,移动文字元件的位置。定位至第 1 帧,选中文字元件,在属性面板中设置 Alpha 值为 0%。在第 20 帧至第 40 帧的任意一帧右击,创建传统补间。

步骤 6▶ 保存文件名为“SY4-4-1. fla”,并导出影片。

2)打开 C:\素材\第 4 章\SY4-4-2 素材. fla 文件,参照 SY4-4-2 样例. swf 制作遮罩动画,将十二生肖从右向左移动,结果以 SY4-4-1. fla、SY4-4-1. swf 为文件名保存和导出影片至 C:\KS 文件夹中。

注意:添加并选择合适的图层,动画总长为 50 帧。

步骤 1▶ 打开 SY4-4-2 素材. fla 文件,执行“修改”菜单“文档”命令,设置舞台大小为宽 800 像素、高 600 像素,背景颜色为#CCCCCC,帧频为 12fps。设置舞台比例为“显示帧”。

步骤 2▶ 将库中的“灯笼. png”图片拖曳到舞台上。使用“对齐”面板将其设置为在舞台上居中对齐。在第 50 帧处插入帧,使画面静止显示至 50 帧。将图层 1 重命名为“灯笼”,并锁定该图层。

步骤 3▶ 创建图层 2 并重命名为“十二生肖”,将库中的“生肖”元件拖曳到舞台上,使老鼠在灯笼的右侧。右击十二生肖图层的第 1 帧,执行“创建补间动画”命令。定位至第 50 帧,按住 Shift 键,用“选择”工具向左水平移动“生肖”,将猪移动到灯笼左边外面。锁定十二生肖图层。(提示:按住 Shift 键是为了确保“十二生肖”在水平方向移动。)

步骤 4▶ 在“生肖”图层上方新建图层并重命名为“遮罩”。将库中的元件“圆”拖曳到舞台上,调整宽度和高度,使其与灯笼主体部分重合。如图 4-4-7 所示。

步骤 5▶ 右击“遮罩”图层,从快捷菜单中执行“遮罩层”命令。

步骤 6▶ 保存文件名为“SY4-4-2. fla”,并导出影片。

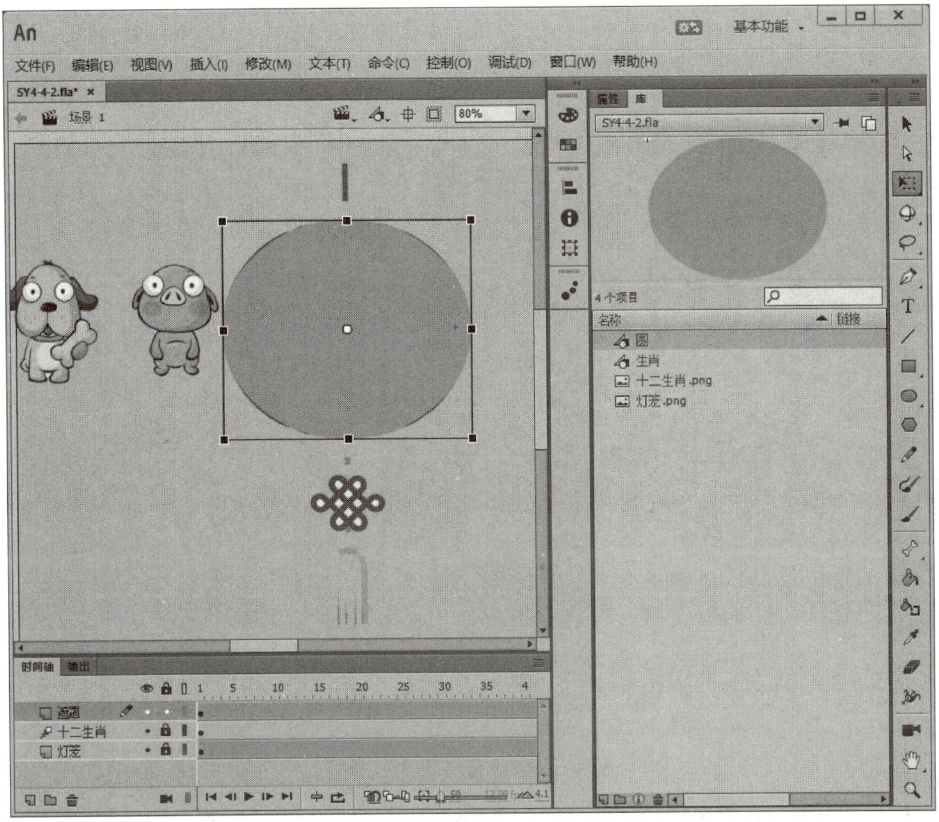

图 4-4-7 时间轴状态

4.5 综合练习

1)打开 C:\素材\第 4 章\ZH4-5-1 素材. fla 文件,参照 ZH4-5-1 样例. swf,按下列要求制作动画,结果以 ZH4-5-1. fla、ZH4-5-1. swf 为文件名保存和导出影片至 C:\KS 文件夹中。最终效果如图 4-5-1 所示。

注意:添加并选择合适的图层,动画总长为 50 帧。

(1)设置影片背景颜色为蓝色,帧频为 12 帧/秒。

(2)将图片 1 拖曳至舞台,使用对齐工具使图片匹配舞台的宽度、高度,并与舞台居中对齐,转换为“图片 1”图形元件,制作从第 1 帧到第 15 帧向左移动、淡出的动画,显示至第 50 帧。

(3)新建图层 2,将库中“图片 2”元件放入舞台并居中,制作从第 1 帧到第 15 帧淡入、第 16 帧到第 30 帧淡出的动画。

(4)新建图层 3,将库中“图片 3”元件放入舞台并居中,制作从第 15 帧到第 30 帧淡入的动画,显示至第 50 帧。

(5)新建图层 4,将库中“诗词”元件放入舞台合适位置,制作从第 30 帧到第 40 帧淡入的动画。

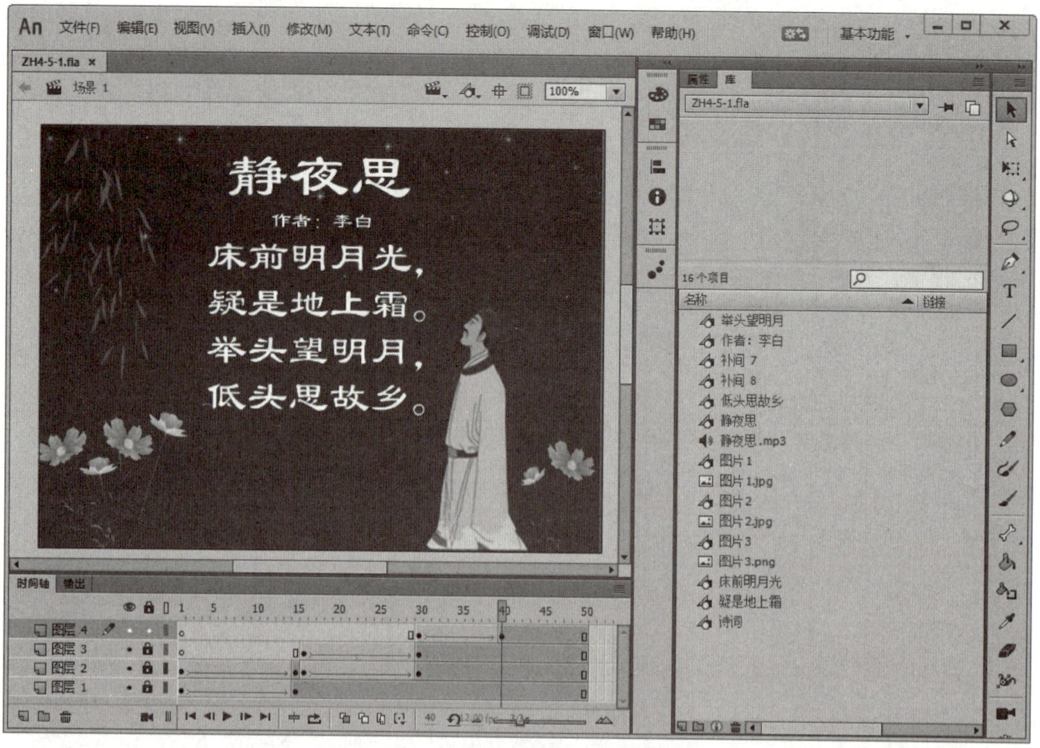

图 4-5-1　综合练习 1 效果图

2）打开 C:\素材\第 4 章\ZH4-5-2 素材.fla 文件，参照 ZH4-5-2 样例.swf，按下列要求制作动画，结果以 ZH4-5-2.fla、ZH4-5-2.swf 为文件名保存和导出影片至 C:\KS 文件夹中。最终效果如图 4-5-2 所示。

注意：添加并选择合适的图层，动画总长为 80 帧。

图 4-5-2　综合练习 2 效果图

（1）新建图层并重命名为“蝴蝶”，第 1 帧至第 80 帧“蝴蝶 1”影片剪辑元件由舞台右上角飞舞至左侧。

（2）新建图层并重命名为“文字”，第 40 帧至第 50 帧逐字显示“蝶恋花”，文本系列为华文行楷、80 磅、#00FFFF。

（3）第 55 帧到第 70 帧“蝶恋花”文字闪烁 3 次，并静止显示至第 80 帧。

3）打开 C：\素材\第 4 章\ZH4-5-3 素材. fla 文件，参照 ZH4-5-3 样例. swf，按下列要求制作动画，结果以 ZH4-5-3. fla、ZH4-5-3. swf 为文件名保存和导出影片至 C：\KS 文件夹中。最终效果如图 4-5-3 所示。

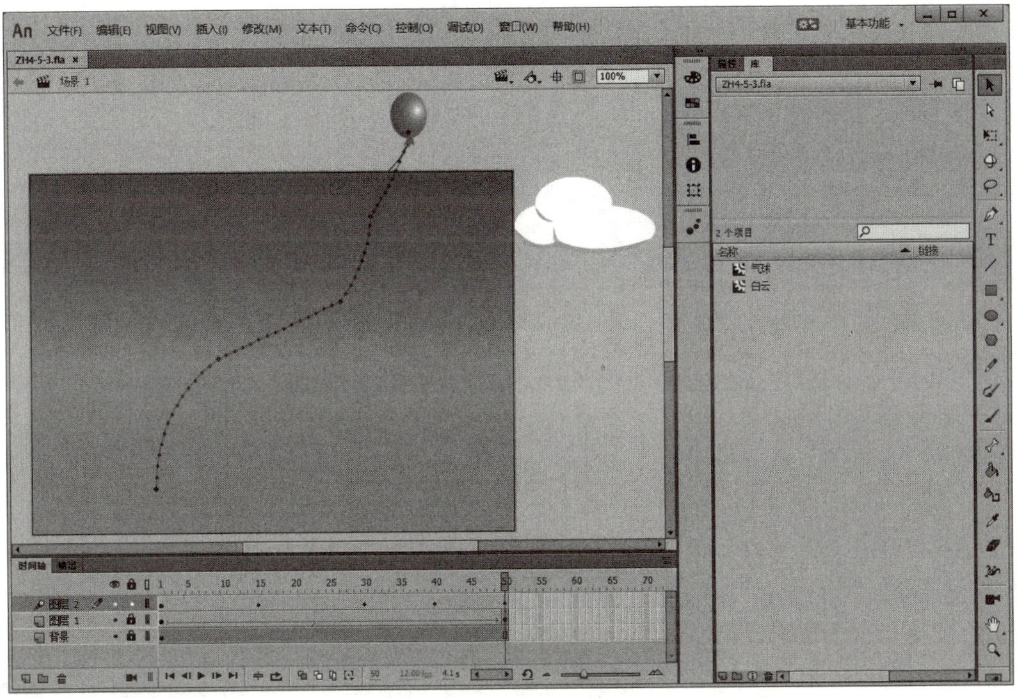

图 4-5-3　综合练习 3 效果图

注意：添加并选择合适的图层，动画总长为 50 帧。

（1）设置影片背景颜色为蓝色，帧频为 12 帧/秒。

（2）新建图层，将库中的“白云”元件放至舞台外左侧，调整大小，创建从第 1 帧到第 50 帧从舞台左侧移动到右侧的动画。

（3）新建图层，将库中的“气球”元件放入舞台下方，创建从第 1 帧到第 50 帧从下方到上方并移出舞台的动画，在第 15 帧、第 30 帧、第 40 帧有相应的位置变化。

第 5 章　网页制作基础与应用

学习提要

知识目标：熟悉 Dreamweaver CC 的工作界面，掌握网页制作的基本操作，掌握数字媒体及其特效应用。

能力目标：掌握 Dreamweaver CC 的基本操作，掌握数字媒体的特效应用。

思政目标：通过对年度人物、巴黎奥运会、中国航天等网站的设计制作，培养学生的“四个自信”，树立为建设社会主义现代化强国奋发图强的决心。

重点提示：站点管理，表格布局，表单制作，超链接制作，特效应用。

学习导图

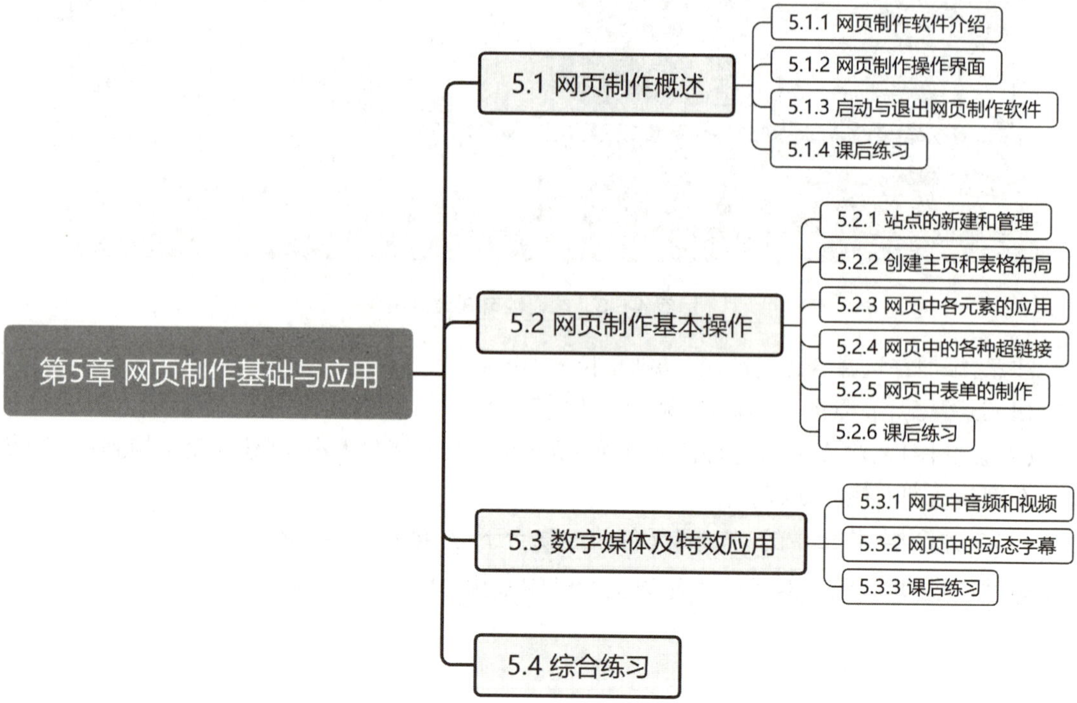

网页制作是运用HTML、CSS、JavaScript等技术，为企事业单位或个人在全球互联网上建设站点的过程。它涵盖了从需求分析、网站结构设计、网页设计、内容编写，到测试、优化、发布及维护等多个环节。网页制作旨在创建吸引人、功能完善且易于导航的网站，以充分展示信息、提供服务并吸引访问者。

本书以上海市高等学校信息技术水平考试(一级)《数字媒体技术与应用考试大纲》中考试环境要求为依据，主要介绍Adobe Dreamweaver CC 2018中文版的使用。

5.1 网页制作概述

学习内容

✧ Dreamweaver CC的启动与退出；

✧ Dreamweaver CC工作界面。

学习目标

✧ 掌握Dreamweaver CC启动与退出；

✧ 熟悉Dreamweaver CC各选项卡及功能面板。

思政目标

✧ "工欲善其事，必先利其器"，熟悉工作所使用的工具软件及应用。

5.1.1 网页制作软件介绍

网页制作软件是用于创建和设计网页的工具。这些软件通常提供了图形化界面，使得用户能够方便地进行网页布局设计、元素添加、样式编辑等操作。目前市场上存在多种网页制作软件，如Adobe Dreamweaver、Microsoft FrontPage、Visual Studio Code代码编辑器，以及像WordPress这样的内容管理系统(CMS)等，这些软件各有特点和优势。

Adobe Dreamweaver是一款由Adobe公司开发的专业网页设计和开发工具，它集强大的功能和工具于一体，广泛应用于网页设计、网站开发和移动应用程序开发等领域。

Dreamweaver采用直观的可视化设计界面，使用户能够通过拖放、调整和布局元素来创建网页，实现所见即所得的设计理念。用户可以在设计视图中实时预览页面的外观和布局，并进行实时编辑，能极大地提高工作效率。

除了可视化设计工具外，Dreamweaver还提供了一个强大的代码编辑器，支持HTML、CSS、JavaScript等网页编程语言的编写和编辑。代码编辑器具备语法高亮、代码提示、自动完成和错误检查等功能，有助于提升编码的准确性和效率。

Dreamweaver还支持响应式网页设计，允许用户创建适应不同屏幕尺寸和设备的网页。通过媒体查询和响应式布局工具，用户可以轻松调整和优化页面在移动设备、平板电脑和台式电脑上的显示效果，确保用户在不同设备上都能获得良好的浏览体验。

此外，Dreamweaver 还提供了网站管理功能，帮助用户组织管理网站的文件和资源。用户可以直接在 Dreamweaver 中连接到远程服务器，上传、下载和同步文件，轻松管理网站的结构和内容。

对于初学者来说，可视化设计工具更易于上手；而对于有经验的开发者来说，功能强大的代码编辑器更受欢迎。无论是初学者还是经验丰富的开发人员，Dreamweaver 都能满足其需求并提供优秀的创作环境。

5.1.2 网页制作操作界面

不同的网页制作软件有着不同的操作界面，但大多数都遵循类似的设计原则，以便用户能够直观地理解和使用。Adobe Dreamweaver CC 版本安装好后，软件界面应用程序主题默认为“黑色”，代码主题默认为“Dark”。为便于标注截图内容，本书将应用程序主题设置为“高亮”，主题设置为“Light”，如图 5-1-1 所示。本书截图均为此主题画面截图。

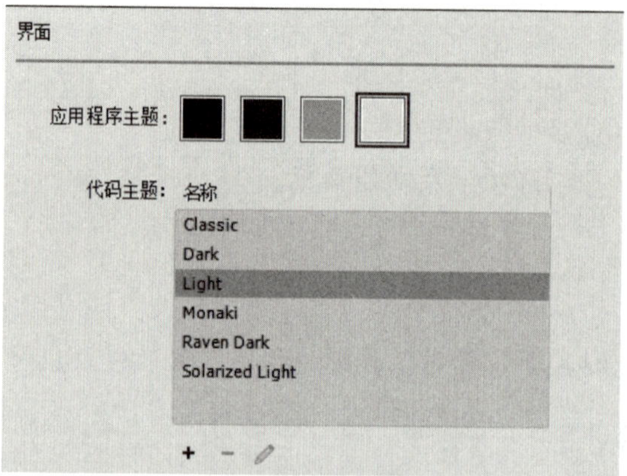

图 5-1-1　主题设置

以 Dreamweaver CC 为例，其操作界面通常包括以下几个主要部分：①菜单栏，②文档工具栏，③通用工具栏，④文档窗口，⑤浮动面板组，⑥属性面板，如图 5-1-2 所示。

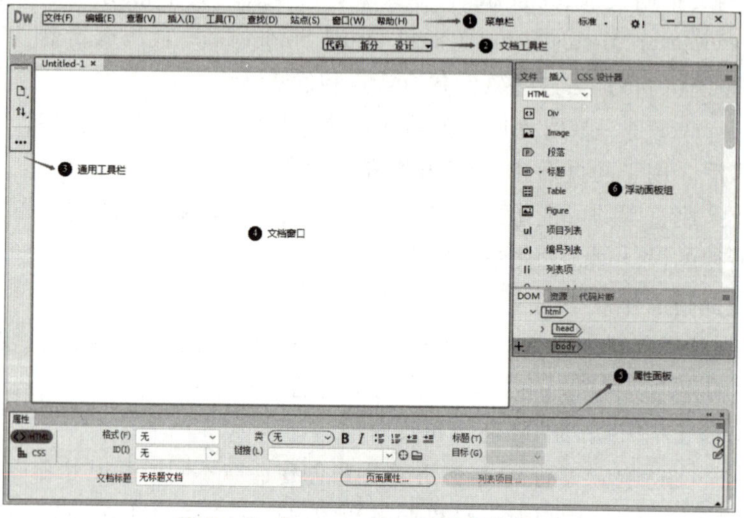

图 5-1-2　Dreamweaver CC 操作界面

5.1.2.1 菜单栏

菜单栏位于软件窗口的顶部，包含文件操作、编辑、查看、插入、工具、查找、站点等多个菜单项。用户可以通过菜单栏访问软件的各种功能和命令，如图 5-1-3 所示。

图 5-1-3 菜单栏

5.1.2.2 文档工具栏

文档工具栏主要集中了一些可以在文档的不同视图之间快速切换的常用命令，以及一些与查看文档、在本地和远程站点间传输文档有关的常用命令和选项。Dreamweaver CC 的文档工具栏如图 5-1-4 所示。

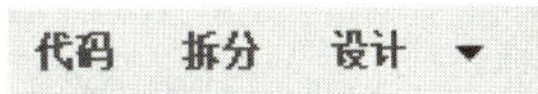

图 5-1-4 文档工具栏

5.1.2.3 通用工具栏

通用工具栏位于菜单栏左侧，提供了一组常用的工具和按钮，用于执行快速操作，这些工具按钮可以大大提高用户的工作效率，如新建文件、保存、剪切、复制、粘贴等，如图 5-1-5 所示。其次，Dreamweaver CC 还可以根据需要自定义工具栏，如图 5-1-6 所示。

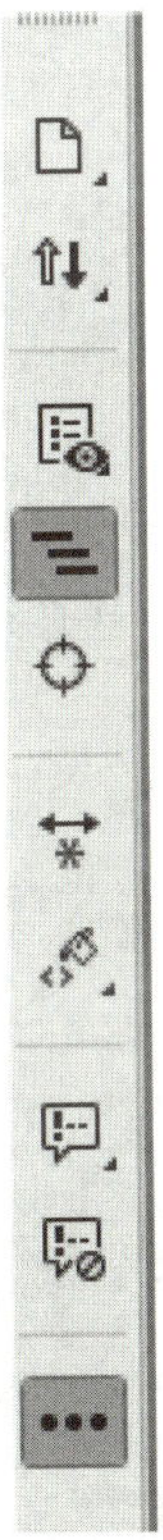

图 5-1-5 通用工具栏

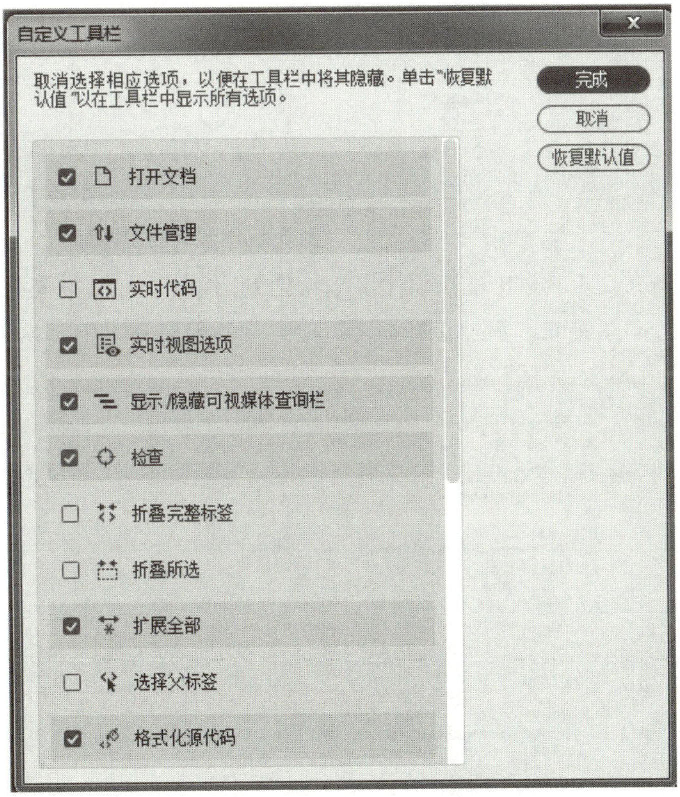

图 5-1-6 自定义工具栏

5.1.2.4 文档窗口

文档窗口是网页制作软件的核心区域，用于显示和编辑当前的网页文件。用户可以在这个窗口中直接进行网页的布局设计、元素添加和样式设置等操作。文档窗口可以根据选择显示方式的不同显示不同的内容。

单击文档工具栏中的按钮 **设计** ，切换到“设计”视图，在文档窗口中显示的内容与浏览器中的内容相同，如图 5-1-7 所示。使用“设计”视图，初学者可以轻松制作出精美的网页。

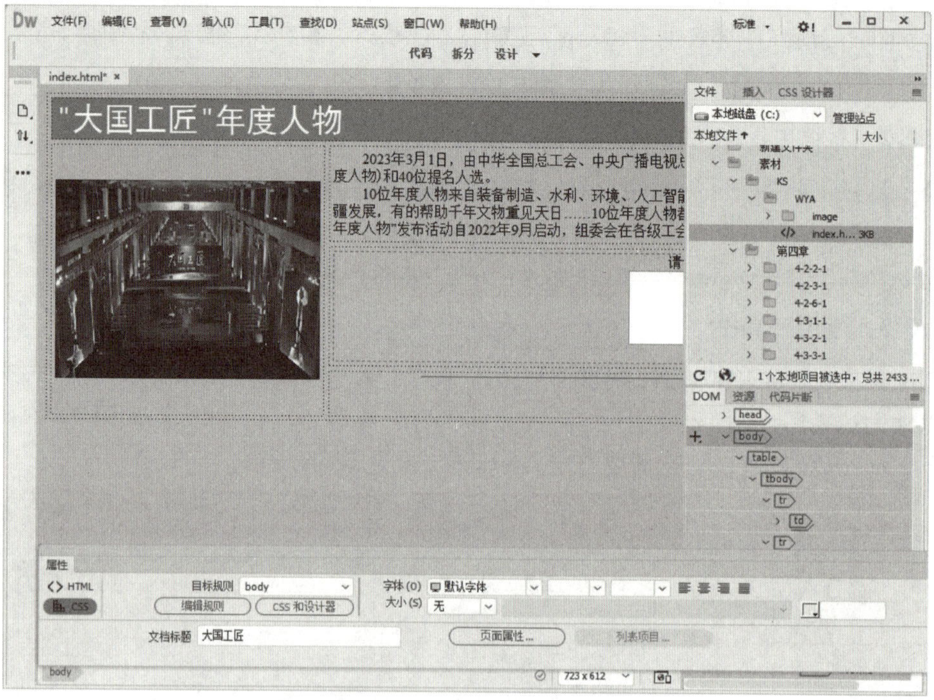

图 5-1-7　设计视图界面

单击文档工具栏中的按钮 **代码** ，切换到“代码”视图，在文档窗口中显示的是当前文档的代码，如图 5-1-8 所示。虽然设计视图可以完成绝大部分工作，但是有些工作还是必须使用代码编辑，如插入脚本、调试脚本等。

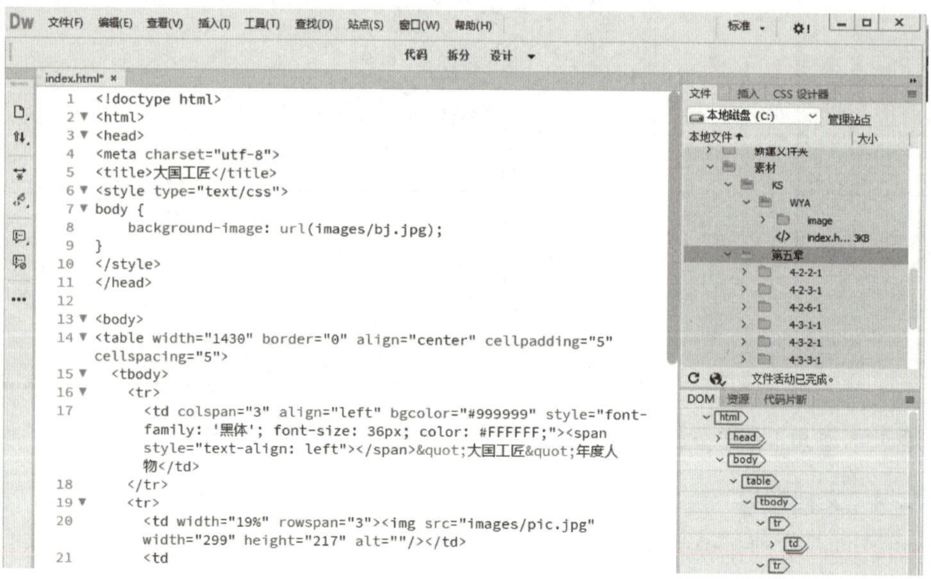

图 5-1-8　代码视图界面

在制作网页时，有时可能需要兼顾样式设计和代码编写，这时最好能够代码和设计两种视图同屏显示。单击文档工具栏中的按钮 **拆分** ，就可以实现这种功能，如图 5-1-9 所示。

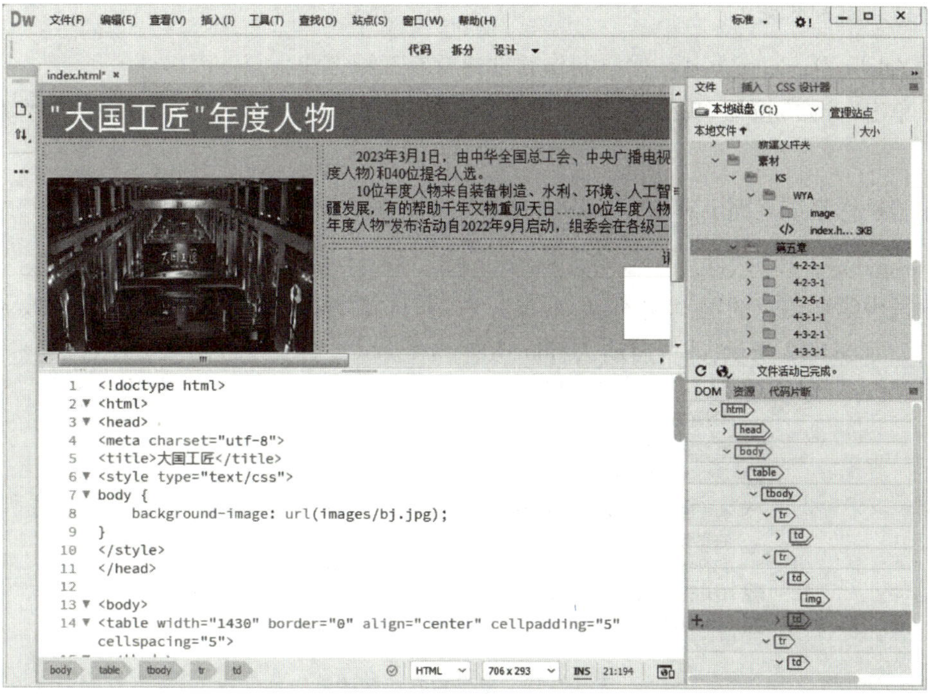

图 5-1-9　拆分视图界面

5.1.2.5　属性面板

属性面板通常位于软件窗口的右侧或下方，用于显示和编辑当前选中元素的属性，如图 5-1-10 所示。用户可以通过属性面板来调整元素的大小、位置、颜色、字体等属性，以及添加或修改事件处理程序等。属性面板分为上下两部分，不同的对象有不同的属性，当选中不同的对象时，“属性面板”显示的内容是不同的。默认情况下，Dreamweaver CC 是没有开启“属性面板”的。

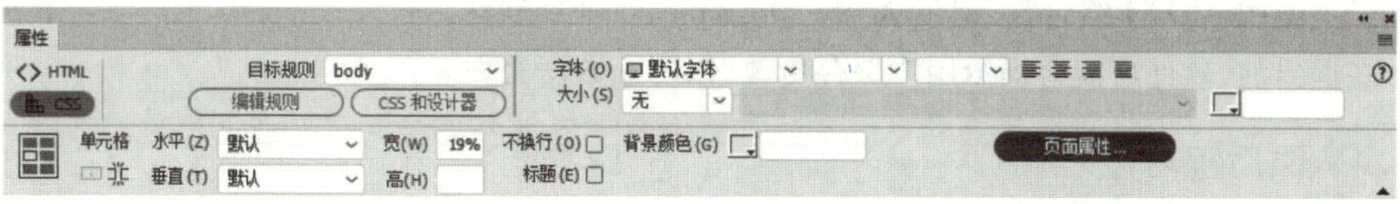

图 5-1-10　属性面板

5.1.2.6　浮动面板组

面板组是网页制作软件中用于组织和管理各种面板的区域。这些面板提供了丰富的功能和工具，如文件浏览器、CSS 样式编辑器、行为面板等，以帮助用户更高效地进行网页制作，如图 5-1-11 所示。

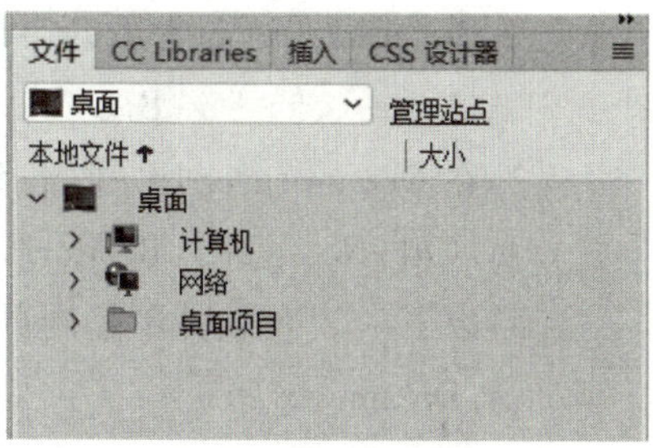

图 5-1-11　浮动面板

5.1.3 启动与退出网页制作软件

1. 启动网页制作软件

启动 Adobe DreamweaverCC 网页制作软件通常有三种方法:

(1) 单击“开始”按钮,找到字母 A 开头的“Adobe Dreamweaver CC”选项,单击该选项启动软件。

(2) 若操作系统桌面上有 Adobe Dreamweaver CC 的快捷图标 Dw ,鼠标双击该图标,则启动 Adobe Dreamweaver CC 软件。

(3) 选中需要编辑的网页文件,单击鼠标右键,选择“打开方式”,选中 Adobe Dreamweaver CC 条目,如图 5-1-12 所示,即可启动 Adobe Dreamweaver CC 打开所选网页文件。

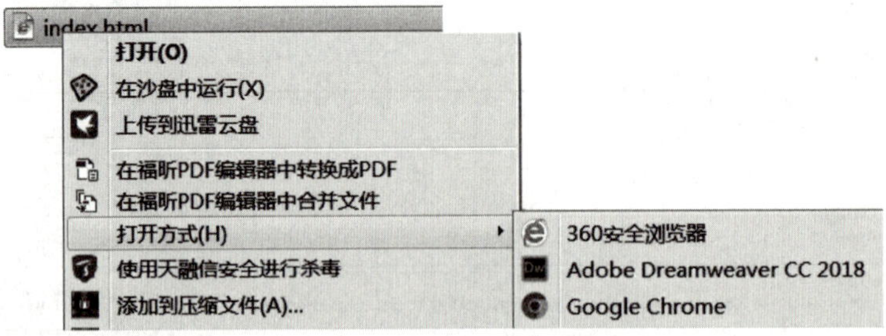

图 5-1-12 鼠标右键快捷菜单

2. 退出网页制作软件

当用户完成网页的制作或编辑后,可以选择退出网页制作软件。

(1) 通常可以通过选择菜单栏中的“文件”菜单“退出”选项来完成,或者直接点击右上角的“ × ”按钮退出软件。

(2) 鼠标指向标题栏左上角“ Dw ”图标,单击鼠标右键,选择关闭选项。

(3) 使用 Alt+F4 组合键,退出 Adobe Dreamweaver CC 软件。

在退出前,软件可能会提示用户保存更改,以防止数据丢失。

5.1.4 课后练习

5.1.4.1 选择题

(1) DreamweaverCC 常用的启动方式有(　　)种。

A. 1　　B. 6　　C. 3　　D. 8

(2) 在 Dreamweaver CC 中,创建新文档的快捷方式是(　　)。

A. Ctrl+N　　B. Alt+N　　C. Shift+N　　D. Ctrl+Alt+N

(3) 以下(　　)软件不是网页设计制作软件。

A. Dreamweaver　　B. Microsoft FrontPage

C. WordPress　　D. Photoshop cs

(4)以下(　　)选项不是 Dreamweaver CC 的视图模式。

A. 全屏　　　B. 拆分　　　C. 设计　　　D. 代码

(5)在制作网站时,下面是 Dreamweaver 的工作范畴的是(　　)。

A. 网站信息的搜集整理　　　B. 网页图像的制作

C. 把所有相关内容组合成网页　　　D. 网页的美工设计

5.1.4.2　判断题

(1)必须建好网站文件夹,才能启动 Dreamweaver CC。 (　　)

(2)Dreamweaver CC 制作的文件只有该软件能够编辑修改。 (　　)

(3)Dreamweaver CC 中的"属性"面板可以修改页面中几乎所有元素的属性。 (　　)

(4)Dreamweaver CC 的"插入"面板中一共提供了 6 种选项卡。 (　　)

(5)Dreamweaver CC 的"视图"面板中没有"实时视图"这一选项。 (　　)

5.2　网页制作基本操作

学习内容

✧ 站点的新建与管理;

✧ 主页创建,表格布局与单元格编辑、合并、拆分、属性设置等;

✧ 网页制作中文字、图像、字符、项目编号、超链接等元素的编辑与应用;

✧ 网页中文本、密码、文本区域、按钮、文件选择等表单元素的制作。

学习目标

✧ 掌握网站管理基本操作和站点设置;

✧ 掌握网页设计与制作的技巧,能熟练应用各种元素制作网页;

✧ 掌握各种超链接的创建与编辑,能够制作各种形式的表单。

思政目标

✧ 培养科学严谨、自立自强的职业态度,提高学生爱岗敬业、勇于创新的职业素养。

在网页制作过程中,掌握基本操作是至关重要的。本节将详细介绍在 Dreamweaver CC 中进行网页制作的基本操作,包括新建和管理站点、创建主页和表格布局、应用网页中的各元素、设置各种超链接,以及制作网页中的表单等。

5.2.1　站点的新建和管理

在 Dreamweaver CC 中,站点是管理和组织网页项目的核心概念。通过站点,我们可以有效地管理网页文件、图像、链接等资源。

5.2.1.1 新建站点

例 1 新建一个本地站点,站点名称为“大国工匠”,保存在 C:\KS\WYA 目录下。

步骤 1▶ 打开 Dreamweaver CC,单击菜单栏中的“站点”选项,选择“新建站点”。

步骤 2▶ 在弹出的对话框左侧选择“站点”分类,然后输入站点名称“大国工匠”,并选择本地文件夹 C:\KS\WYA 作为站点根目录,如图 5-2-1 所示。

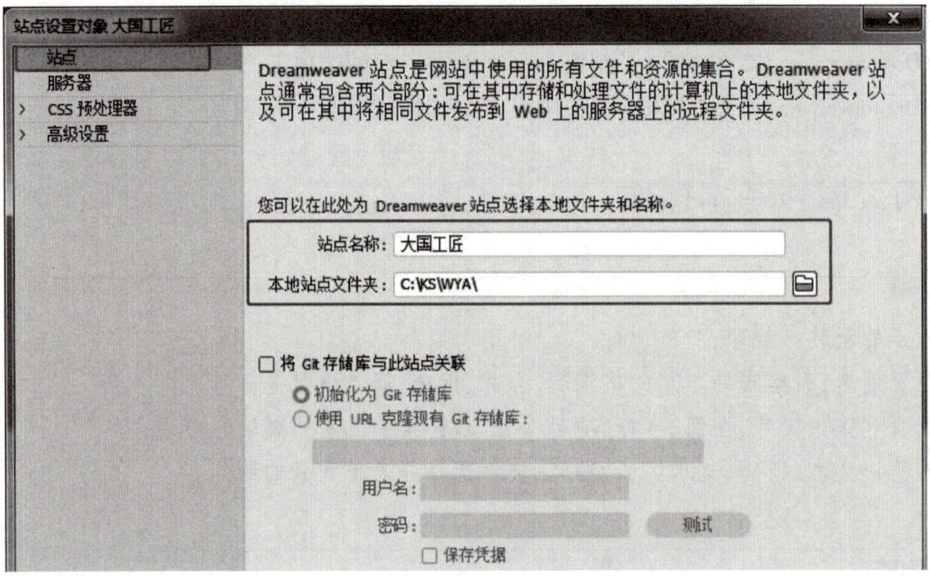

图 5-2-1 站点设置对象对话框

步骤 3▶ 单击“保存”按钮完成站点的新建,如图 5-2-2 所示。

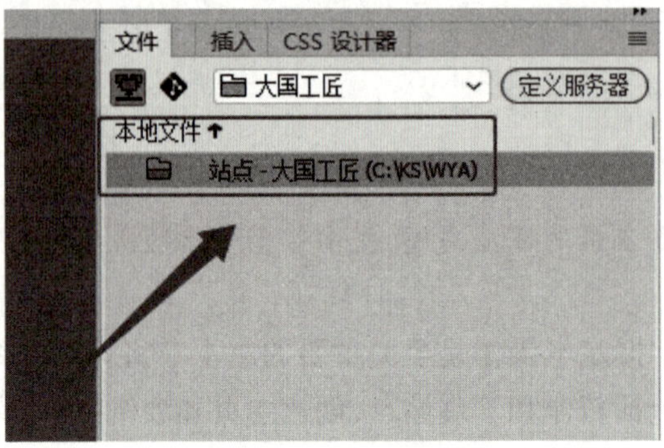

图 5-2-2 站点文件

5.2.1.2 管理站点

Adobe Dreamweaver CC 可以对本地站点进行多方面的管理,如打开、复制、编辑和删除操作等。

1. 复制和编辑站点

当我们希望创建多个结构相同或类似的站点时，可以利用站点的复制特性，先以一个站点为基准复制多个站点，然后根据需要分别对各站点进行编辑，可以极大地提高工作效率。

例 2 复制“大国工匠”本地站点，站点名称修改为“上海旅游”，保存在 C:\KS\WYB 目录下。

步骤 1▶ 打开 Dreamweaver CC，单击菜单栏中的“站点”选项，选择“管理站点”，可以查看和编辑已创建的站点列表，如图 5-2-3 所示。

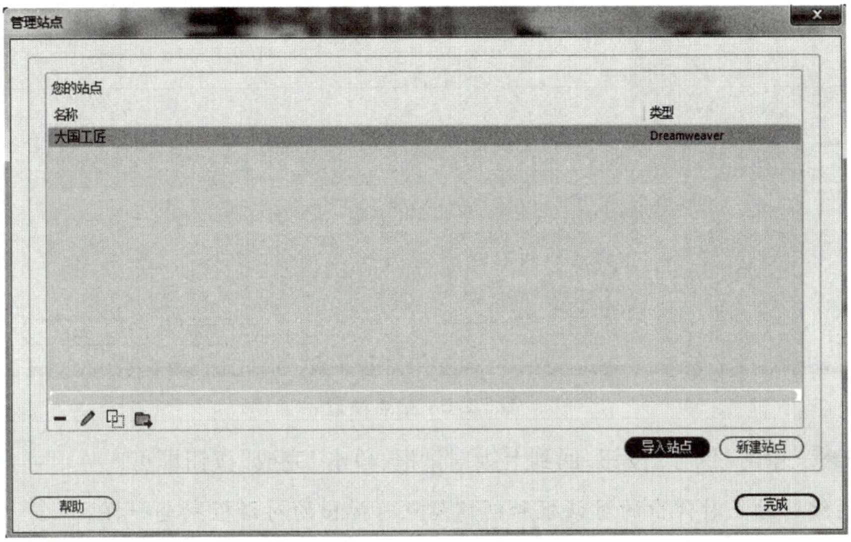

图 5-2-3　管理站点

步骤 2▶ 选择需要复制的站点“大国工匠”，点击复制按钮，结果如图 5-2-4 所示。

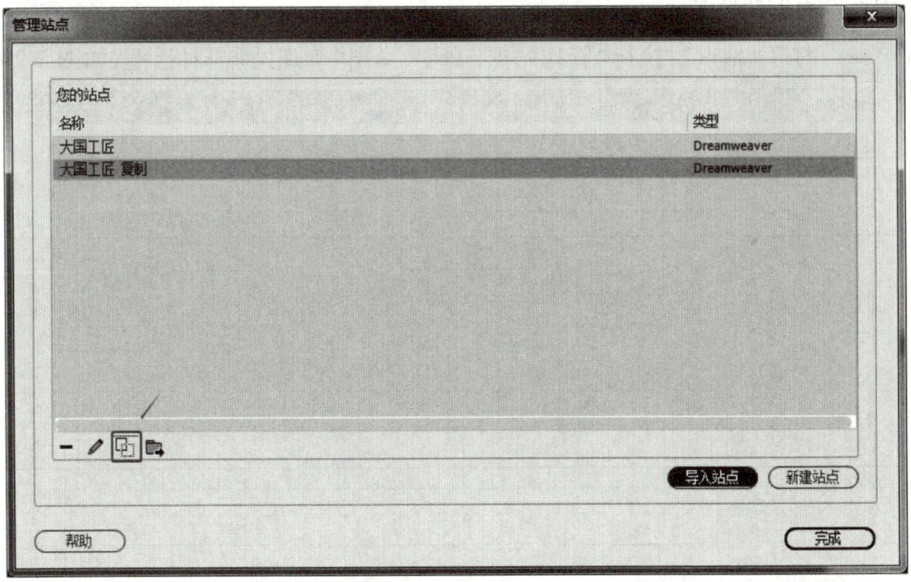

图 5-2-4　复制站点

步骤 3▶ 继续单击站点编辑按钮 ,编辑站点名称等属性,效果如图 5-2-5 所示。

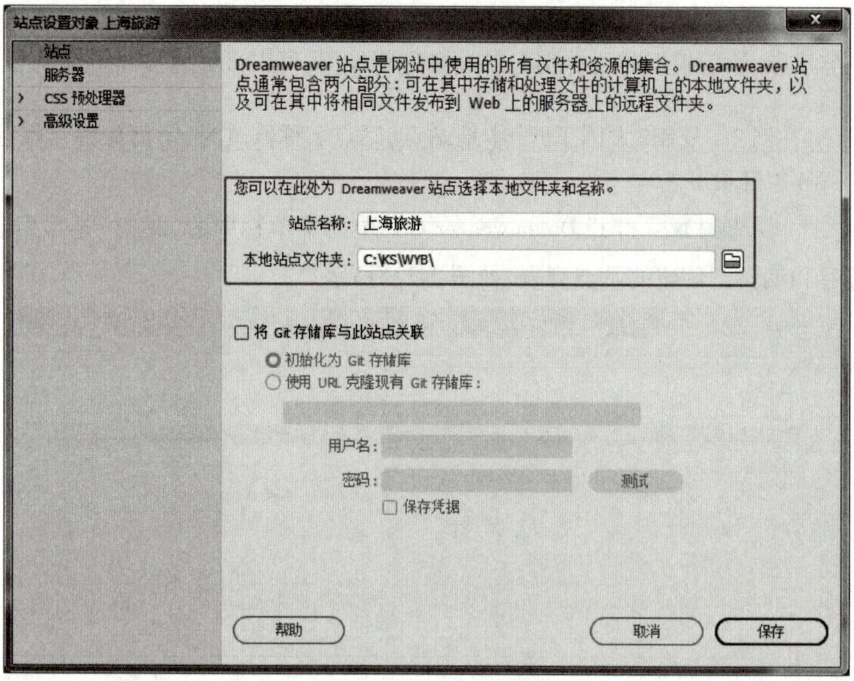

图 5-2-5 站点设置

步骤 4▶ 单击“保存”按钮,回到上级对话框,单击“完成”按钮即可。

小提示:编辑站点时弹出的对话框和创建站点时弹出的对话框完全一样。

2. 删除站点

如果不需要再利用 Dreamweaver CC 对某个本地站点进行操作,可以将这个站点从站点列表中删除。删除站点的步骤如下:

步骤 1▶ 打开“站点”,执行“管理站点”命令,弹出“管理站点”对话框,如图 5-2-6 所示。

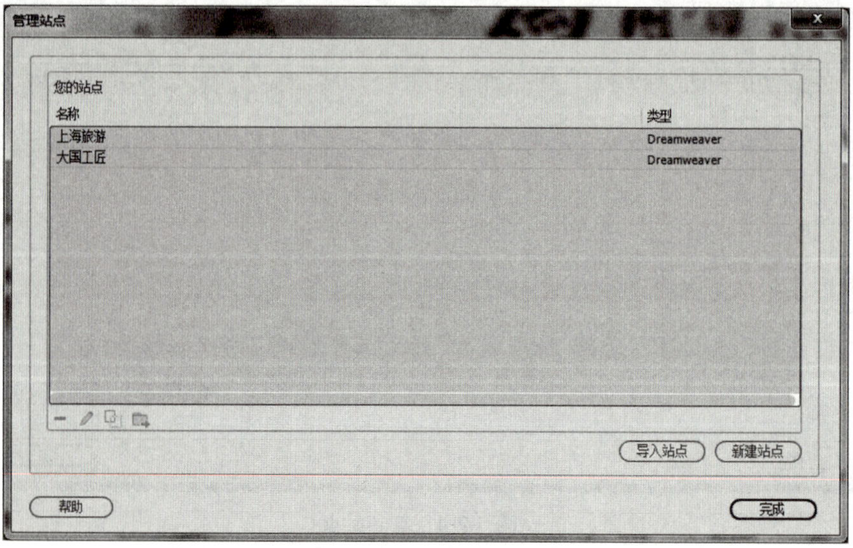

图 5-2-6 “管理站点”对话框

步骤 2▶ 在站点列表中选中需要删除的站点，单击“删除当前选定的站点”按钮 ━ ，弹出提示对话框，单击“是”按钮，即可删除选定站点，如图 5-2-7 所示。

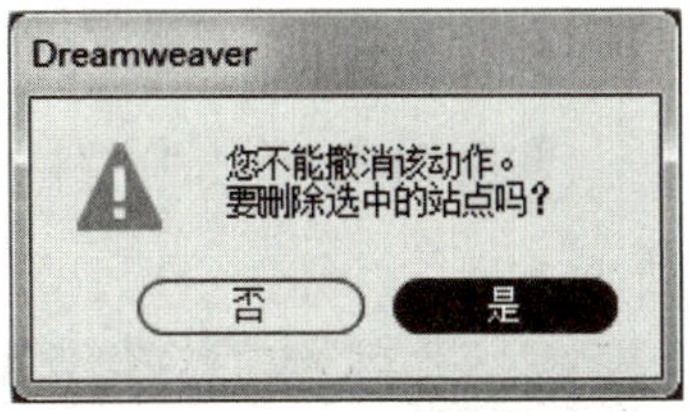

图 5-2-7 提示对话框

小·贴士

删除站点只是删除了 Adobe Dreamweaver CC 与该本地站点之间的关系，并没有删除站点内的文件和文件夹等内容，这些内容仍然保存在原来的位置。用户可以重新创建指向该路径的新站点并进行管理。

5.2.1.3 操作站点文件

利用“文件”面板，可以对本地站点的文件和文件夹进行创建、删除、移动和复制等操作。

1. 创建文件和文件夹

例 3 在“大国工匠”本地站点中，创建名为 index. html 的文件和 image 的文件夹。并将“C:\素材\第 5 章\5-2-1-1”文件夹中的 bj. jpg 和 pic. jpg 文件复制到 image 文件夹中。

步骤 1▶ 执行“窗口”菜单中的“文件”命令，打开“文件”面板（见图 5-2-8），结果如图 5-2-9 所示。

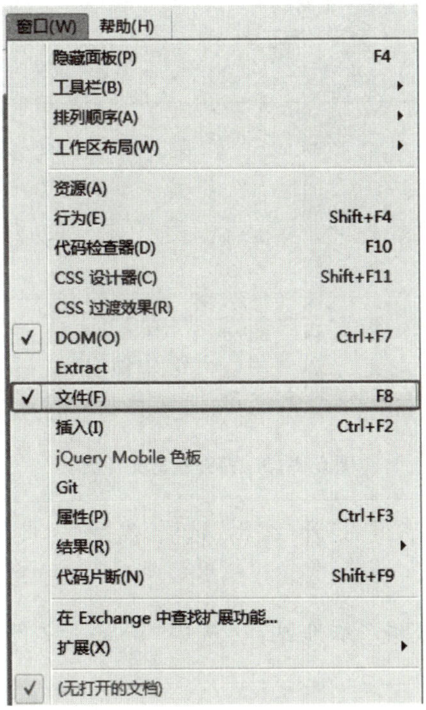

图 5-2-8 窗口菜单

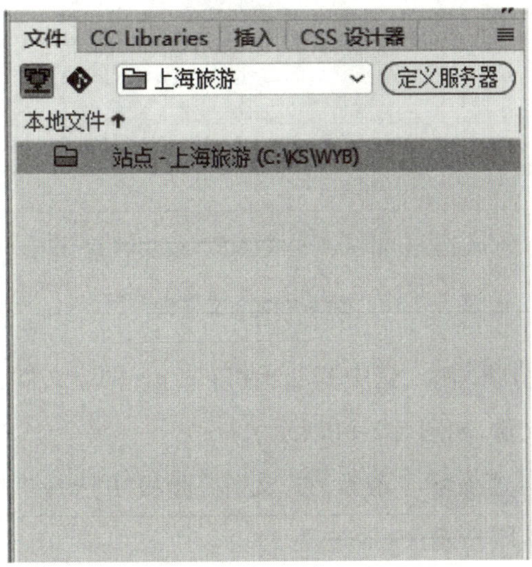

图 5-2-9 文件面板

步骤 2▶ 在站点下拉列表中选择“大国工匠”，如图 5-2-10 所示。

步骤 3▶ 单击“文件”面板右上角的选项菜单按钮，执行“新建文件”命令，如图 5-2-11 所示。

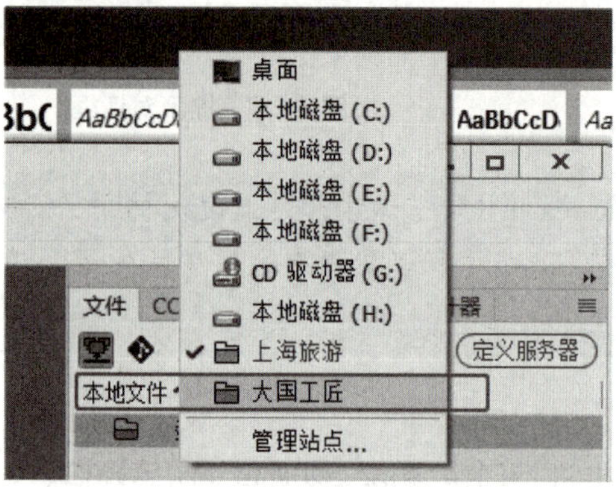

图 5-2-10 下拉列表

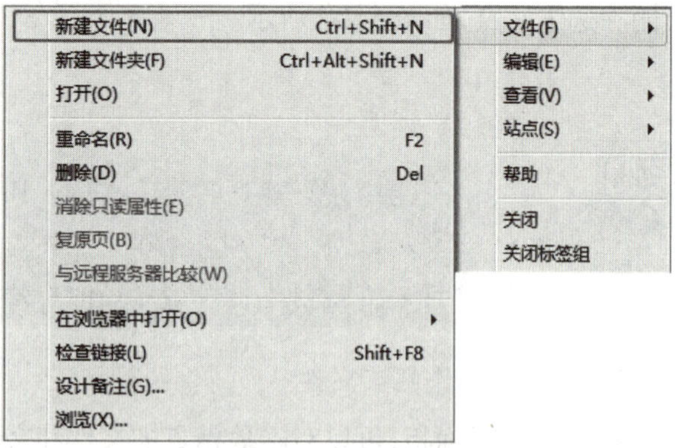

图 5-2-11 新建文件命令

步骤 4▶ 单击新建的文件名称，使其处于编辑状态，输入文件名称“index”。

步骤 5▶ 同样方法，新建文件夹“image”，如图 5-2-12 所示。

步骤 6▶ 打开“文件”面板，在站点下拉列表中打开 C:\素材\第 5 章，如图 5-2-13 所示。

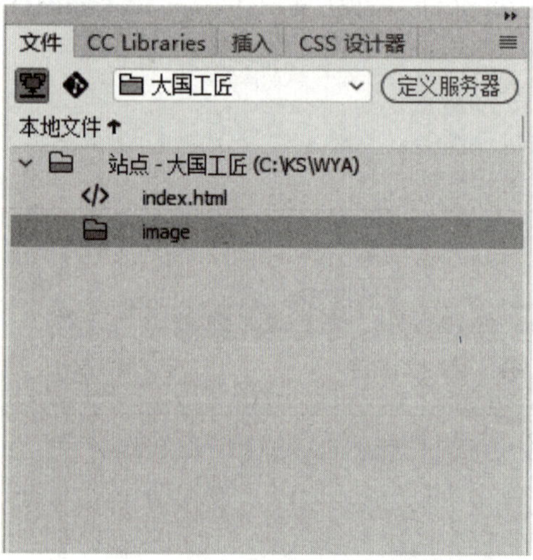

图 5-2-12 新建 image 文件夹

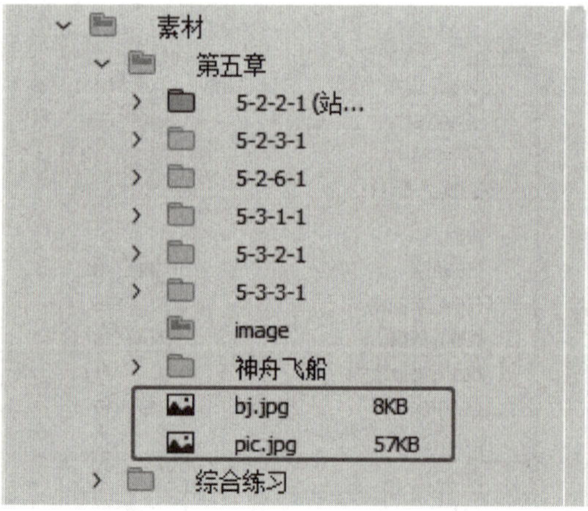

图 5-2-13 打开素材文件夹

步骤 7▶ 选中 bj. jpg 和 pic. jpg 两个文件，单击右键，打开“编辑”选项，执行“拷贝”命令，复制文件，如图 5-2-14 所示。

步骤 8▶ 继续在“文件”面板中选择“大国工匠”本地站点，选中“image”文件夹，如图 5-2-15 所示。

步骤 9▶ 单击右键，执行“编辑”选项的“粘贴”命令，复制完成，如图 5-2-16 所示。

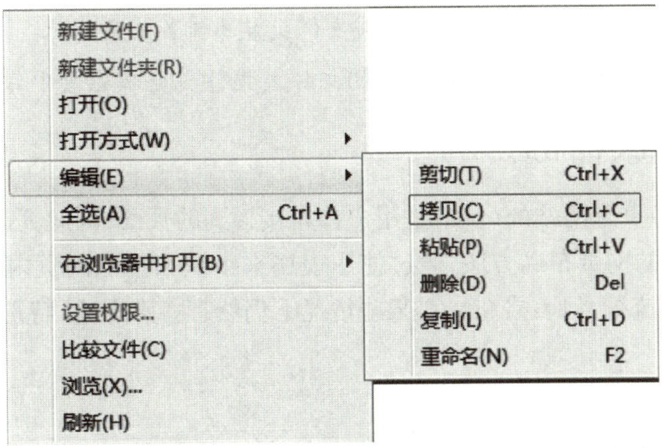

图 5-2-14 拷贝文件菜单

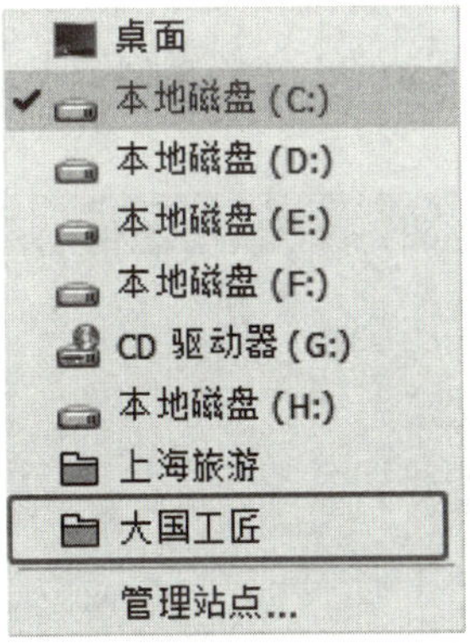

图 5-2-15 打开 image 文件夹

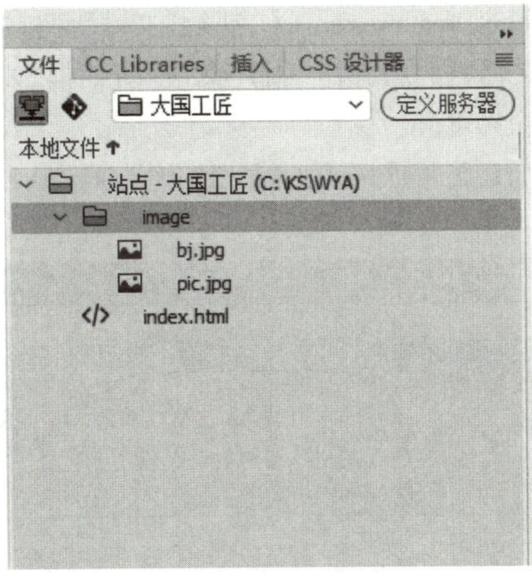

图 5-2-16 粘贴文件

2. 删除文件或文件夹

步骤 1▶ 执行“窗口”菜单中的“文件”命令，打开“文件”面板。

步骤 2▶ 在站点下拉列表中选择需要的站点。

步骤 3▶ 在站点下拉列表中选择 index. html 文件。

步骤 4▶ 按 Delete 键，系统弹出一个提示对话框，询问是否删除文件或文件夹，如图 5-2-17 所示。

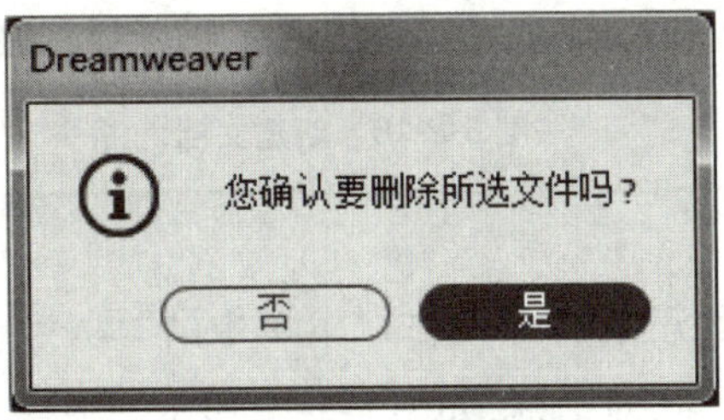

图 5-2-17 提示对话框

步骤 5▶ 单击按钮“是”,将选定文件或文件夹从本地站点删除。

小提示:与删除站点不同,删除本地站点的文件或文件夹会从磁盘中真正删除。

5.2.2 创建主页和表格布局

在网页设计中,主页是网站的门户,是用户首先接触到的页面,因此其设计和布局至关重要。表格布局是一种传统的网页布局方法,通过使用表格来组织和排列网页内容。虽然现今响应式设计和 CSS 框架更为流行,但表格布局在某些情况下仍然有特殊用途,特别是在需要精确控制内容对齐和间距的场合。

5.2.2.1 创建主页

创建主页是网站设计的第一步,它决定了用户对网站的第一印象。在 Dreamweaver CC 中,创建新的网页文件步骤如下:

启动 Adobe Dreamweaver CC,执行“文件”菜单“新建”(或者使用快捷键 Ctrl+N 来创建一个新的 HTML 文档)命令,弹出“新建文档”对话框,如图 5-2-18 所示。选择要创建的文件类型,单击“创建”按钮即可。

创建 HTML 文件时,默认的文档类型为 HTML5。用户可以在“文档类型”列表中选择需要的文档类型。

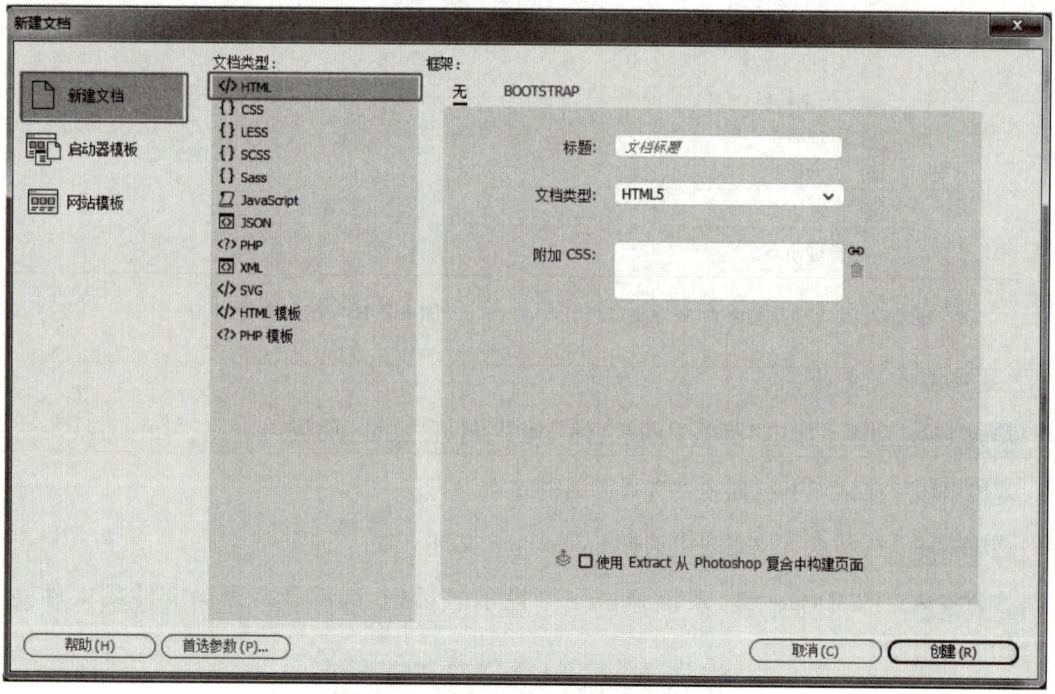

图 5-2-18 新建文档

5.2.2.2 设置页面属性

将文档工具栏切换为设计视图,打开“窗口”菜单中的“属性”面板;选择“属性”面板左上侧 

按钮,打开“页面属性”对话框,如图 5-2-19 所示。在这里,用户可以设置页面的标题、背景颜色或图像、文本颜色和链接颜色等。下面将详细解释“设置页面属性”对话框中的各项属性内容。

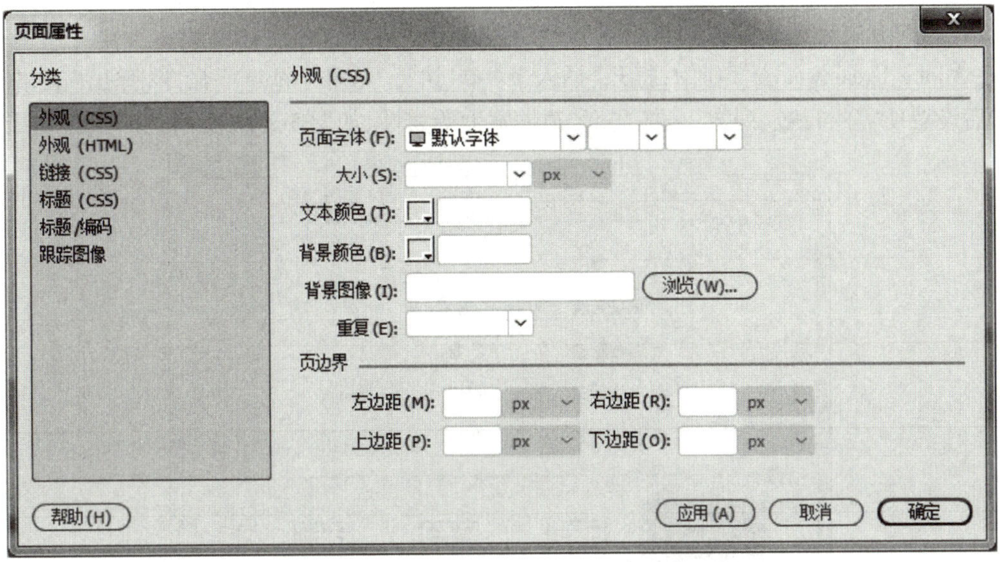

图 5-2-19　页面属性

◎网页字体：可以设置网页的默认字体、大小和颜色。这些设置常通过 CSS 来实现，可以直接定义或通过链接到外部 CSS 文件进行设置。

◎文本颜色：定义网页中普通文本的颜色。

◎链接颜色：设置未访问链接、已访问链接、鼠标悬停链接和活动链接的颜色。这些颜色设置有助于提升用户体验，使用户能够清楚地识别不同类型的链接状态。

◎背景颜色/图像：可以为网页设置统一的背景颜色或上传一个背景图像。背景图像可以增添网页的视觉效果，但需要注意背景图像的加载速度和对页面可读性的影响。

◎左边距、上边距、下边距、右边距：这些设置定义了网页内容在浏览器窗口中的位置。通过调整这些边距，可以控制网页元素的布局和间距。

正确设置页面属性是确保网页在不同设备和浏览器上显示一致的关键步骤。通过精细调整这些设置，可以创建出既美观又易于使用的网页。

5.2.2.3　表格布局

主页的布局应该清晰、简洁，并且易于导航。使用表格、CSS 布局或响应式设计来创建页面结构。对于初学者来说，表格布局可能更容易上手。常见的表格结构如图 5-2-20 所示。

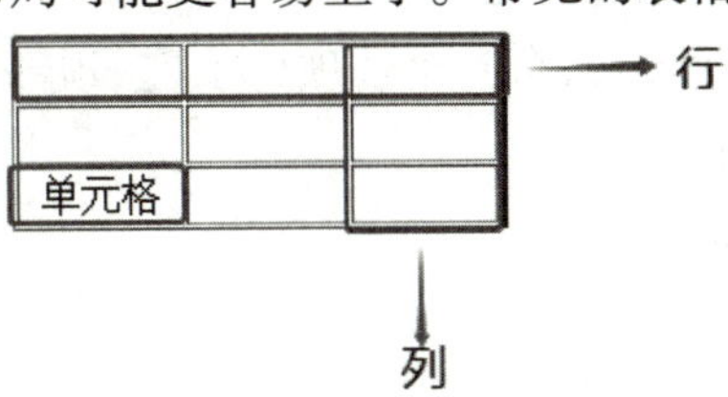

图 5-2-20　表格布局

1. 创建表格

表格布局是通过表格数据单元格和表格头单元格等元素来构建的。这种布局方式允许设计者通过行列的方式来精确定义网页元素的排列。

在 Adobe Dreamweaver CC 中,打开“插入”菜单,执行“表格(table)”命令,弹出“表格”对话框,然后设置所需的行数、列数、表格宽度、边框宽度等属性,如图 5-2-21 所示。

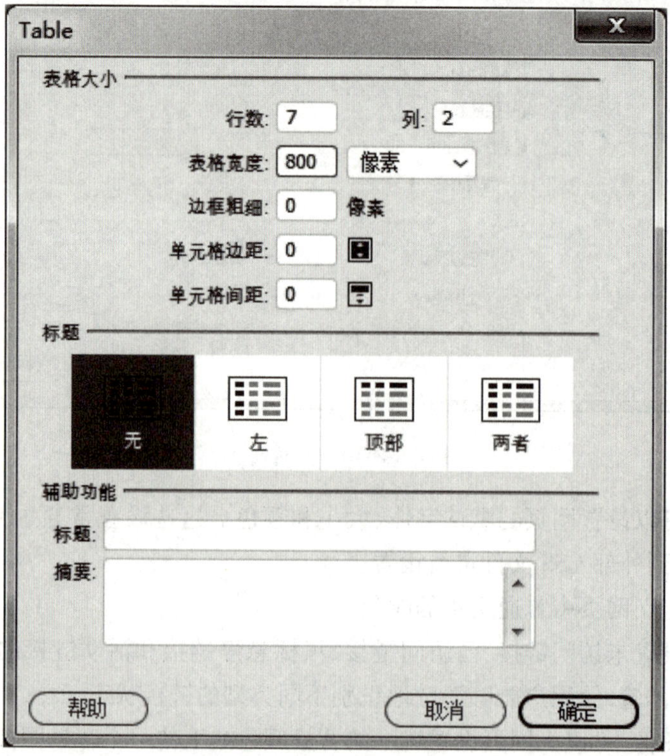

图 5-2-21　新建表格

行数:用于设置表格的行数;

列:用于设置表格的列数;

表格宽度:用于设置表格的宽度,右侧下拉列表用于设置表格宽度的单位,有“像素”和“百分比”两种;

边框粗细:用于设置表格的边框厚度,单位像素。数值为 0 时,不显示边框;

单元格边距:用于设置单元格的内容和边框的间距;

单元格间距:用于设置单元格之间的距离;

标题—:用于设置标题的显示方式,有 4 个选项(无、左、顶部、两者);

标题:用于设置表格的标题;

摘要:用于设置表格的说明信息。

2. 设置表格、单元格属性

(1) 表格属性。选中表格后,打开“窗口”菜单中的“属性”面板,如图 5-2-22 所示。

表格:用于设置表格的名称;

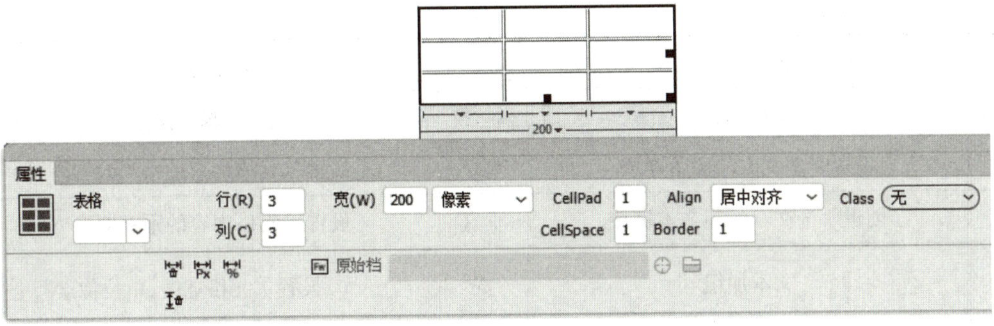

图 5-2-22　表格属性

行:用于设置表格的行数;
列:用于设置表格的列数;
宽:用于设置表格的宽度;
CellPad(填充):用于设置单元格的内容与边框的间距;
CellSpace(间距):用于设置单元格之间的距离;
Align(对齐):用于设置表格相对于文档的对齐方式;
Class(类);用于设置应用于表格的 CSS 样式;
Border(边框):用于设置表格的边框厚度,以像素为单位。设置为 0 时不显示边框;

:清除列宽,单击此按钮将压缩表格的列宽到最小值,不影响内容显示;

:清除行高,单击此按钮将压缩表格的行高到最小值,不影响内容显示;

:将表格宽度转化为像素(即固定大小);

:将表格宽度转化为百分比(即相对大小)。

(2) 单元格属性。选中单元格后,打开“窗口”菜单中的“属性”面板,如图 5-2-23 所示。

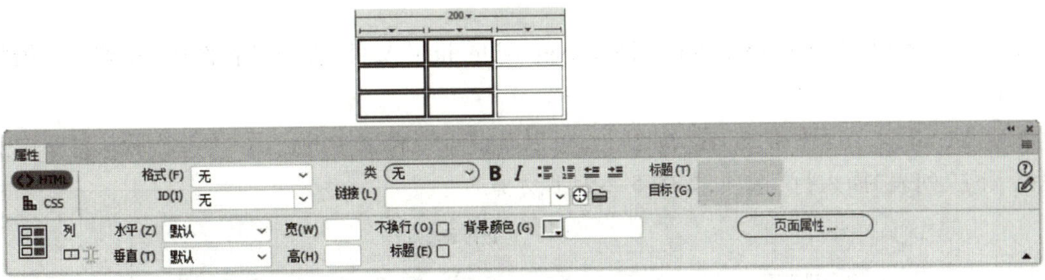

图 5-2-23　表格属性

单元格属性分为上下两部分,上半部分用于设置单元格内容的属性,下半部分用于设置单元格的属性。单元格属性的释义如表 5-2-1 所示。

表 5-2-1　表格属性释义

上半部分		下半部分	
属性	释　义	属性	释　义
格式	设置所选文本的段落样式	水平	设置单元格内容的水平对齐方式
链接	创建所选文本的超文本链接	垂直	设置单元格内容的垂直对齐方式
B	文本加粗	宽	设置单元格宽度，单位像素
I	文本倾斜	高	设置单元格高度，单位像素
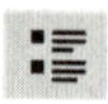	建立无序列表	不换行	防止文本换行
	建立有序列表	背景颜色	用于设置单元格的背景颜色
	取消文本右缩进		合并单元格
	取消文本左缩进		拆分单元格
标题	为超链接指定文本工具提示，即在浏览器中，当鼠标指针移到超链接上显示的文本内容	标题	勾选，则当前单元格为标题单元格，文本内容将以加粗黑体显示
目标	指定将在其中加载链接文档的框架或窗口		

小提示：使用属性面板更改属性时，单元格格式设置优先于行格式设置，行格式设置优先于表格格式设置。

3. 增加、删除行或列

打开 C:\素材\第 5 章\5-2-2-1 文件夹下的 table. html 文件，在设计视图中，找到要编辑的表格，选中表格。

（1）插入行。在表格的末尾添加新行，可以右键点击表格中的最后一行，然后从菜单中选择"表格"下拉列表"插入行"选项，如图 5-2-24 所示。

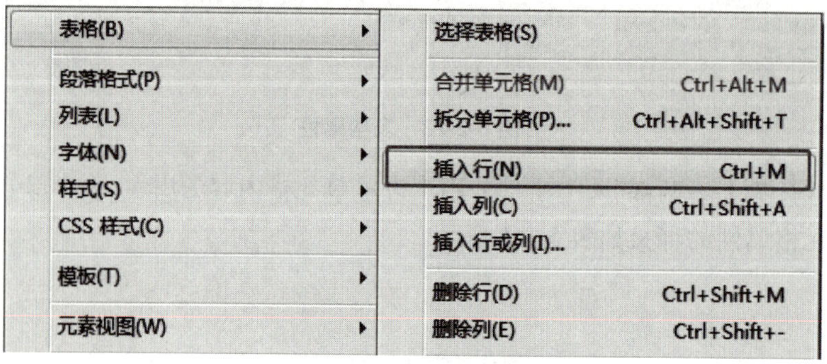

图 5-2-24　插入行菜单

若要在特定位置插入行，可以先将光标放置在该行。然后执行“表格”下拉列表“插入行或列”命令。选择“行”，选择“所选之上”或“所选之下”，如图 5-2-25 所示。

可以在对话框中设置行数和插入位置。

(2) 插入列。若要在表格的右侧添加新列，可以右键点击表格的任意位置，在菜单中选择“表格”下拉列表“插入列”选项。操作同插入行。

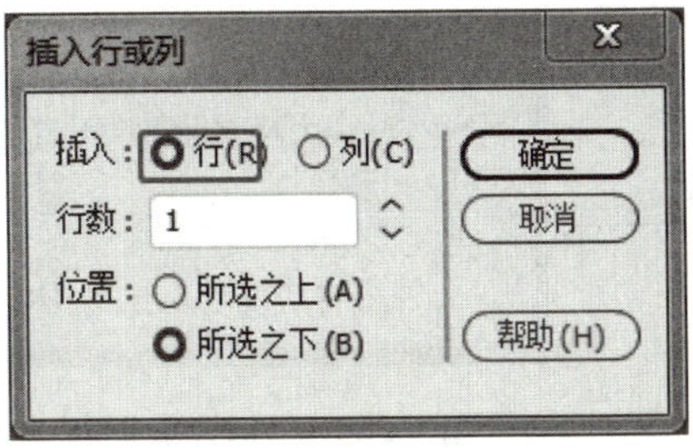

图 5-2-25　插入行或列

要在特定位置插入列，操作同上节插入指定行操作。

(3) 删除行或列。选中要删除的行或列，在设计视图中，通过单击行或列的边框来选择想要删除的行或列。选中的行或列通常会被高亮显示。

右键点击选中的行或列，然后从菜单中执行“表格”下拉列表“删除行”或“删除列”命令。

4. 单元格的拆分、合并

在 Adobe Dreamweaver CC 中，拆分、删除单元格通常有以下几种方法。选中需要合并或删除的单元格：

方法一：单击“属性”面板中的合并或删除单元格按钮。

方法二：执行“编辑”菜单“表格”列表“合并单元格或删除单元格”命令。

方法三：在选中的单元格上单击鼠标右键，在弹出的快捷菜单中执行“合并单元格或删除单元格”命令。

例 1　打开 C:\素材\第 5 章\5-2-2-1 文件夹下的 table. html 文件，在设计视图中，单击选中需要编辑的表格，合并单元格 H22:H23，拆分单元格 H43 为两列。

步骤 1▶　选中 H22 和 H23 两个单元格，如图 5-2-26 所示。

步骤 2▶　单击鼠标右键，在弹出的快捷菜单中执行“表格”下拉列表“合并单元格”命令，完成合并，如图 5-2-27 所示。

H11	H12	H13
H21	H22	H23
H31	H32	H33
H41	H42	H43

图 5-2-26　选中两个单元格

H11	H12	H13
H21	H22H23	
H31	H32	H33
H41	H42	H43

图 5-2-27　合并单元格

步骤 3▶　选中 H43 单元格。

步骤 4▶　单击鼠标右键，在弹出的快捷菜单中执行“表格”下拉列表“拆分单元格”命令，弹出拆分单元格对话框，如图 5-2-28 所示。

步骤 5▶　选择列，列数：2，单击“确定”，结果如图 5-2-29 所示。

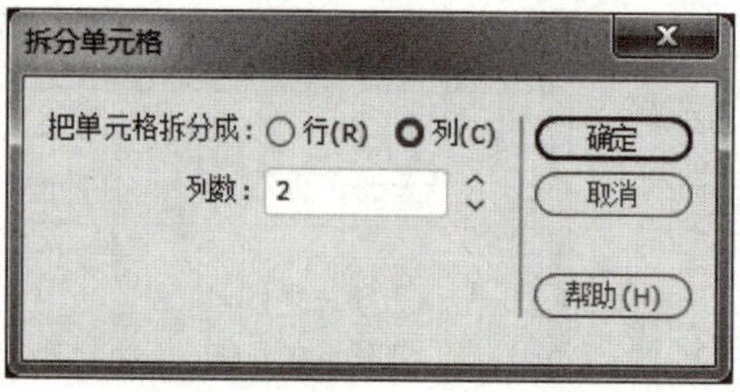

图 5-2-28 “拆分单元格”对话框

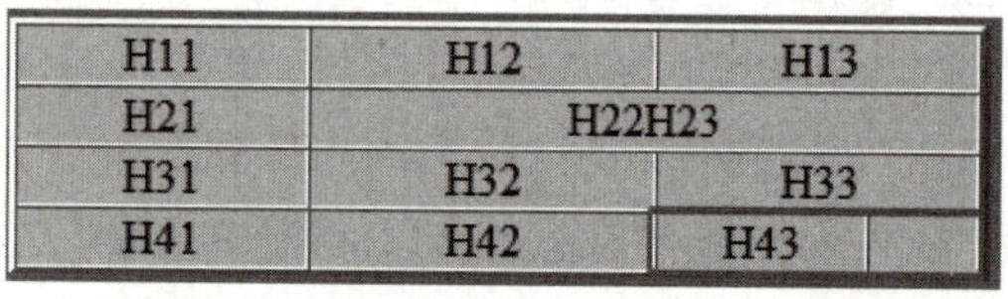

图 5-2-29 拆分单元格 H43 为两列

5. 填充表格内容

在表格的单元格中添加文本、图像或其他 HTML 元素，应先单击单元格，将光标放置在需要插入数据的单元格中，从“插入”菜单或面板中选择相应命令即可。在插入文本内容时，可以直接使用复制粘贴命令完成。

例 2 打开 C:\素材\第 5 章\5-2-2-1 文件夹下的 table1. html 文件，完成插入文本和插入图片 pic. jpg 操作。

步骤 1▶ 选中表格第一行，执行“表格”下拉列表“合并单元格”命令。

步骤 2▶ 在合并后的表格第一行输入文本“劳动模范”，选择“属性”面板左侧“css”按钮，单击字体右侧下拉按钮，如图 5-2-30 所示。

图 5-2-30 设置单元格字体

步骤 3▶ 在下拉列表中单击“管理字体”，弹出“管理字体”对话框，单击“自定义字体堆栈”，如图 5-2-31 所示。

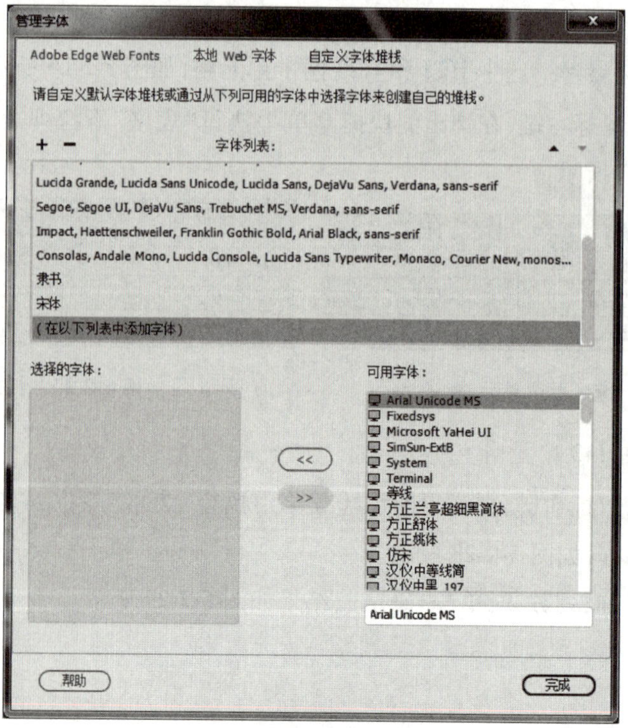

图 5-2-31 “自定义字体堆栈”选项

步骤4▶ 在右侧“可用字体”中，选中“黑体”，单击 << 按钮添加字体。

步骤5▶ 单击字体右侧下拉按钮，选择“黑体”，字体大小18，颜色#FF0000，如图5-2-32所示。

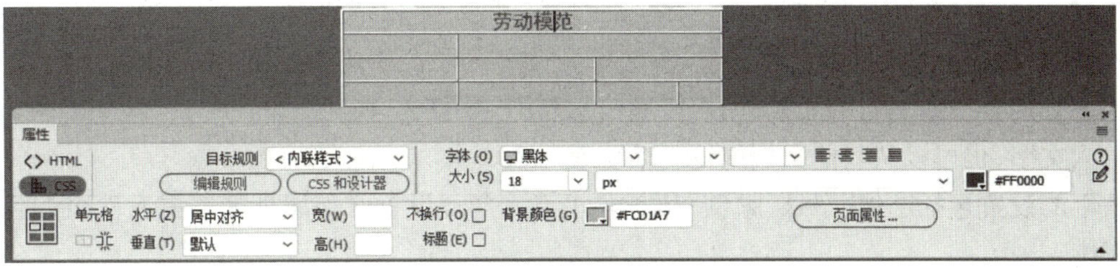

图5-2-32 设置单元格属性

步骤6▶ 将光标置于表格第二行第一列，单击“插入”面板中“HTML”列表的“image”按钮，插入图片，如图5-2-33所示。

图5-2-33 插入图片

步骤7▶ 弹出“选择图像源文件”对话框，选择 image\pic. jpg，单击“确定”。

步骤8▶ 选中图片，在“属性”面板中调整图片大小为300×300，如图5-2-34所示。

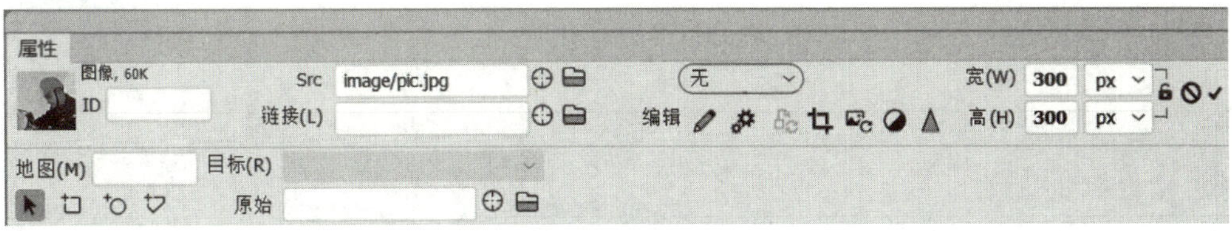

图5-2-34 调整图片属性

小贴士

尽量避免使用多层嵌套的表格，因为这会增加页面的复杂性并降低加载速度。确保表格的设计简洁明了，避免使用过多的颜色和复杂的边框效果。

5.2.3 网页中各元素的应用

在 Dreamweaver 软件中,网页元素的应用丰富多样,为网页设计和开发提供了强大支持。CC 版本中,这些元素的应用均得到了优化,为网页设计师和开发者提供了便捷的操作体验。

5.2.3.1 文字

文字是网页中最基本的元素,用于传递信息和引导用户。在网页设计中,可以直接在文档窗口中输入文字,也可以从其他文档中复制粘贴或导入文本。

文字的设置包括字体、字号、颜色、对齐方式等。合理设置文字属性能够提升网页的可读性和美观度。

例 1 新建“大国工匠”本地站点,站点保存路径 C:\KS\WYC 新建主页文件 index.html,设置网页标题为“大国工匠 2023”,网页背景颜色为#FCD1A7;插入 4×3 表格,设置表格属性:边距和间距均为 5,边框为 0,表格宽度 800px;合并第 1 行单元格,设置该单元格背景颜色(#999999)。在表格第一行输入文字“大国工匠年度人物”,设置为微软雅黑、颜色(#FFFFFF)、36px,居中对齐。

步骤 1▶ 打开 Dreamweaver CC,执行“站点”下拉列表“新建站点”命令,弹出“站点设置对象”对话框,如图 5-2-35 所示。

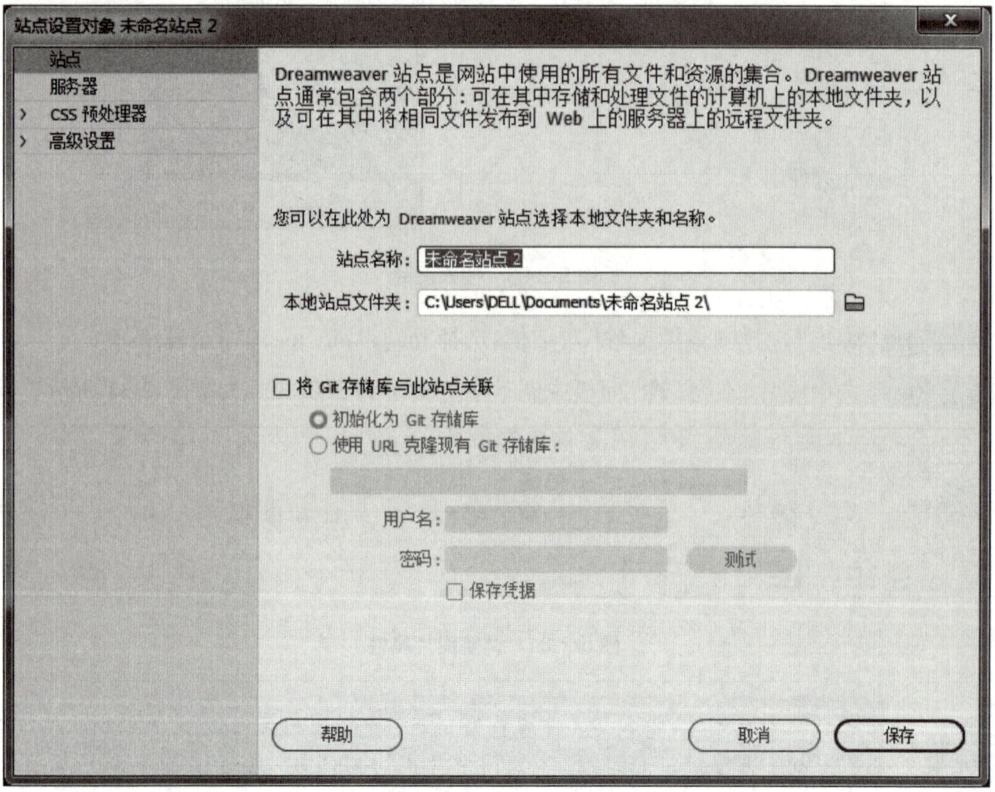

图 5-2-35 “站点设置对象”对话框

步骤 2▶ 修改站点名称“大国工匠 2023”，站点位置 C:\KS\WYC，保存。

步骤 3▶ 单击“插入”面板右上侧“☰”按钮，执行“文件”下拉列表“新建文件”命令，名称修改为 index. html。

步骤 4▶ 打开 index. html 文件，打开“窗口”菜单“属性”面板，单击页面属性按钮，弹出如图 5-2-36 所示对话框。

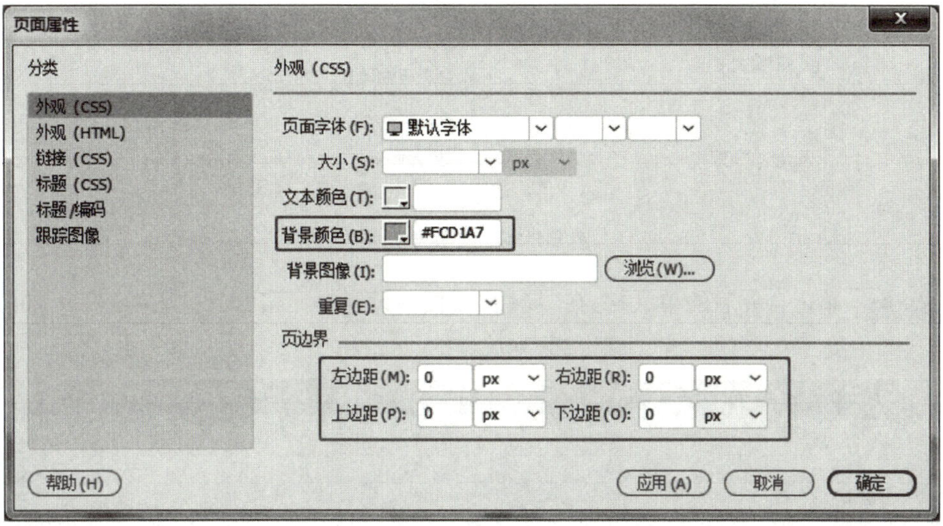

图 5-2-36 “页面属性”对话框

步骤 5▶ 单击“插入”面板“HTML”列表中的“table(表格)”按钮，或者执行“插入”菜单中的“table(表格)”命令，弹出“table”表格对话框，如图 5-2-37 所示。

步骤 6▶ 设置表格参数，如图 5-2-38 所示。

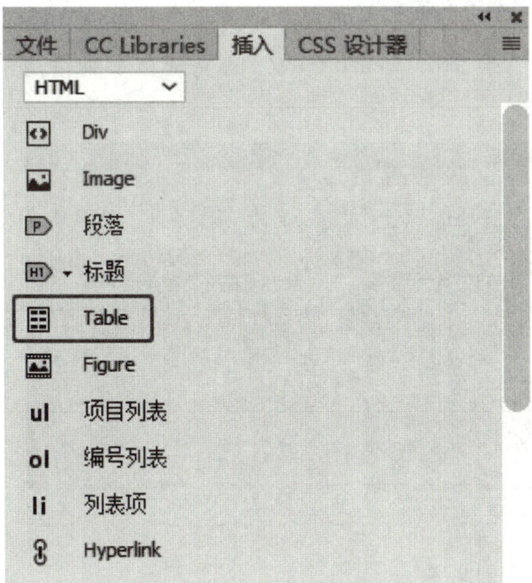

图 5-2-37 插入表格

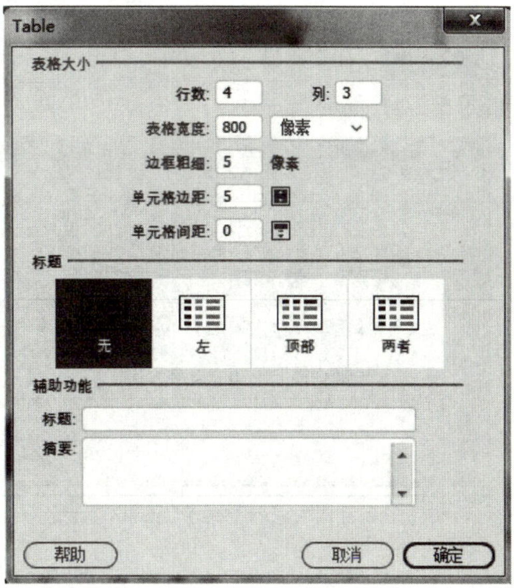

图 5-2-38 设置表格参数

步骤 7▶ 选中表格第一行，单击鼠标右键，在快捷菜单中执行“表格”下拉列表“合并单元格”命令。同样操作，合并第二行第二、三列单元格，如图 5-2-39 所示。

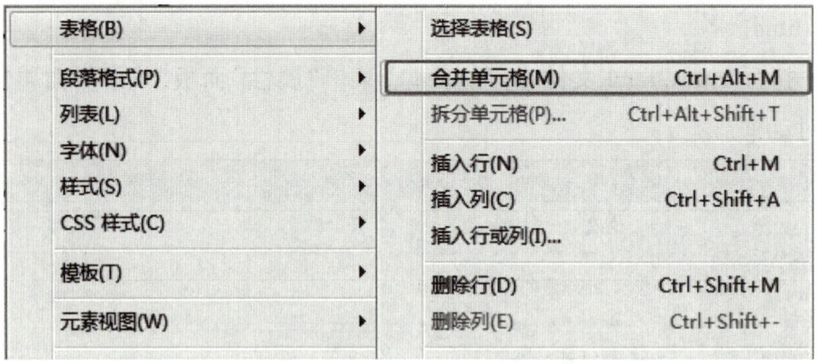

图 5-2-39 合并单元格

步骤 8▶ 单击合并后的单元格，在“属性”面板中设置单元格背景颜色#999999，如图 5-2-40 所示。

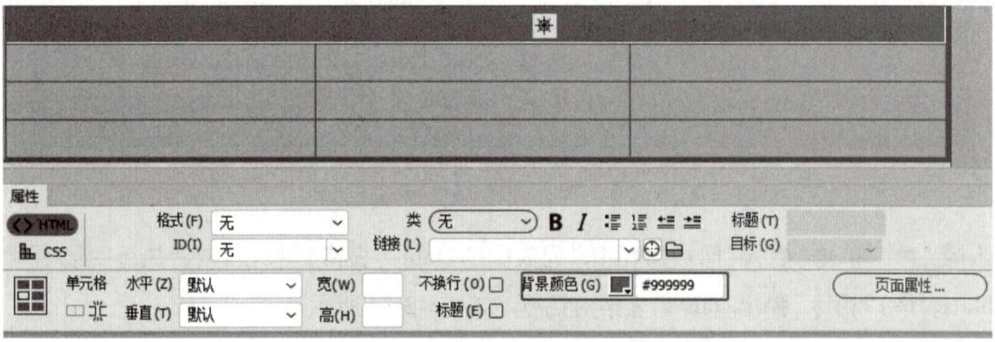

图 5-2-40 设置单元格背景颜色

步骤 9▶ 在“文件”面板中，打开 C:\素材\第 5 章\wenzi. txt 文件，复制文字到指定单元格，如图 5-2-41 所示。

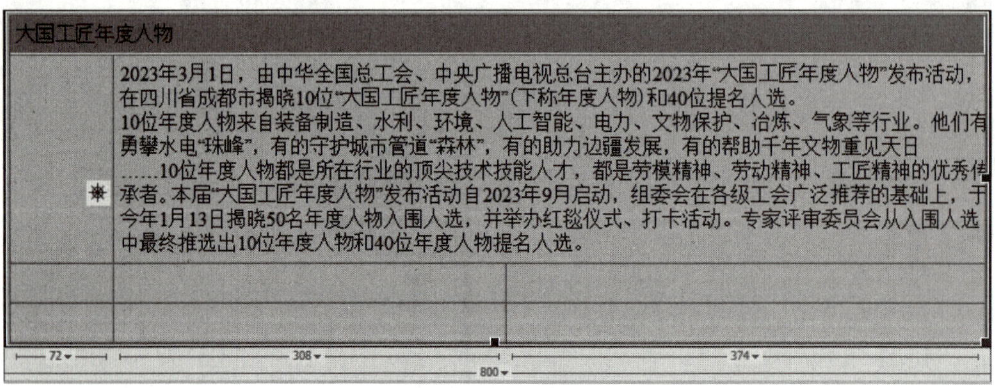

图 5-2-41 复制文字

步骤 10▶ 选中标题文字，设置文字“属性”面板，如图 5-2-42 所示。

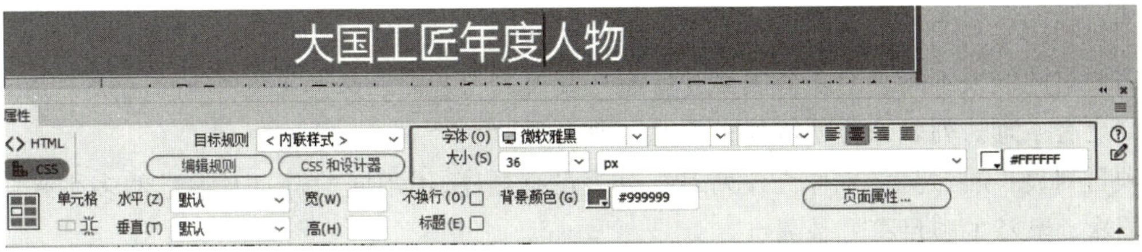

图 5-2-42 设置文字属性

步骤 11▶ 执行“文件”菜单中“实时预览”命令，或“F12”键盘键，单击“是”，在默认浏览器中预览。

5.2.3.2 特殊字符

特殊字符在网页中常用于表示特定含义或装饰作用。例如，HTML 实体字符“ ”表示空格，“<”和“>”分别表示小于号和大于号。这些特殊字符可以避免在网页中直接输入某些字符时产生的解析错误。

AdobeDreamweaver CC 设计视图中，有两种方法可以输入特殊字符。

方法一：在“插入”面板的“HTML”子面板中专门设置了常见的特殊字符按钮，只需单击按钮，即可完成特殊字符的输入，如图 5-2-43 所示。

方法二：打开“插入”菜单中的“HTML”列表，在“字符”子列表下选择相应字符插入即可，如图 5-2-44 所示。

图 5-2-43 插入字符

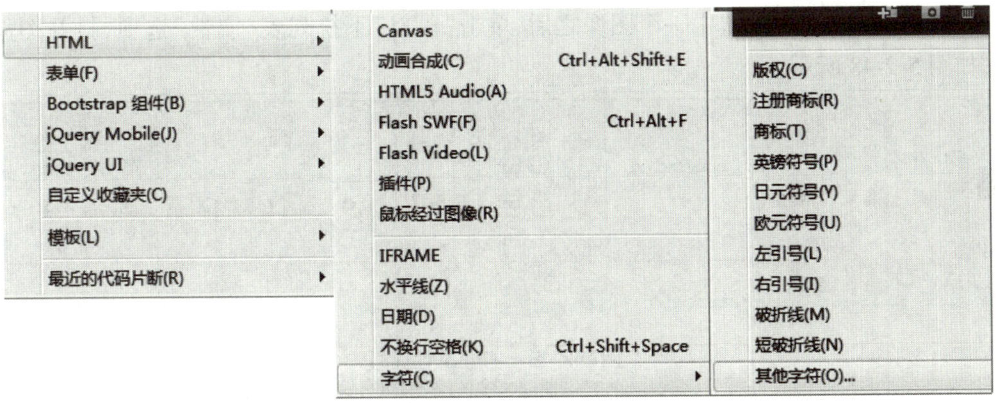

图 5-2-44 插入字符

5.2.3.3　项目或编号列表

项目和编号列表是网页中常用的组织结构，可以使内容更加条理清晰。在编辑网页文本时，常常需要对同级或不同级的多个项目进行编号或排列，以显示多个项目之间的层次关系或使文本布局更有条理。列表分为项目列表和编号列表两种。

项目列表：项目列表（也称无序列表），列表没有顺序，用不同的符号及缩进的多少来区分不同的层次。默认的项目符号是圆点。

编号列表：编号列表（也称有序列表），每一项前都会有序号引导（默认为数字），通过数字及缩进来区分不同的层次。

例 2　打开 C:\素材\第 5 章\5-2-3-1 中的 liebiao.html 文件，设置项目列表和编号列表。

步骤 1▶　选中需要设置成项目列表的文本，如图 5-2-45 所示。

步骤 2▶　打开属性面板，在 HTML 属性中单击“项目列表”按钮，如图 5-2-46 所示。

步骤 3▶　打开属性面板，在 HTML 属性中单击“编号列表”按钮，如图 5-2-47 所示

图 5-2-45　项目列表效果

图 5-2-46　选择列表文本

图 5-2-47　编号列表效果

5.2.3.4　图像或鼠标经停图像

图像是网页中的重要元素，可以丰富页面内容，提升视觉效果。为了提升用户体验，可以设置鼠标经停图像（即当鼠标悬停在图像上时显示的图像），增加交互性。

1. 图像和图像属性

在网页中插入图像后，Dreamweaver CC 会自动按照图像的原始大小显示，这可能与需要的尺寸不一致，通常还要对图像的一些属性进行调整，如大小、位置、对齐等。

在 Dreamweaver CC 中选中一个图像之后，单击“窗口”下拉列表“属性”选项，打开图像属性面板，如图 5-2-48 所示。

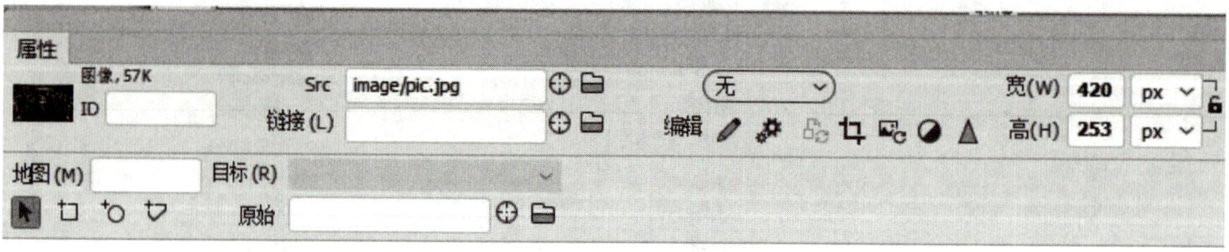

图 5-2-48　图像属性面板

属性面板左上角显示所选图片的缩略图，并且在缩略图的右侧显示该图像的大小及其他属性选项。在属性面板的左上角的“ID”文本框中可以为图像定义名称。

Src（源文件）：设置图像的路径。

链接：设置图像的超链接。

目标：设置超链接的打开方式。_blank ：在一个新的、未命名的浏览器窗口中打开链接文件。new ：始终在同一个新的浏览器窗口中打开链接文件。_self ：是浏览器的默认值，在当前网页所在窗口中打开链接的网页。_top ：在整个浏览器窗口中打开网页。

宽：用来设置图像的宽度，单位为像素。

高：用来设置图像的高度，单位为像素。

小贴士

在调整图像的宽和高时，要注意右侧的“ ”锁定纵横比按钮的状态，当按钮锁定时“ ”，图像的宽高数值是同时等比例变化的。

2. 鼠标经过图像

鼠标经过图像是指当鼠标指针移动到图像上，图像切换成另一幅图像；移开鼠标，则恢复原来的图像。

如图 5-2-49 所示，鼠标指针没有移到图像上时，显示（a）的图片；移到图片上时，显示（b）的图；移开鼠标指针，又显示（a）的图片。

图像（a）　　图像（b）

图 5-2-49　鼠标经过图像

小贴士

鼠标经过图像其实是由两张图片组成的：页面加载时显示的图像 a 和鼠标指针经过时显示的图像 b 尺寸尽量相同。如果尺寸不同，Dreamweaver CC 会自动将图像 b 的尺寸调整为与图像 a 相同。

例 3　打开 C:\素材\第 5 章\5-2-3-1\picture. html 文件，设置鼠标经过图像。

步骤 1▶　在 Dreamweaver CC 的“设计”视图中，将鼠标指针置于要插入鼠标经过图像的位置。执行“插入”菜单“HTML”列表中的“鼠标经过图像”命令，或单击“插入”面板“HTML”子面板上的“鼠标经过图像”按钮，如图 5-2-50 所示。

步骤 2▶　弹出“插入鼠标经过图像”对话框，如图 5-2-51 所示。

原始图像：第一张图像的加载路径，单击“浏览”按钮选择图像路径。

鼠标经过图像：第二张图像的加载路径。

预载鼠标经过图像：勾选后，可以将图片预先加载在浏览器缓存中，加快图片的下载速度。

图 5-2-50　插入面板属性

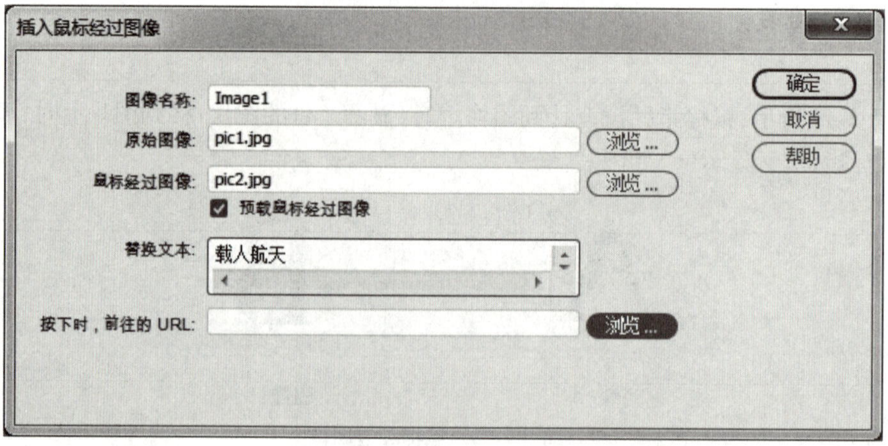

图 5-2-51　属性设置

替换文本:图像未加载时显示的文本。

按下时,前往的 URL:在浏览器中单击鼠标经过图像时打开的链接网页。

步骤 3▶ 选择原始图像和鼠标经过图像,单击确定按钮。

步骤 4▶ 按 F12,保存文件,预览效果,如图 5-2-52 所示。

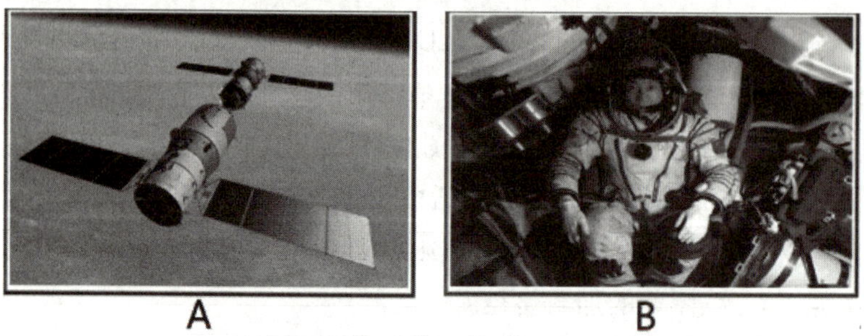

图 5-2-52　鼠标经过图像效果

5.2.3.5 水平线

水平线在网页中常用于分隔不同内容区域，使页面布局更加清晰。通过 CSS 样式，可以调整水平线的颜色、粗细和样式等属性。

插入水平线步骤如下：

选择需要插入水平线的位置，选择“插入”菜单“HTML”子菜单中的“水平线”选项，或者单击“插入”面板的“HTML”列表中的“水平线”按钮，如图 5-2-53 所示。

5.2.3.6 日期

在网页中显示日期可以为用户提供时间参考，常见于新闻、博客等时效性较强的网站。Adobe Dreamweaver CC 提供了一个插入日期的功能，可以用任意格式在文档中插入当前日期，同时还可以进行日期更新。插入日期的步骤如下：

步骤 1▶ 将插入点放在文档中需要插入日期的位置。

步骤 2▶ 切换到“插入”面板中的“HTML”面板。

步骤 3▶ 单击“日期”按钮，出现“插入日期”对话框，在对话框中可以选择日期的显示方式。勾选“储存时自动更新”则每次保存文档时可以自动更新日期，如图 5-2-54 所示。

图 5-2-53 插入水平线面板

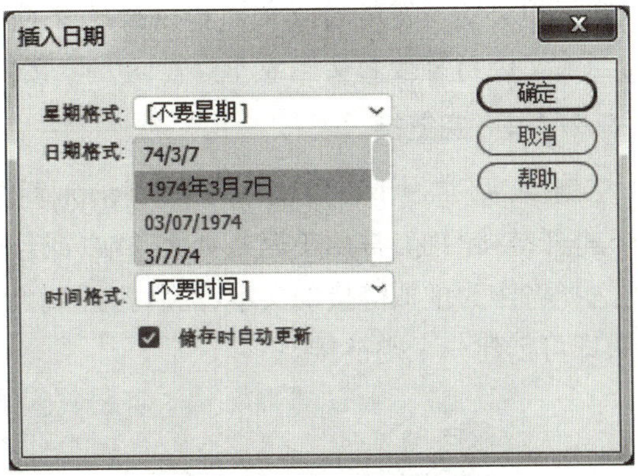

图 5-2-54 插入日期

5.2.3.7 半角或全角空格

空格在网页排版中起着重要作用。HTML 中提供了半角空格( )和全角空格(通常使用 CSS 的 white-space 属性或直接输入全角空格字符)两种空格方式。

在大多数情况下，如果使用英文输入法或中文输入法的半角模式，直接按下空格键即可输入半角空格。这是最直接且常用的方法。

插入全角空格，切换到全角状态后，按下空格键即可输入全角空格。全角空格的宽度大约是半角空格的两倍,视觉上更加明显。

5.2.4 网页中的各种超链接

超链接(HyperLink)是网页与网页之间联系的桥梁。超链接可以将各个网页之间连接起来,使网站中的各个页面构成一个互通互联的有机整体,方便在各个页面之间跳转。

5.2.4.1 超级链接的基本知识

1. 什么是 URL

URL (Uniform Resource Locator)中文名称为“统一资源定位符”,简单地说,就是网络上一个站点、网页的完整地址,相当于个人的通信地址。

例如,一个完整的 URL:http://www.jsjjc.sh.edu.cn。其中 http 代表传输协议,即超文本传输协议(HyperText Transfer Protocol),它与 www 服务器相对应,需要向有关机构申请。现在很多站点都提供个人主页的存放空间,制作一个简单的个人站点提交到提供这种服务的服务器上,个人主页就获得了一个完整的 URL,全世界的访问者都可以浏览该主页。

2. 绝对路径

绝对路径提供所链接文档的完整 URL,而且包括所使用的协议(网页通常是 http://)。

本地链接可使用绝对路径或者相对路径链接,但是如果要链接到其他服务器上的文档,则必须使用绝对路径。如果将站点移到非本地域中,所有的本地绝对路径链接都将打断,所以本地站点链接不建议采用这种方式,

3. 文档相对路径

文档相对路径省略当前文档和链接的文档相同的绝对 URL 部分,只提供不同的那部分路径。当前文档与链接的文档或图像在同一个文件夹中,文档相对路径就会一直有用。

5.2.4.2 空链接

空链接(#)常用于占位或作为 JavaScript 事件的触发器,也称为虚拟链接,是指没有指定的链接,不打开链接目标,常用于返回页面顶端,或什么也不做。

选择将作为虚拟链接的文本,然后打开属性面板,在“链接”文本框中输入“#”,如图 5-2-55 所示,即可创建一个空链接。

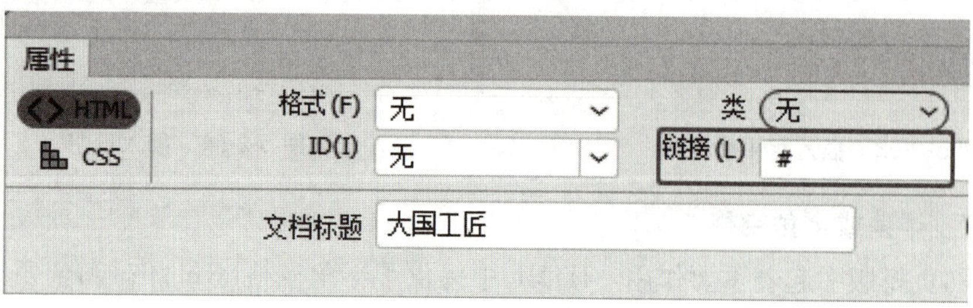

图 5-2-55 空链接

使用这种格式的空链接,在用鼠标单击后将返回到当前页面的顶部位置。

5.2.4.3 本地链接

本地链接指向同一网站内的其他页面。

例 1 打开 C:\素材\第 5 章\5-2-4-1\年度人物站点中的 index. html 文件,将文件中的照片超链接到 yangxulei. html 文件,并在浏览器的新窗口打开。

步骤 1▶ 打开 C:\素材\第 5 章\5-2-4-1\年度人物站点中的 index. html 文件。

步骤 2▶ 选中要链接的图片,打开“窗口”菜单中的“属性”面板。如图 5-2-56 所示。

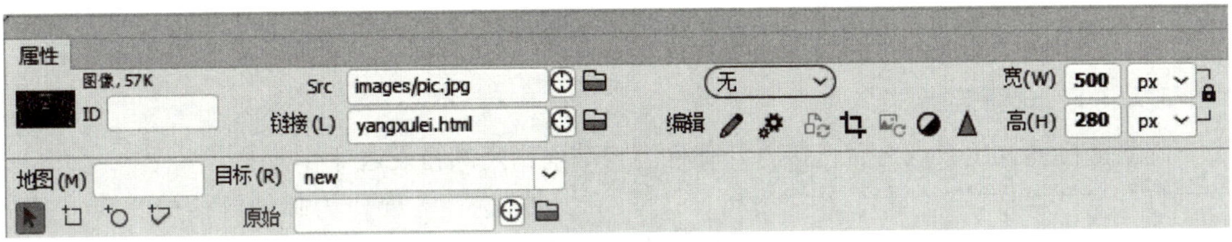

图 5-2-56 超级链接

步骤 3▶ 单击“链接”文本框右侧的文件夹图标,打开选择文件对话框,通过浏览选择“yangxulei. html”文档。

步骤 4▶ 在“目标”下拉列表中,选择打开链接文件的窗口形式“new”,如图 5-2-57 所示。_blank:将链接的文件载入一个未命名的新浏览器窗口中。

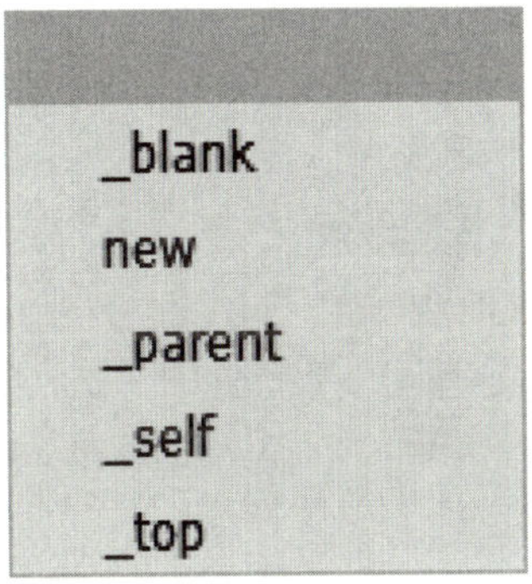

图 5-2-57 目标窗口打开方式

new:将链接的文件载入一个新浏览器窗口中。

_parent:将链接的文件载入含有该链接的框架集或父窗口中。如果含有该链接的框架不是嵌套的,则在浏览器全屏窗口中载入链接的文件。

_self:将链接的文件载入该链接所在的同一个框架或窗口中。此目标为默认值。

_top:在整个浏览器窗口中载入所链接的文件。

步骤 5▶ 单击确定按钮,按“F12”或执行“文件”菜单中的“实时预览”命令,预览测试网页效果。

5.2.4.4 外部链接

外部链接是指向其他网站或网页。设置外部链接时,只需在选中对象的属性面板的链接一栏中指定目标 URL 即可。例如,链接 https://www. baidu. com,如图 5-2-58 所示。

图 5-2-58 外部链接

5.2.4.5 邮箱链接

邮箱链接允许用户点击后直接打开邮件客户端向指定邮箱发送邮件。

打开 C:\素材\第 5 章\5-2-4-1\picture1. html 文件,选择需要作为邮件链接的文字或其他对象,如图 5-2-59 所示。打开属性设置面板,在“链接”文本框中输入邮件地址,如图 5-2-60 所示。

图 5-2-59 选择链接对象

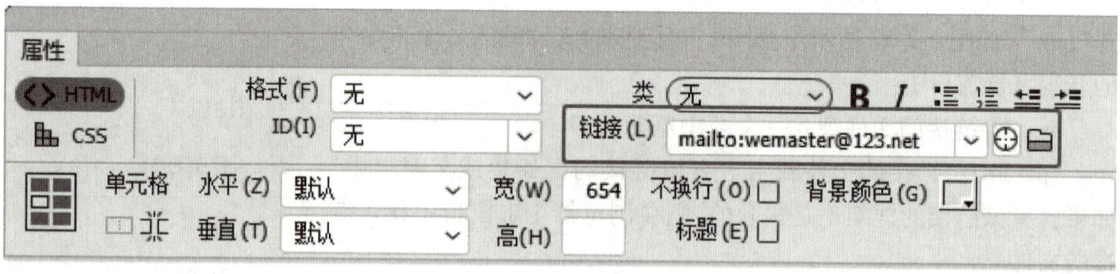

图 5-2-60 邮件链接

在指定邮件链接时,邮件地址前面需要添加“mailto:”,表示该超链接是邮件链接,如“mailto:webmaster@ 123. net”。

5.2.5 网页中表单的制作

通过强大的设计视图功能,Adobe Dreamweaver CC 可以轻松地拖拽和放置各种表单元素,无需编写复杂的 HTML 代码。表单是交互式网站的基础,在网页中得到广泛应用。有了表单,网站不仅是信息提供者,同时也是信息收集者。

表单中包含多种对象,使用 Adobe Dreamweaver CC 可以创建带有文本域、密码域、单选按钮、复选框、弹出式菜单、按钮等表单对象的表单。

一个完整的表单应该有两个重要组成部分:一是含有表单和表单控件的网页文档,用于收集用户输入的信息;另一个是用于处理用户输入信息的服务器端应用程序或客户端脚本。

5.2.5.1 表单概述

1. 插入表单

在设计视图中要插入表单的位置单击,执行“插入”菜单的“表单”子菜单中的“表单”命令,或者单击“插入”面板中单击“表单”按钮,来插入一个表单,如图 5-2-61 所示。

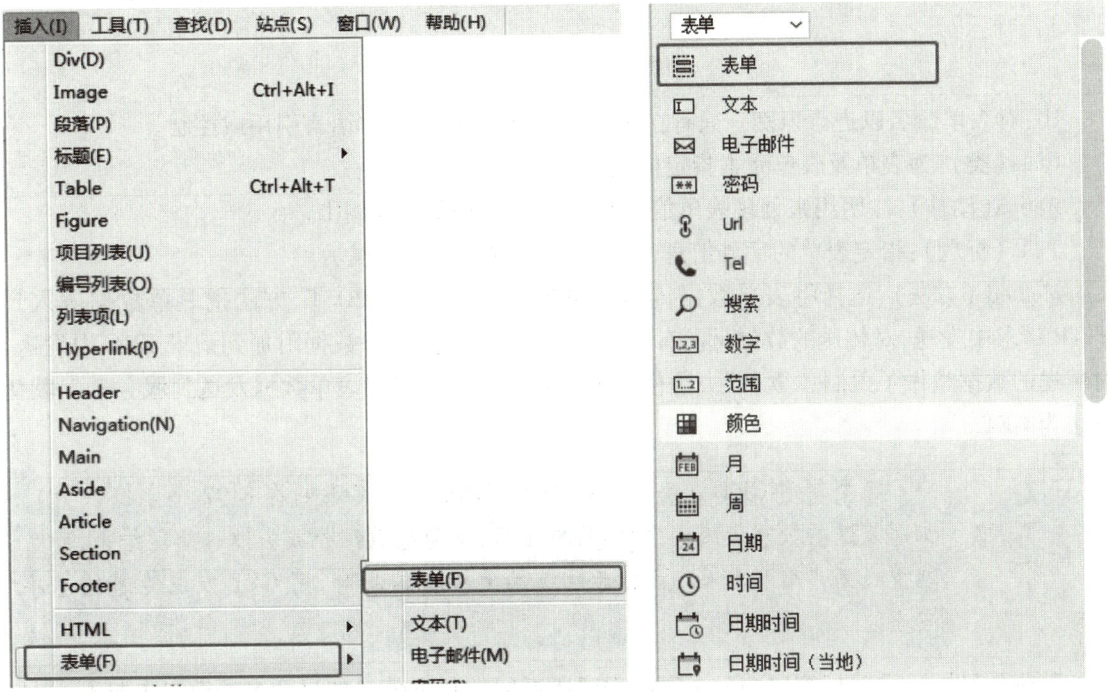

图 5-2-61 插入表单

这将在页面上创建一个空白的表单区域,用红色的虚线框表示,可以在其中添加各种表单元素,如图 5-2-62 所示。

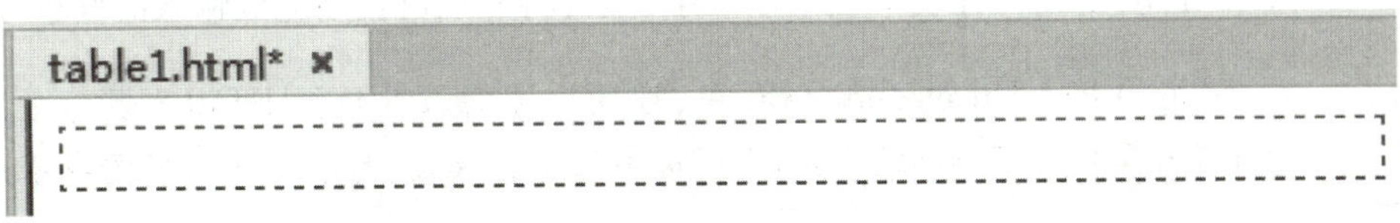

图 5-2-62 表单区域

小贴士

如果看不到插入表单的红色边框,可以勾选“查看”菜单“设计视图选项”“可视化助理”列表中“不可见元素”选项。表单中可以嵌套其他 HTML 标记中,其他 HTML 标记也可以嵌套在表单中,但是,表单不能相互嵌套。

2. 表单属性

表单属性的设置可以通过属性面板实现，创建表单后，选中表单，即可打开表单属性面板，如图 5-2-63 所示。

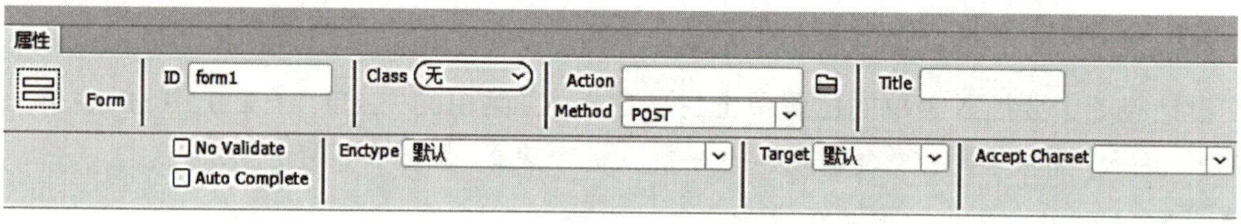

图 5-2-63　表单属性

ID：对表单命名以进行识别。只有在命名后，表单才能被脚本语言引用或控制。

Class（类）：为表单及表单元素指定样式。

Action（动作）：注明用来处理表单信息的脚本或程序所在的 URL。

Title （标题）：指定表单的额外信息，在浏览器中显示为工具提示。

Method （方法）：选择将表单数据传输到服务器的方法。“POST”方法把表单数据嵌入到 HTTP 请求中发送，对传送的数据量没有限制；“GET”方法把表单数据附加到请求 URL 中发送，对传送的数据量做了限制；“默认”方法使用浏览器的默认设置将表单数据发送到服务器。默认方法为 GET。

小贴士

不要使用 GET 方法发送长表单（URL 的长度限制在 8192 个字符以内）。如果发送的数据量太大，数据将被截断，从而导致意外或失败的处理结果，而且在发送用户名和密码、信用卡号或其他机密信息时，用 GET 方法传递信息不安全。

Target（目标）：在目标窗口中显示调用程序所返回的数据值。如果命名的窗口未打开，则打开另一个具有该名称的新窗口。

Accept Charset（字符集）：指定用于表单提交的字符编码。

No Validate（不验证）：禁用表单验证，提交表单时不对 form 或 input 域进行验证。

Auto Complete（自动完成）：在表单项中输入字符后，将显示可自动完成输入的候选项列表。

小贴士

在 Adobe Dreamweaver CC 中，可以设置的属性包括 HTML5 规范中所列出的所有属性。不显示在“属性”面板中的那些属性，可以在代码视图中添加。

5.2.5.2　文本字段

“文本字段”即网页中供用户输入文本的区域，可以接受任何类型的文本、字母和数字。Adobe Dreamweaver CC 的文本有三种：文本字段、文本区域和密码。

1. 插入文本

文本字段通常用于插入单行文本的文本框。切换“插入”面板的 “表单”列表，在要插入文本字段的位置单击鼠标，执行“插入”面板“表单”列表“文本”命令，或者单击“表单”插入面板中的“文本”按钮，即可插入一个文本字段，如图 5-2-64 和 5-2-65 所示。

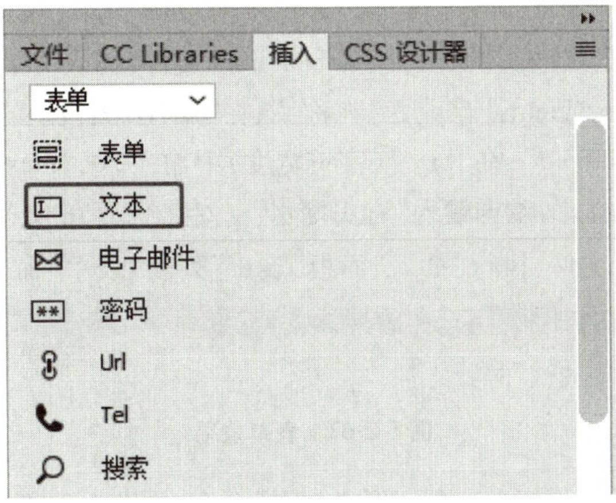

图 5-2-64　文本区域

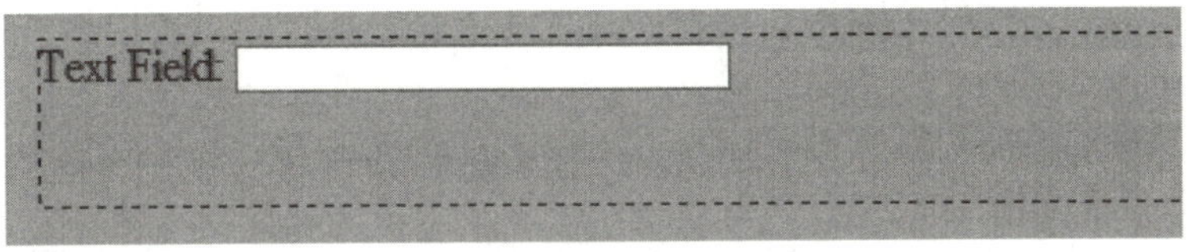

图 5-2-65　文本区域效果

选中插入的文本字段，可以修改文本字段的属性。如图 5-2-66 所示。

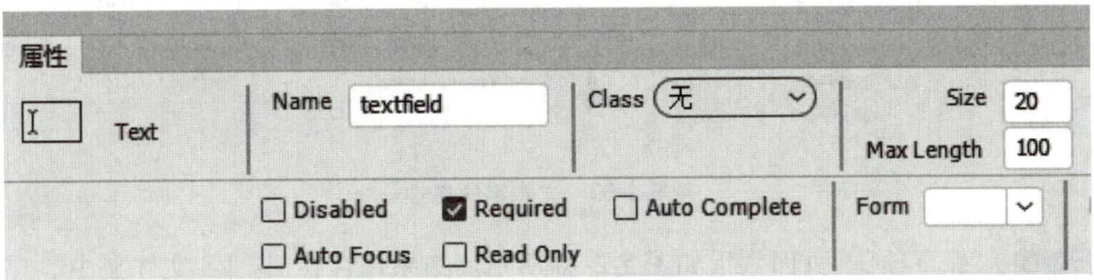

图 5-2-66　文本字段属性

Name(名称)：用于设置文本字段的唯一名称，可以使用字母、数字、字符和下划线的任意组合，但不能包含空格或特殊字符。该名称可以被脚本或程序引用。

Size(字符宽度)：用于设置文本字段的宽度，单位为字符数或像素。

Max Length (最多字符数)：用于设置文本字段中最多可以输入的字符数。

Value(初始值)：用于设置文本字段被显示时的初始文本。

Read Only(只读)：用于将文本字段的值设置为只读。

Required (必填)：用于指定在将表单提交给服务器时，文本字段必须包含数据(不能为空)。

Disabled (禁用)：禁用文本字段。

Auto Focus (自动聚焦)：在页面加载时，该域自动获取焦点。该 HTML5 表单元素属性适用于所有<input>标签的类型。

Form(表单)：指定文本字段所属的表单。该属性适用于所有<input>标签的类型，必须引用所属表单的 id。

例 1 新建空白主页文件 wenben. html 文件,插入文本字段,将文本字段的标签占位文本“Text Field:”修改为“昵称:”;在“属性”面板上的“Name”文本框中输入字段的名称“textfield”;在“Size”(字符宽度)中输入 20,“Max Length”(最大字符数)设置为 18;在“Value”(初始值)文本框输入“青山绿水”。结果保存在 C:\KS 文件夹中。

步骤 1▶ 新建网页文件,执行“插入”面板“表单”列表“表单”命令,如图 5-2-67 所示。

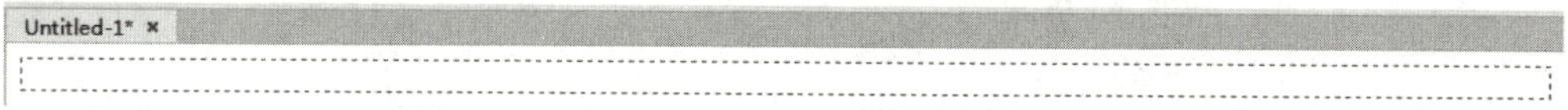

图 5-2-67　表单效果

步骤 2▶ 执行“插入”面板“表单”列表“文本”命令,如图 5-2-68 所示。

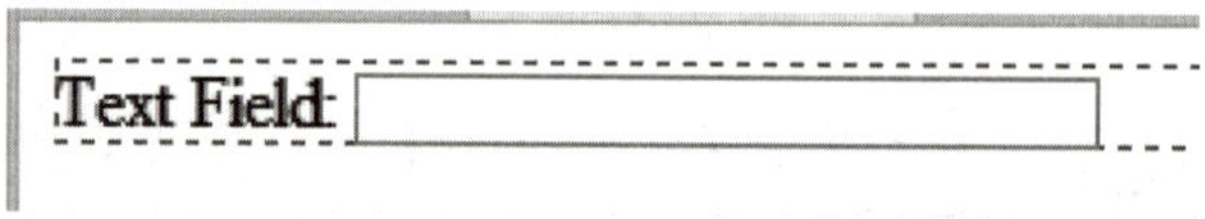

图 5-2-68　文本表单

步骤 3▶ 删除 Text Field,输入“昵称:”,在“属性”面板中输入参数,如图 5-2-69 所示。

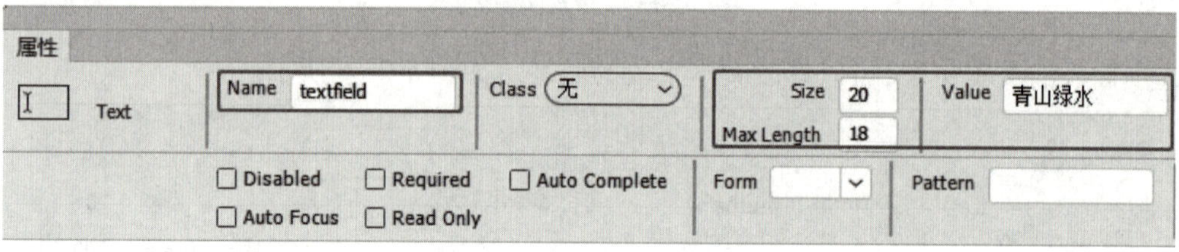

图 5-2-69　文本字段属性

步骤 4▶ 保存预览,页面效果如图 5-2-70 所示。结果保存在 C:\KS 文件夹中。

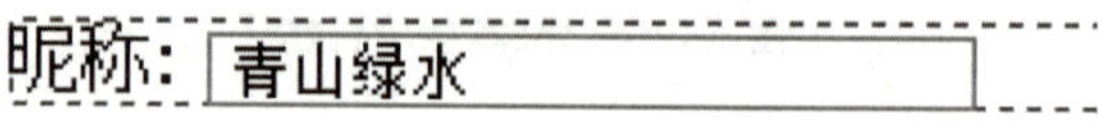

图 5-2-70　文本字段效果

2. 插入密码框

如果用户希望保护自己输入的信息不被他人看到,可以使用密码字段。密码字段和文本字段的设置方法相同,不同的是,在密码字段中输入字符时,字符将自动以“●”符号或者“*”符号显示,从而起到保密的作用。

例 2 新建 mima. html 文件,将密码字段的标签占位文本“Password:”修改为“密码:”,然后在属性面板中设置“Name(名称)”为“pwd”;“Size(字符宽度)”为 14,“Max Length(最多字符数)”为 12;“Value(初始值)”为“123abc”。结果保存在 C:\KS 文件夹中。

步骤 1▶ 新建网页文件 mima. html，执行“插入”面板“表单”列表下的“表单”命令，如图 5-2-71 所示。

图 5-2-71　表单

步骤 2▶ 执行“插入”面板“表单”列表下的“密码”命令，如图 5-2-72 所示。

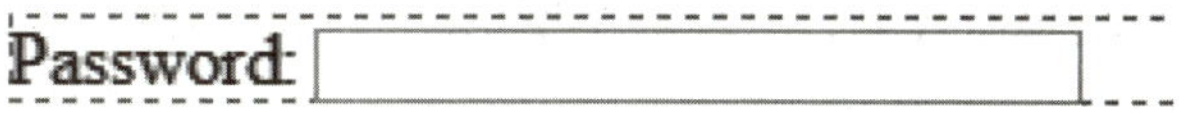

图 5-2-72　密码控件

步骤 3▶ 删除文字，输入“密码：”，在“属性”面板中输入参数，如图 5-2-73 所示。

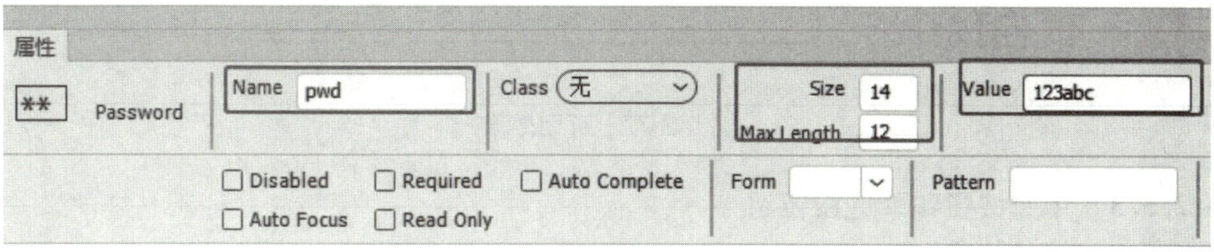

图 5-2-73　密码字段属性

步骤 4▶ 保存预览，页面效果如图 5-2-74 所示。结果保存在 C:\KS 文件夹中。

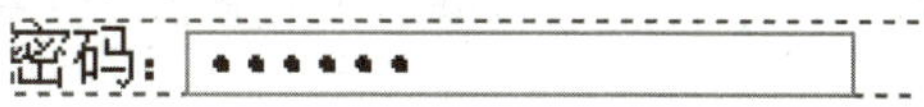

图 5-2-74　密码字段属性

3. 插入文本区域

切换到“表单”列表，在要插入文本字段的位置单击鼠标，执行“插入”面板“表单”列表“文本区域”命令，或者单击“表单”插入面板中的“文本区域”按钮，即可插入一个文本区域。

例 3　新建文件 quyu. html，将文本区域的标签占位文本“Text Area:”修改为“自我介绍:”；在“属性”面板中设置 Name（名称）为“info”；“Cols”（字符宽度）为 30，“Rows”（行数）为 5，即最多能输入的文本行数为 5 行；“Value（初始值）”为“个人资料说明”。结果保存在 C:\KS 文件夹中。

步骤 1▶ 新建网页文件，执行“插入”面板“表单”列表下的“表单”命令。

步骤 2▶ 执行“插入”面板“表单”列表下的“文本区域”命令，如图 5-2-75 所示。

图 5-2-75　文本区域

步骤 3▶ 在“属性”面板中修改参数,如图 5-2-76 所示。

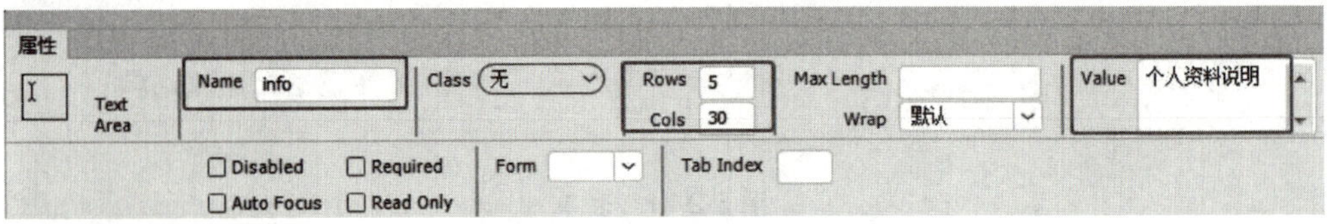

图 5-2-76 文本区域属性面板

步骤 4▶ 保存预览,页面效果如图 5-2-77 所示。结果保存在 C:\KS 文件夹中。

图 5-2-77 页面效果

5.2.5.3 单选按钮和单选按钮组

在表单中,使用单选按钮可以设置预定义的选项。使用单选按钮时,所有的待选项是一个整体,对于选项的选择具有独占性。也就是说,在单选按钮的待选项中,只允许有一个选项处于被选中状态。

小提示:当使用单选按钮时,每一组单选按钮必须具有相同的名称。

1. 插入单选按钮

切换到“设计”列表,在要插入单选按钮的位置单击,执行“插入”面板“表单”列表“单选按钮”命令,或在“表单”插入面板中单击“单选按钮”,即可插入一个单选按钮。

单选按钮的控件“属性”面板,如图 5-2-78 所示。

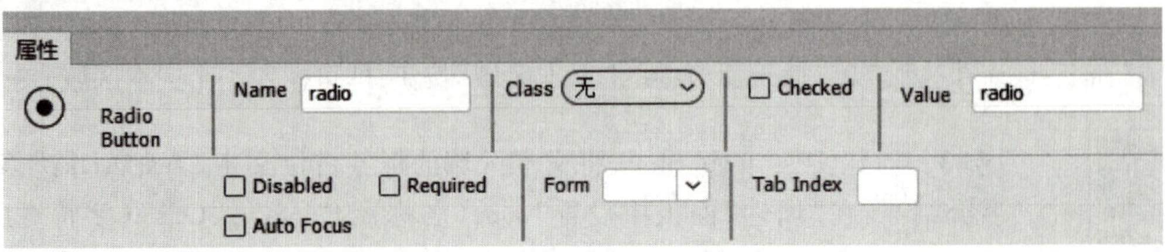

图 5-2-78 单选按钮属性

Name(名称):用于设置单选按钮的名称,该名称可以被脚本或程序所引用。

Value(选定值):用于设置该单选按钮被选中时的值,这个值将会随表单一起提交。

Checked(选中):用于设置单选按钮的初始状态是否为选中。

2. 插入单选按钮组

如果需要添加的单选按钮很多,逐个添加再逐个改名,实现起来比较繁琐,使用“单选按钮组”则可以一次建立一组单选按钮。

例如，新建网页文件 buttons.html，切换到“插入”面板“表单”列表，在要插入单选按钮组的位置单击，执行“插入”面板“表单”列表“单选按钮组”命令，或在“表单”插入面板中单击“单选按钮组”按钮，如图 5-2-79 所示。

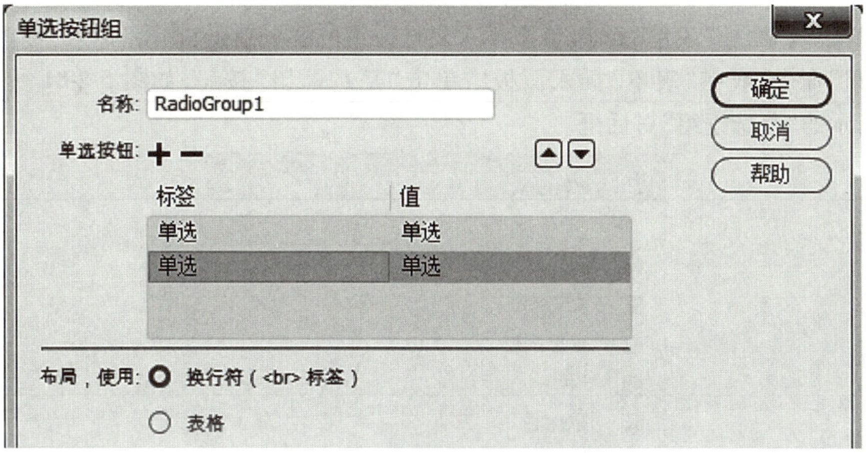

图 5-2-79 单选按钮组对话框

名称：用于定义单选按钮组的名称。

标签：用于设置单选按钮的标签名称。单击占位文本“单选”，该文本框即变为可编辑状态，可以输入要在页面上显示的单选按钮的标签。

值：用于设置该选项被选中时对应的值。单击占位文本“单选”，该文本框即变为可编辑状态，可以输入值。

按钮：用于添加和删除按钮。

按钮：用于调整当前选中的按钮在组中的位置。

布局、使用：用于设置单选按钮组中各个单选按钮的分隔方式。

5.2.5.4 复选框和复选框组

1. 插入复选框

切换到“表单”列表，在要插入复选框的位置单击，执行“插入”面板“表单”列表“复选框”命令，或在“表单”插入面板中单击“复选框”按钮，即可插入一个复选框。

复选框控件的“属性”面板，如图 5-2-80 所示。

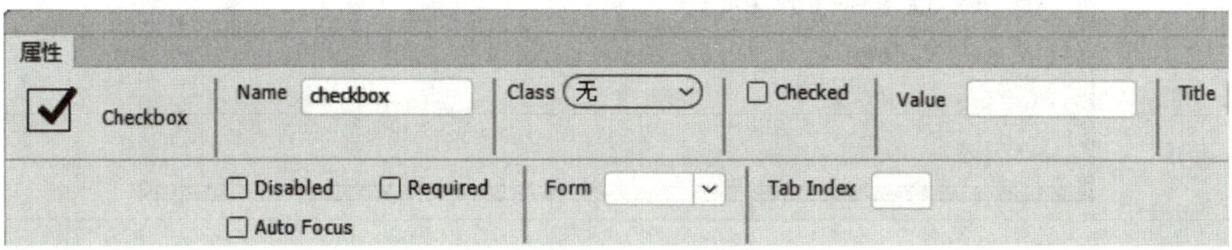

图 5-2-80 复选按钮属性

Name（名称）：用于设置复选框的名称。该名称可以被脚本或程序所引用。

Value(值):用于设置该复选框被选中时的值,这个值将会随表单提交。

Checked(选中):用于设置复选框的初始状态是否为选中。

2. 插入复选框组

切换到“插入”面板“表单”列表,在要插入复选框组的位置单击,执行“插入”面板“表单”列表“复选框组”命令,或在“表单”插入面板中单击“复选框组”按钮,如图 5-2-81 所示,弹出如图 5-2-82 所示的“复选框组”对话框。

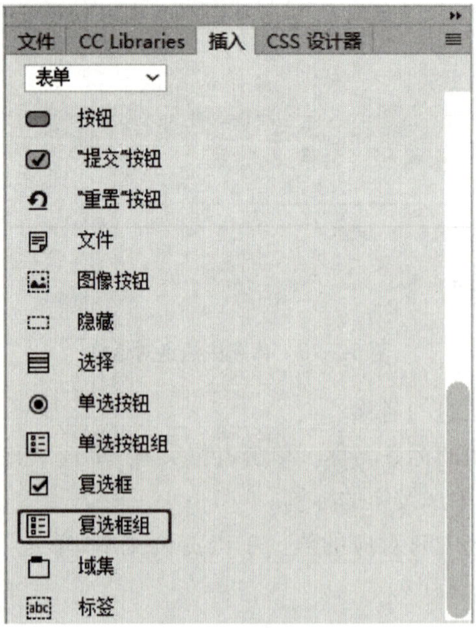

图 5-2-81　插入复选框组

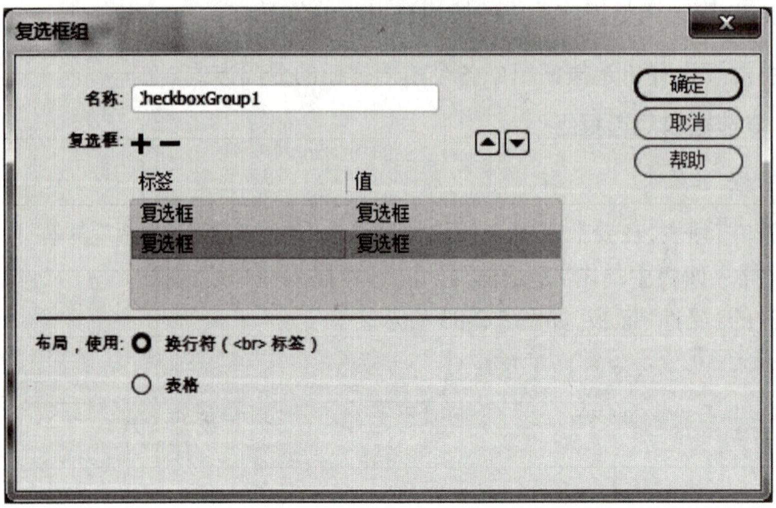

图 5-2-82　复选框组对话框

该对话框设置与单选按钮组对话框设置相同,请参见上节内容。

5.2.5.5 下拉选择框

选择框能够以列表的形式提供一系列的预设选择项，这对于空间有限的页面来说，是非常不错的选择。

在 Dreamweaver CC 中，用户可以在表单中插入两种类型的选择框：一种是单击“下拉”的菜单，通过下拉方式显示多个可选项，一般只允许选择一个可选项；另一种是显示可选项的滚动列表。通过类似浏览器滚动条的滚动框显示多个可选项，并可以自定义滚动框的行高，允许浏览者选择一个或多个选项。

在“属性”面板中创建这两种选择框的方式是一样的，却可提供不同的显示方式。

例如，在 C:\KS 中新建网页文件 xuanzekuang.html，切换到“插入”面板的“表单”列表，在要插入选择框的位置单击，执行“插入”面板“表单”列表“选择框”命令，或在“表单”插入面板中单击“选择框”按钮，如图 5-2-83 所示，即可插入一个选择框，如图 5-2-84 所示。

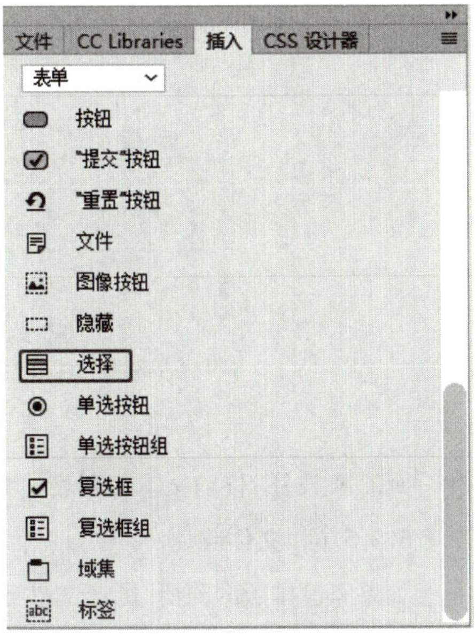

图 5-2-83 下拉选择框

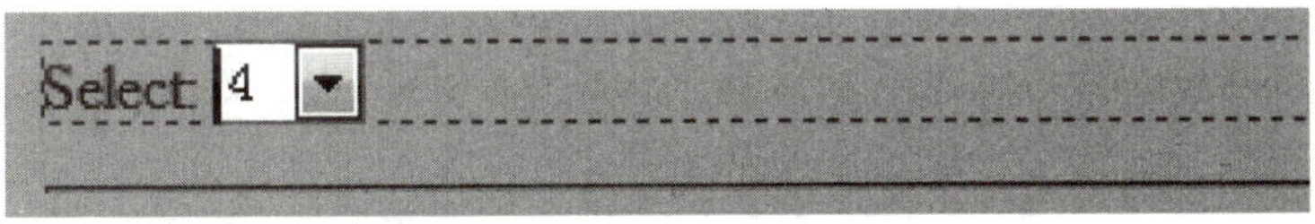

图 5-2-84 下拉选择框效果

选择框控件的“属性”面板，如图 5-2-85 所示。

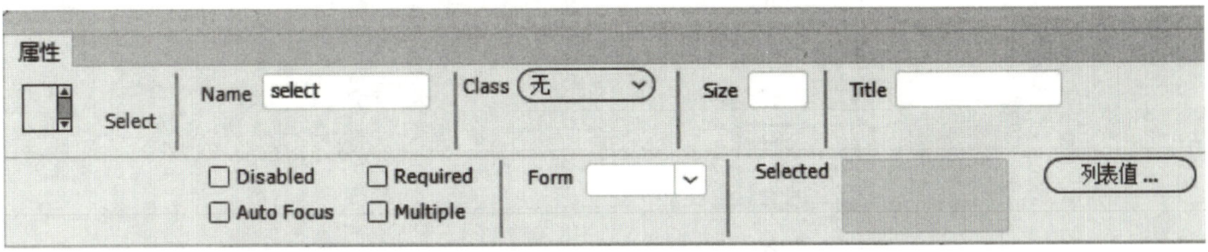

图 5-2-85 下拉框属性

Size（大小）：用于设置列表显示的大小。

列表值：用于设置列表内容。

Multiple（允许多选）：用于设置是否允许选择多项列表值。

Selected（初始化时选定）：用于设置“列表|菜单”的默认选项。

单击“属性”面板上的“列表值”按钮打开“列表值”对话框，如图 5-2-86 所示。

项目标签：用于设置列表项的显示文本。

值：用于设置列表项选中时对应的值。

 按钮：用于添加和删除列表项。

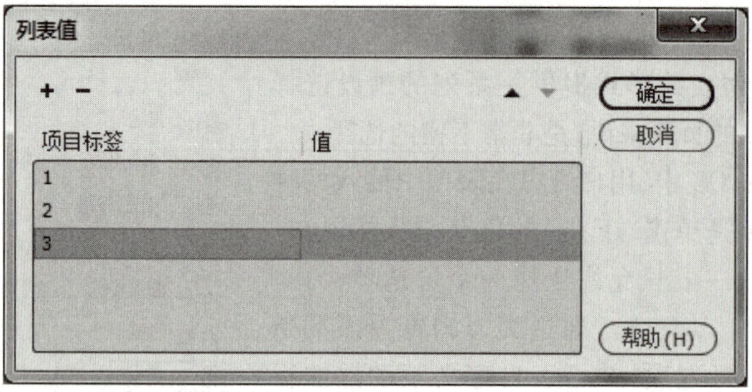

图 5-2-86　下拉框属性

▲ ▼ 按钮：移动文本在列表项中的上下位置。

5.2.5.6　文件域

如果经过排版的简历、图形文件或其他文件，访问者提供的信息过于复杂，就无法通过文本域上传到服务器。在网页中插入文件域可以达到这个目的，前提条件是服务器支持文件匿名上传功能，且有能处理文件提交操作的页面。此外，文件域要求使用 POST 方法将文件从浏览器传输到服务器。

例如，在 C:\KS 中新建网页文件 file. html，切换到“插入”面板“表单”列表，在要插入选择框的位置单击，执行“插入”面板“表单”列表“文件”命令，或在“表单”插入面板中单击“文件”按钮，如图 5-2-87 所示，即可插入一个文件域。

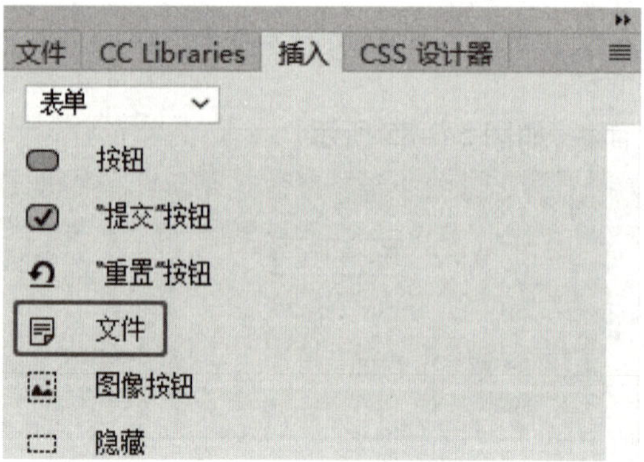

图 5-2-87　插入文件域

文件域的“属性”面板如图 5-2-88 所示。

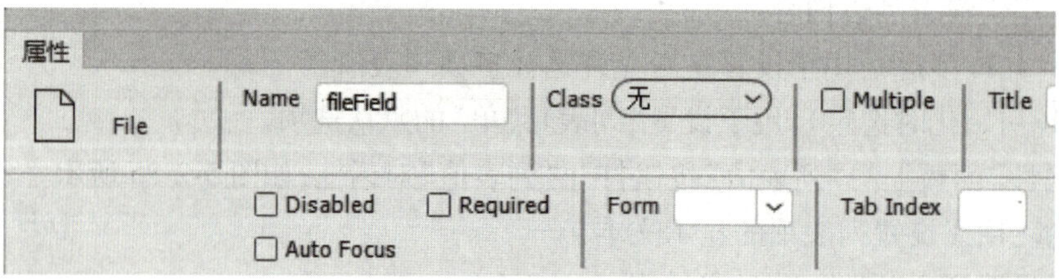

图 5-2-88　文件域属性

Name(名称):用于设置文件域的名称,可以被脚本或程序所引用。

Multiple(多选):选中该选项后,选择文件时允许同时选择多个文件。

5.2.5.7 插入按钮

“提交”按钮用于将表单数据发送到服务器进行处理,“重置”按钮用于清除表单中的所有输入字段。

1. 插入“提交”按钮

“提交”按钮使用 POST 方法将表单提交给指定的动作进一步处理。

例如,在 C:\KS 中新建网页文件 summit. html,切换到“插入”面板“表单”列表,在要插入按钮的位置单击,执行“插入”面板“表单”列表“提交”按钮命令,或在“表单”插入面板中单击“提交”按钮,如图 5-2-89 所示,即可插入一个“提交”按钮。

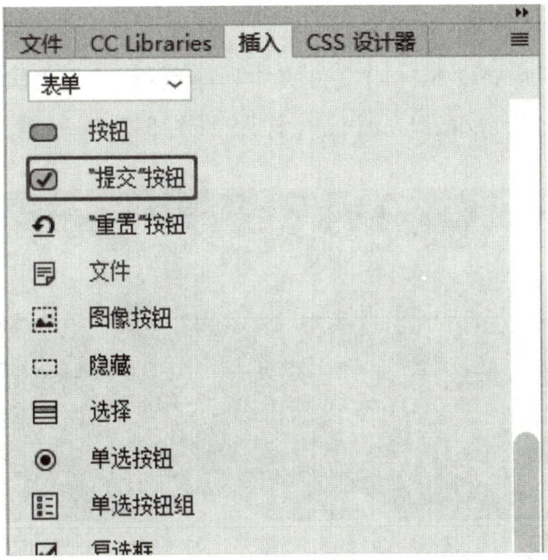

图 5-2-89 插入“提交”按钮

提交按钮的“属性”面板设置,如图 5-2-90 所示。

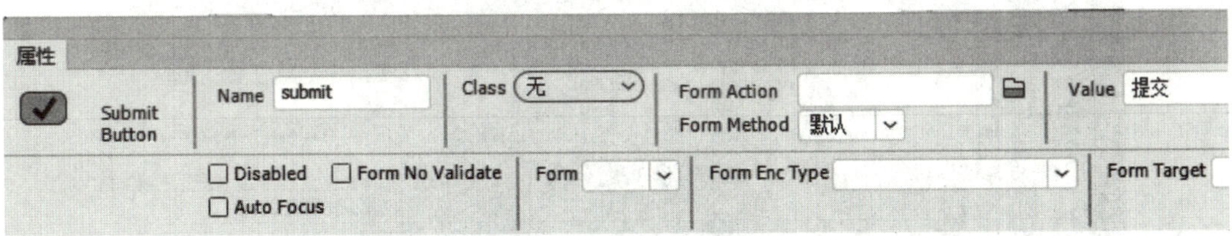

图 5-2-90 提交按钮效果

Name (名称):用于设置按钮的名称,默认为 submit。该名称可以被脚本或程序引用。

Value (值):用于设置按钮的标识,该标识将显示在按钮上,默认为“提交”。

Form No Validate(不验证):提交表单时不对 form 或 input 域进行验证。

2. 插入“重置”按钮

“重置”按钮用于把表单各控件的值恢复到初始状态,以便重新输入表单数据。

该按钮控件的属性与“提交”按钮的属性基本相同，不再重复介绍。不同的是，Name（名称）属性的值默认为 reset，Value（值）属性的值默认为“重置”。

3. 插入按钮

普通按钮（或称无动作按钮）在单击时不产生任何动作，用户可以为该按钮指定要执行的动作。

5.2.5.8 表单测试

完成表单的制作后，需要对整个表单进行测试以确保其正常工作。在 Adobe Dreamweaver CC 中，我们可以使用内置的浏览器预览功能来查看表单的实际效果并进行测试。如果发现任何问题或需要进一步优化表单设计，我们可以回到“设计”视图中进行修改和调整。

5.2.6 课后练习

1）利用 C:\素材\第 5 章\5-2-6-1（a）文件夹中所给素材，建立大国工匠站点，设计制作“大国工匠”网站首页，首页命名为 index. html，保存样张如图 5-2-91 所示，结果保存在 C:\KS 文件夹中。

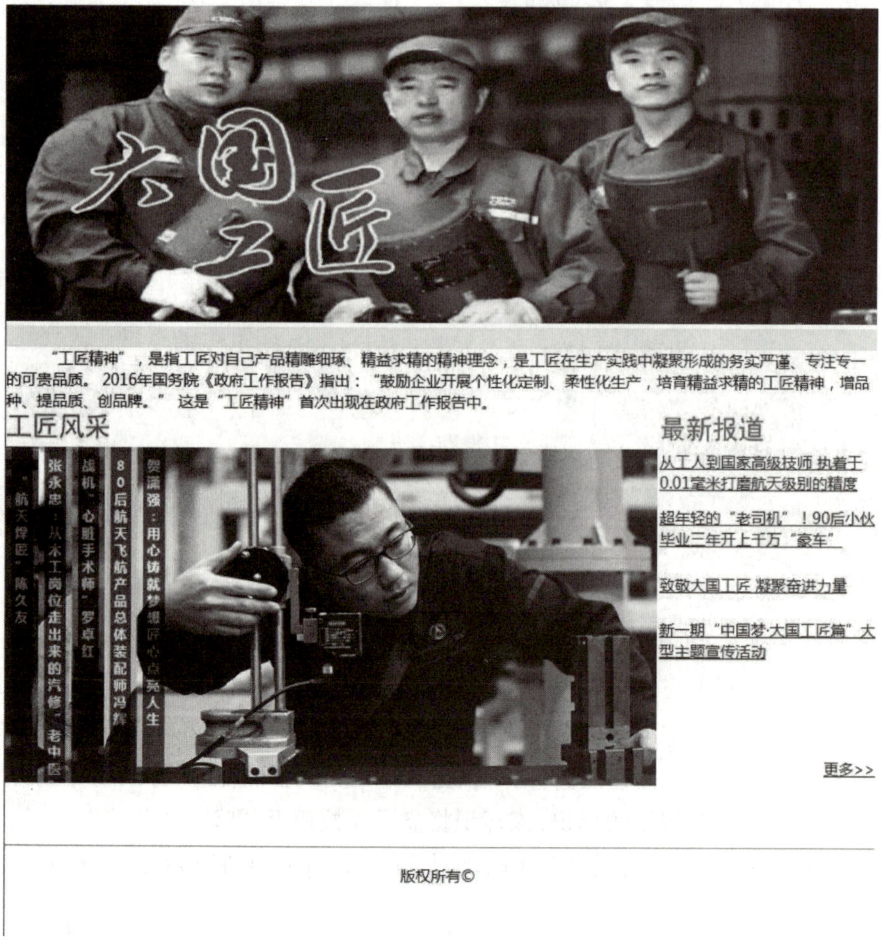

图 5-2-91　课后练习 1 样张

步骤1▶ 打开 Adobe Dreamweaver CC 软件，切换到设计视图。单击“站点”菜单，选择“新建站点”，弹出“站点设置对象对话框”。

步骤2▶ 选择对话框左侧“站点”，在内容窗口“站点名称”填写“大国工匠”，在保存位置“本地站点文件夹”填写“C:\KS\大国工匠”。单击“保存”关闭对话框，如图 5-2-92 所示。

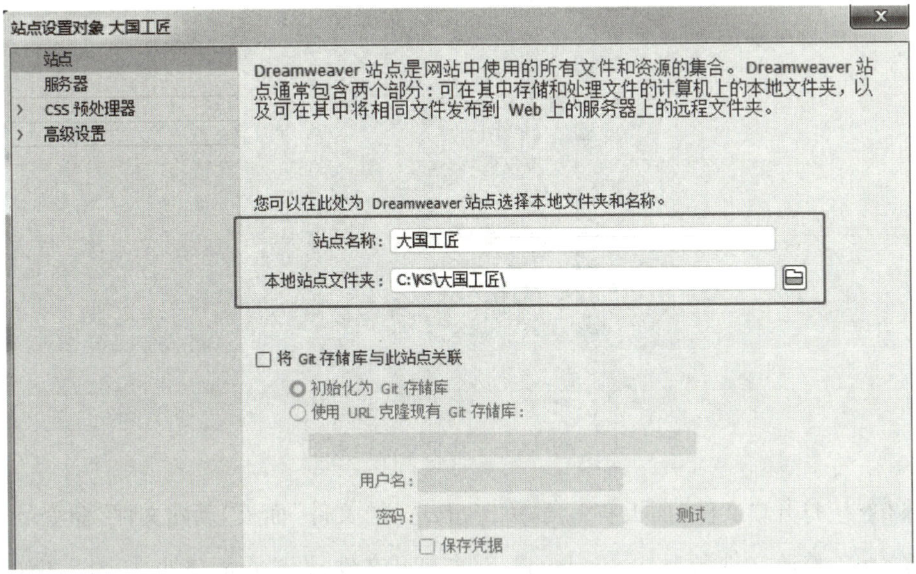

图 5-2-92 站点设置对象“大国工匠”

步骤3▶ 单击“文件”面板右上角≡按钮，执行“文件”面板“新建文件夹”命令，创建文件夹“image”，如图 5-2-93 所示。

步骤4▶ 在“文件”面板中选择“C:\素材\第 5 章\5-2-6-1(a) 文件夹，选中文件夹中所有文件。单击“文件”面板右上角≡按钮，执行“文件”面板“编辑”下拉列表“拷贝”命令。如图 5-2-94 所示。

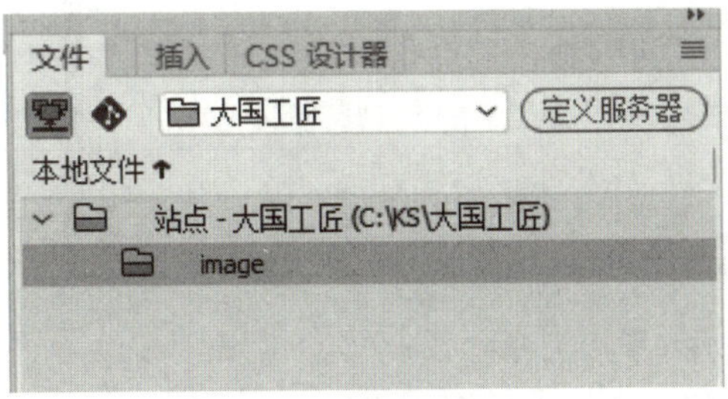

图 5-2-93 新建站点文件夹

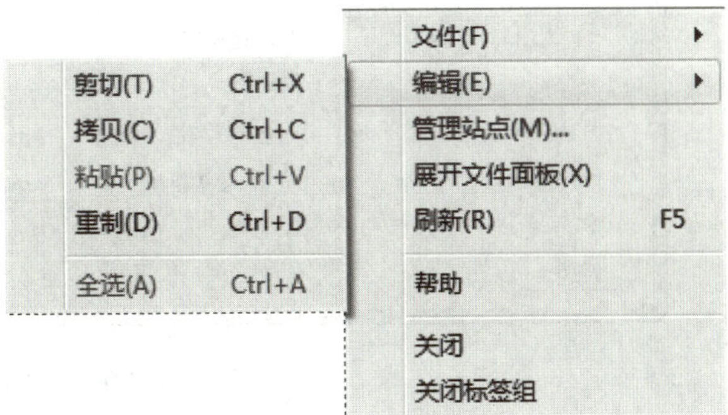

图 5-2-94 拷贝文件

步骤5▶ 在“文件”面板中选择“大国工匠”下拉列表“image”文件夹，单击“文件”面板右上角≡按钮，执行“文件”面板“编辑”下拉列表“粘贴”命令，复制文件到“大国工匠\image”文件夹中，如图 5-2-95 所示。

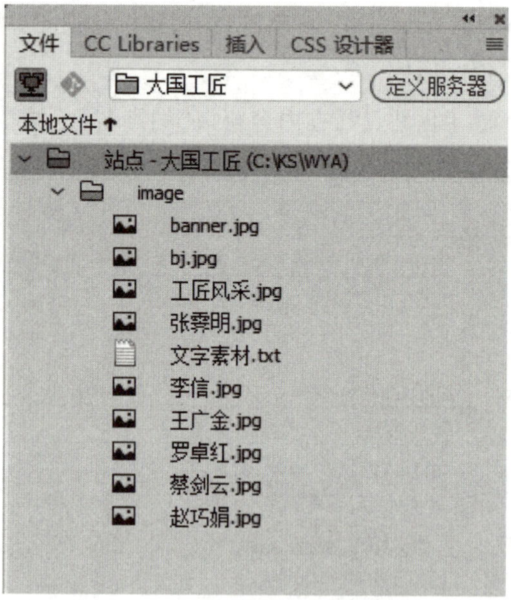

图 5-2-95　拷贝文件完成

步骤 6▶ 打开"文件"面板右上角☰按钮,选择"文件"面板"新建文件"命令。

步骤 7▶ 修改文件名为"index. html",双击打开文件,设置页面属性,如图 5-2-96 所示。

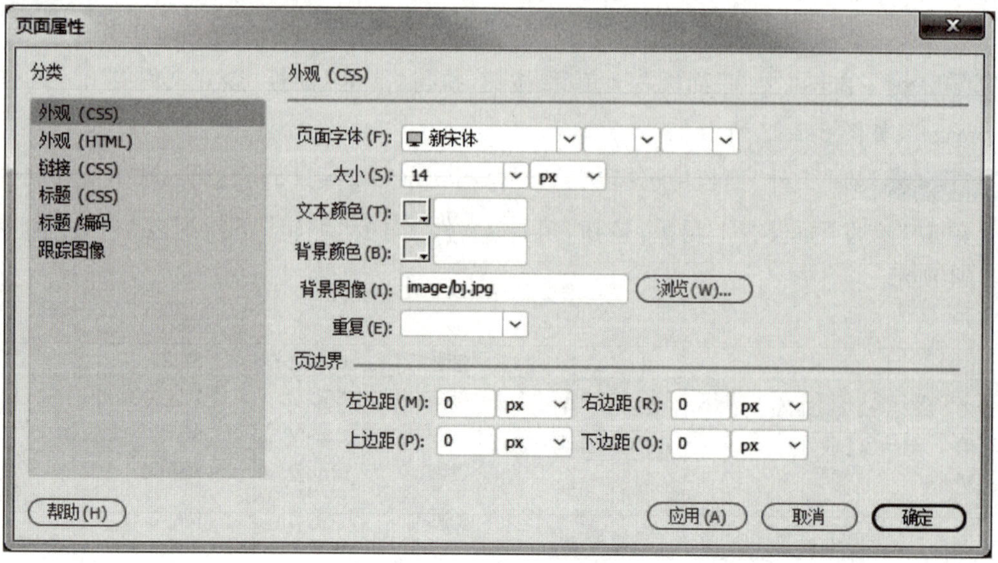

图 5-2-96　设置站点外观

步骤 8▶ 执行"插入"菜单"HTML"子菜单"table(表格)"命令,打开表格对话框,如图 5-2-97 所示。

步骤 9▶ 在表格对话框中,输入如图 5-2-98 所示参数。

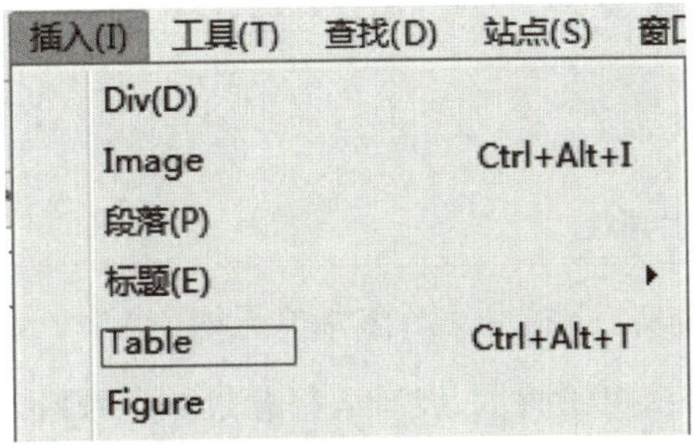

图 5-2-97 插入表格

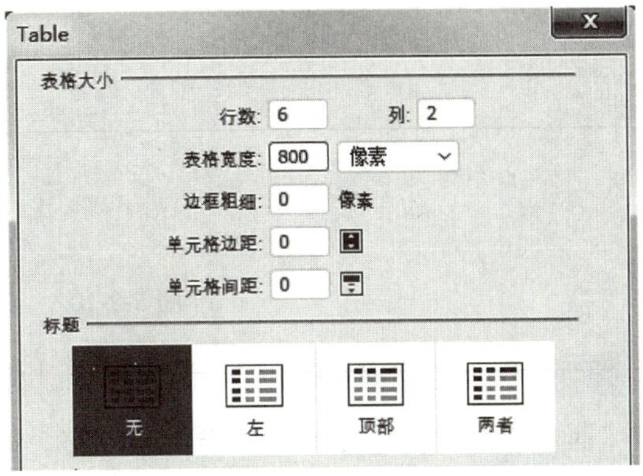

图 5-2-98 设置表格

步骤 10▶ 打开“窗口”菜单中“属性”面板,如图 5-2-99 所示,设置表格属性。

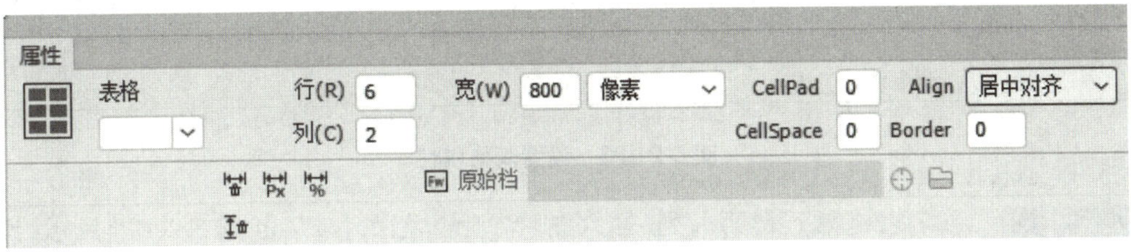

图 5-2-99 设置表格属性

步骤 11▶ 选中所有单元格,设置单元格颜色为#FFFFFF,如图 5-2-100 所示。

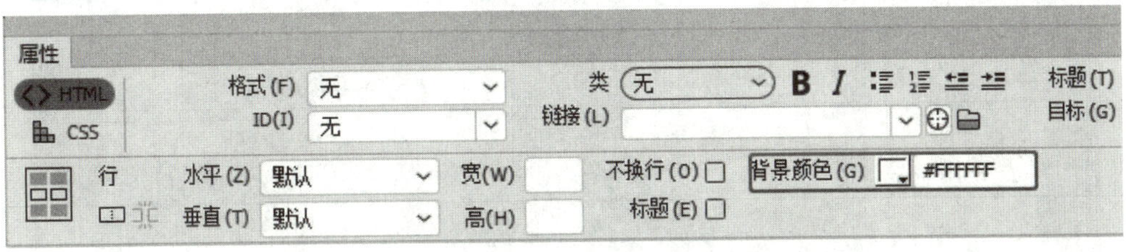

图 5-2-100 设置表格属性

步骤 12▶ 选中表格第一行,单击右键,执行“表格”下拉列表“合并单元格”命令,或者在“属性”面板中,单击“ ”按钮,合并单元格。

步骤 13▶ 鼠标左键单击表格第一行,单击“插入”面板“HTML”列表“image”按钮,打开“选中图像源文件”对话框,插入 banner. jpg 文件。如图 5-2-101 所示。

步骤 14▶ 选中图片,打开“属性”面板,如图 5-2-102 所示,设置图片属性。

图 5-2-101 插入图片

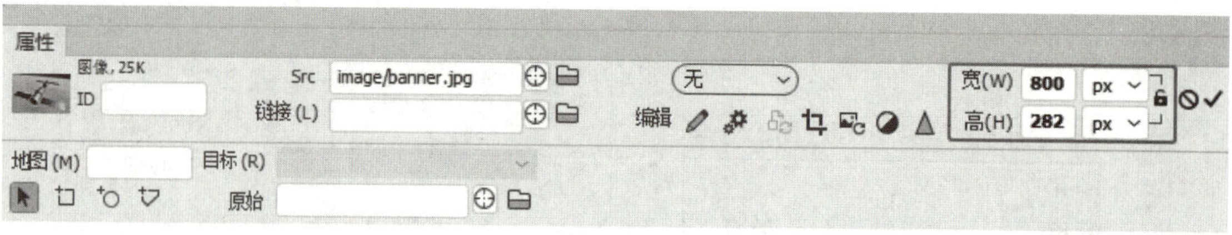

图 5-2-102　设置图片属性

步骤 15▶　选中表格第二行，单击右键，执行“表格”下拉列表“合并单元格”命令，或者在“属性”面板中，单击“ ”按钮，合并单元格。如图 5-2-103 所示，设置表格背景颜色#FFF24D。

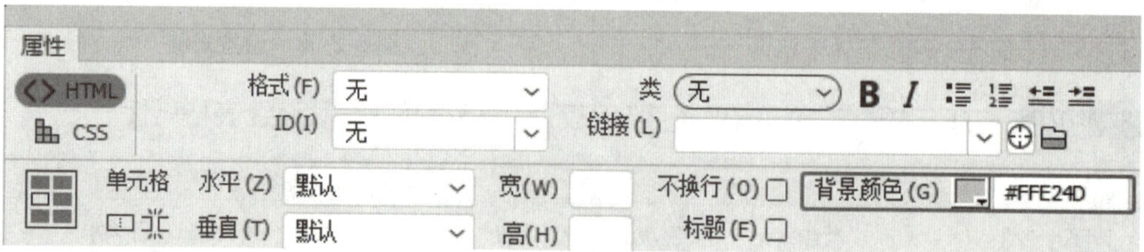

图 5-2-103　设置表格属性

步骤 16▶　选中表格第五行第一列，插入图片“工匠风采.jpg”，如图 5-2-104 所示，设置图片宽、高分别为 600、300。

图 5-2-104　设置图片大小

步骤 17▶　选中表格第三行，单击右键，执行“表格”下拉列表“合并单元格”命令，或者在“属性”面板中，单击“ ”按钮，合并单元格。

步骤 18▶　双击“文件”面板中大国工匠列表“image”中的文件素材.txt 文件，将第一段文字复制到步骤 15 的单元格中。

步骤 19▶ 执行“编辑”菜单中“首选项”命令，弹出首选项对话框，如图 5-2-105 所示，勾选“允许”多个连续的空格，单击“应用”按钮，关闭对话框。

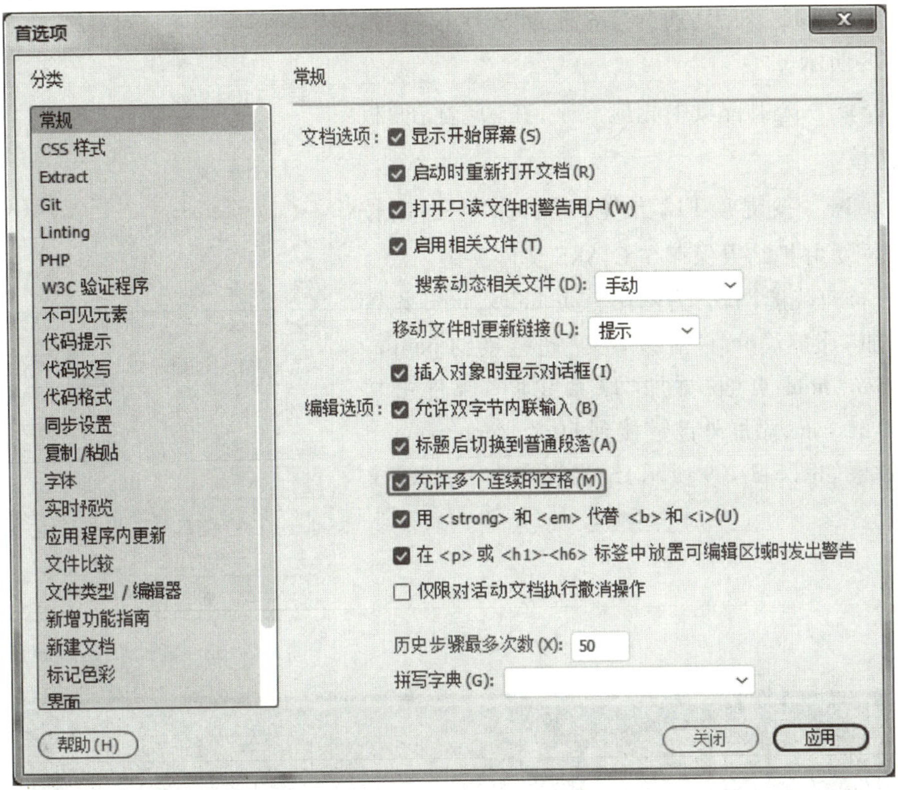

图 5-2-105 软件选项设置

步骤 20▶ 将文本标记定位在文字段首，敲击空格键 8 次。

步骤 21▶ 选中表格第五行第二列，单击右键，执行“表格”下拉列表“拆分单元格”命令，或者在“属性”面板中，单击“”按钮，在弹出的对话框中，设置行数 5，选中单元格，设置单元格高度 50，如图 5-2-106、5-2-107 所示。

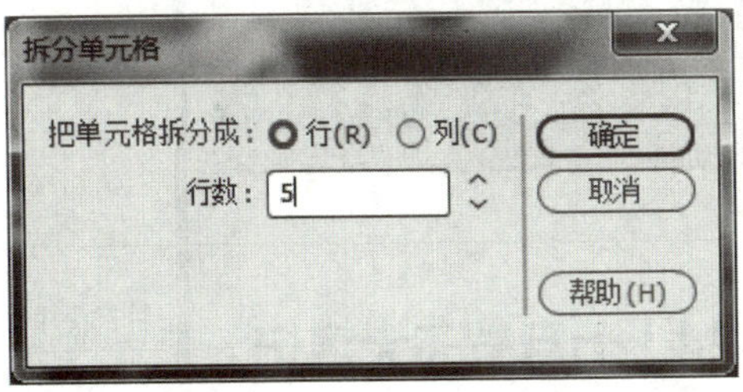

图 5-2-106 拆分单元格

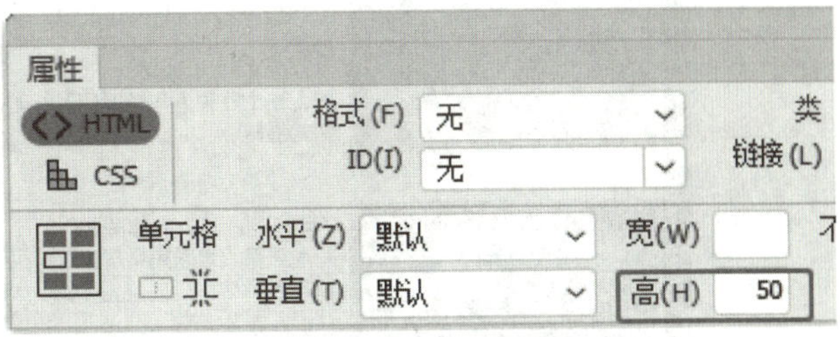

图 5-2-107 设置单元格

步骤 22▶ 按照样张输入文字，设置“工匠风采”“最新报道”标题文字黑体、24px。

步骤 23▶ 选中表格第六行，单击右键，执行“表格”下拉列表“合并单元格”命令，或者在“属性”面板中，单击“”按钮，合并单元格，并在单元格内敲回车键 3 次。

步骤 24▶ 单击“插入”面板“HTML”列表中的“水平线”按钮，在水平线下输入汉字“版权所有”，单击“插入”面板“HTML”列表“符号”按钮，插入版权符号，如图 5-2-108 所示。

步骤 25▶ 选中首页中相应文字，在“属性”面板中设置空链接。

步骤 26▶ 按键盘 F12 预览，提示保存文件，按“是”，预览网页并把结果保存在 C:\KS 文件夹中。

2)打开神舟飞船网站，为网站首页 index. html 设置导航栏，添加“飞船简介”“精彩图集”超链接到 jianjie. html 和 tupian. html 页面，添加“联系我们”邮件链接 webmaster@ ht. com，添加外部链接到 http://cpc. people. com. cn。效果如图 5-2-109 所示，结果保存在 C:\KS 文件夹中。

图 5-2-108 插入水平线和版权符号

图 5-2-109 课后练习 2 样张

步骤 1▶ 打开软件，切换到设计视图。单击“站点”菜单，选择“新建站点”，弹出“站点设置对象对话框”，如图 5-2-110 所示。

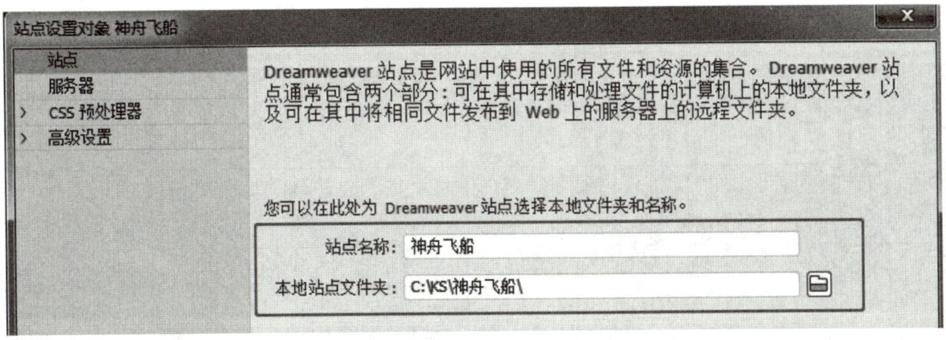

图 5-2-110　新建站点

步骤 2▶ 将 C:\素材\第 5 章\5-2-6-1(b)文件夹中的所有文件复制到 C:\KS\神舟飞船文件夹中。

步骤 3▶ 在 Dreamweaver CC 的“文件”面板空白处单击鼠标右键，刷新本地文件夹，打开站点下的 index. html 文件。

步骤 4▶ 选中表格第 2 行，执行“插入”菜单“table(表格)”命令，如图 5-2-111 所示设置参数。

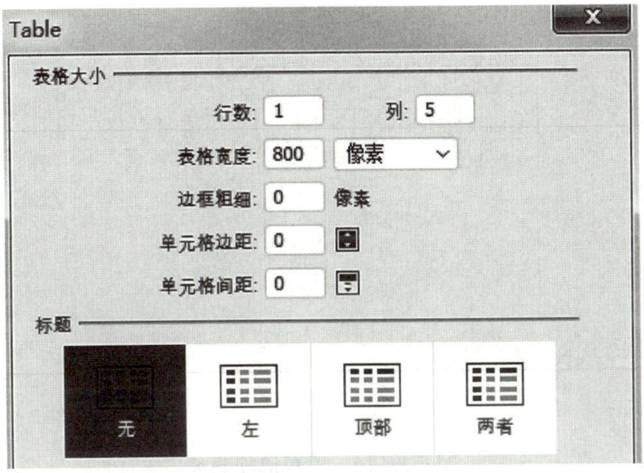

图 5-2-111　插入表格

步骤 5▶ 选中先插入表格的所有单元格，在“属性”面板中，设置背景颜色为#0A6D90，对齐方式水平居中，如图 5-2-112 所示设置参数。

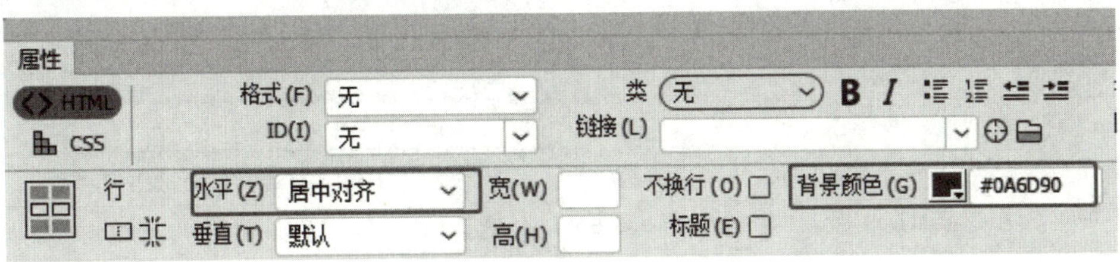

图 5-2-112　属性设置

步骤 6▶ 依次在单元格中输入“首页”“要点新闻”“飞船简介”“科普教育”“精彩图集”，在“属性”面板左侧单击“css”按钮，设置字体宋体，大小 18，颜色白色#FFFFFF，网页预览效果如图 5-2-113 所示。

图 5-2-113 导航文字设置

步骤 7▶ 打开“页面属性”对话框，如图 5-2-114 所示，单击“链接(css)”选项，设置链接颜色##F5AB32，已访问链接颜色#F8104A。

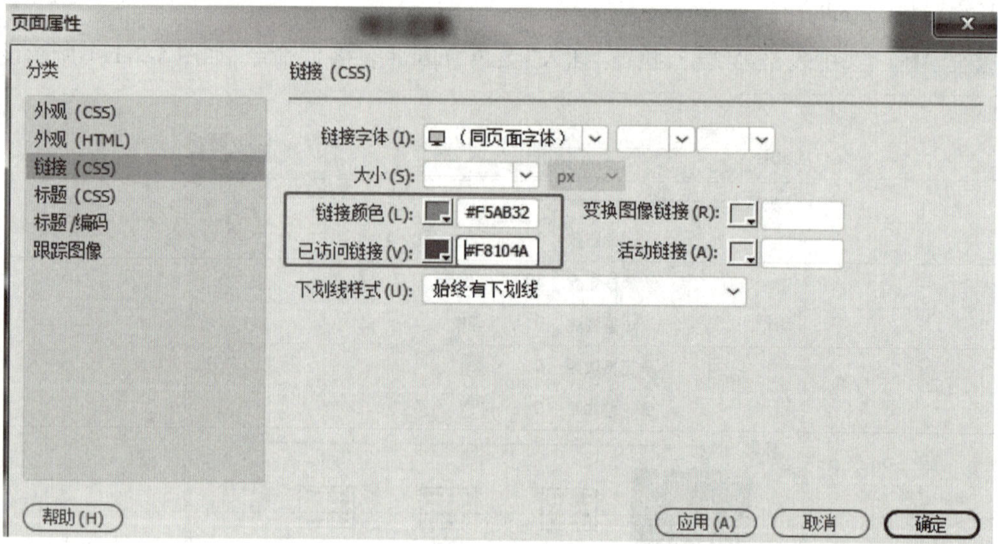

图 5-2-114 设置链接颜色

步骤 8▶ 选中“飞船简介”，如图 5-2-115 所示，单击“属性”面板左侧 html 按钮，在属性面板中设置超链接到 jianjie. html 文档。

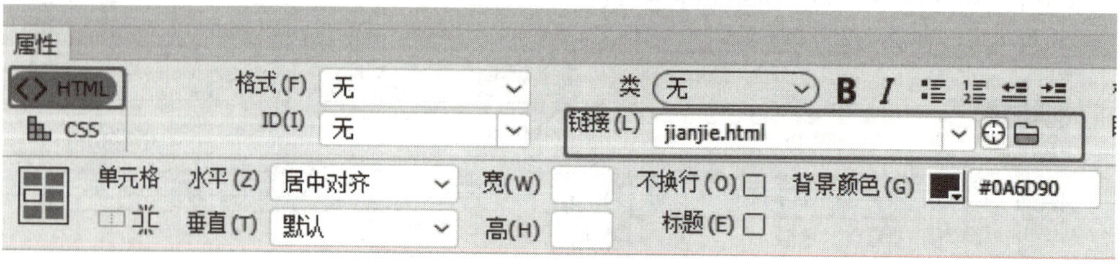

图 5-2-115 设置超链接

步骤 9▶ 重复步骤 5，设置“首页”“精彩图集”超链接文档分别为“index. thml”和“tupian. html”。

步骤 10▶ 参照步骤 5，如图 5-2-116 所示，设置“要点新闻”“科普教育”的超链接内容为“# 空链接”。

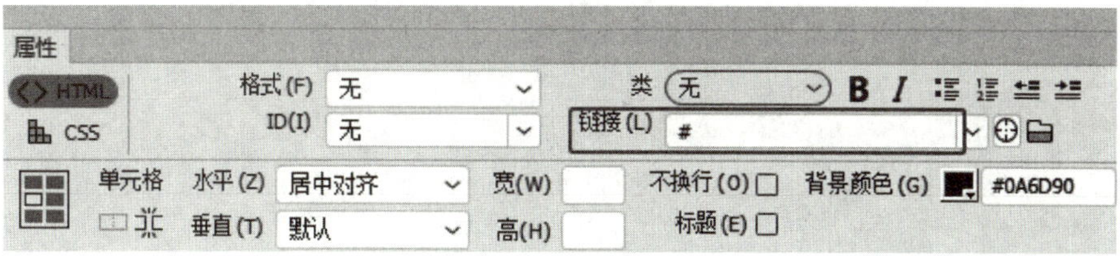

图 5-2-116 设置空链接

步骤 11▶ 选中“神舟十八号…航天员怎么拍出来的?”文字，如图 5-2-117 所示，设置外部链接到 http://cpc. people. com. cn，目标“new”。

图 5-2-117 设置超链接

步骤 12▶ 选中表格下端“联系我们”，如图 5-2-118 所示，设置邮件链接 mailto:webmaster @ ht. com。

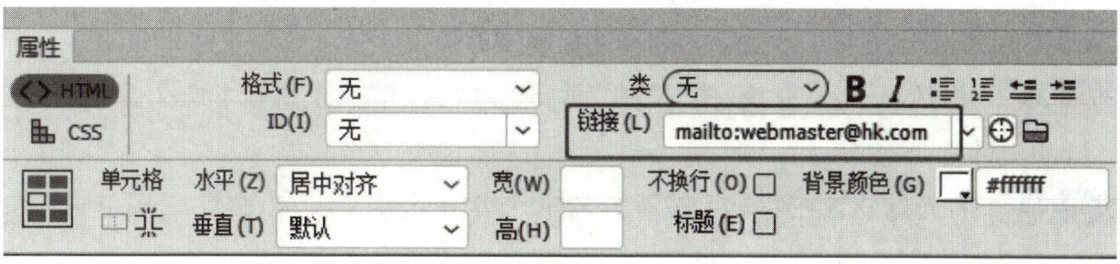

图 5-2-118 设置邮件链接

步骤 13▶ 执行“文件”菜单“保存”命令，按“F12”或执行“文件”面板“实时预览”命令查看效果，将结果保存在 C:\KS 文件夹中。

3）利用 C:\素材\第 5 章\5-2-6-1(c)文件夹中的素材，新建站点上海新地标，打开上海新地标站点下的 service. html 页面，参照样张制作表单页面，以原文件名保存，样张如图 5-2-119 所示，并将结果保存在 C:\KS 的新建站点文件夹中。

步骤 1▶ 打开 Dreamweaver CC 软件，切换到设计视图。打开“站点”|“新建站点”，在弹出的对话框中，新建本地站点文件夹“C:\KS\上海新地标”。

步骤 2▶ 将 C:\素材\第 5 章\5-2-6-1(c)文件夹中的所有文件复制到 C:\KS\上海新地标文件夹下。

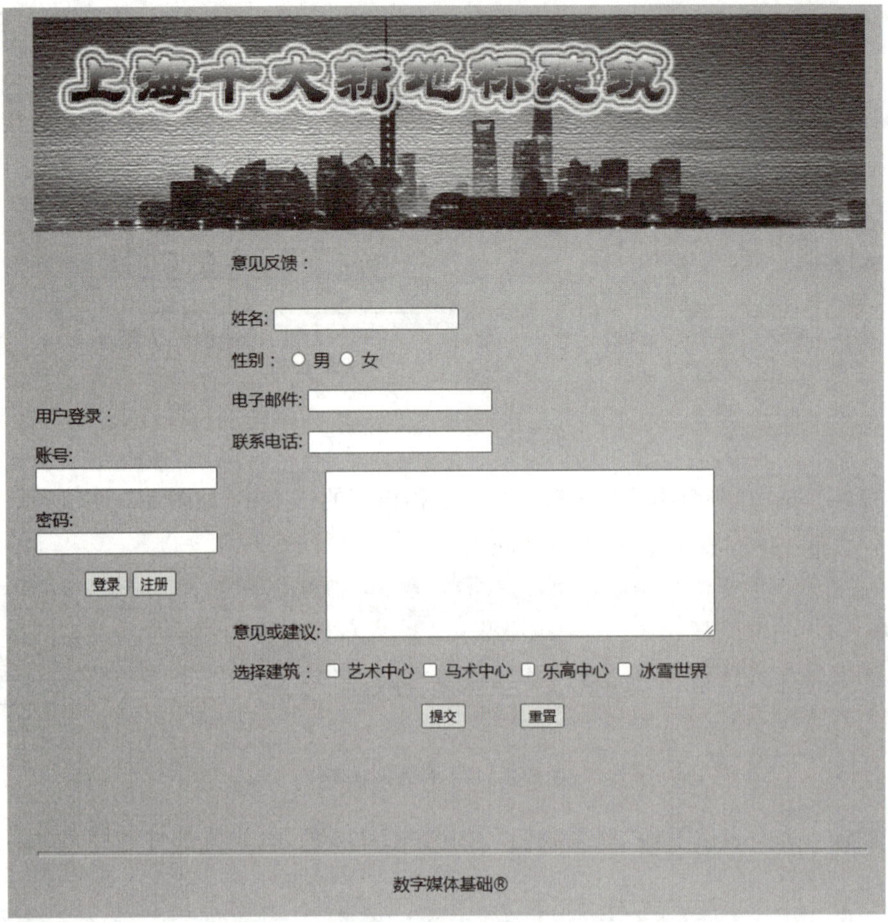

图 5-2-119　表单样张

步骤 3▶ 在 Dreamweaver CC 的“文件”面板空白处点击右键，刷新本地文件夹。双击打开 service. html 文件。

步骤 4▶ 将光标放置在意见反馈下方的单元格中，打开“插入”面板|“表单”列表，单击“表单”按钮。如图 5-2-120 所示。

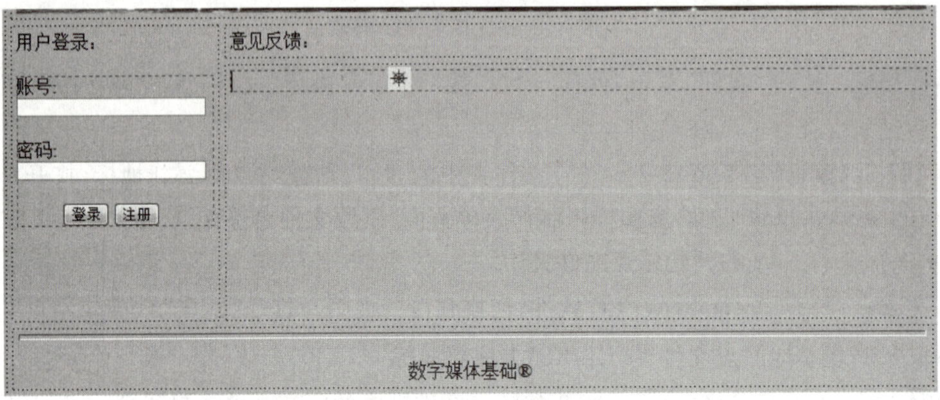

图 5-2-120　插入表单

步骤5▶ 将光标放置在表单中，打开"插入"面板"表单"列表，单击"文本"按钮，插入一个文本域。修改文本域的标签占位符为姓名，然后选中文本域，在"属性"面板上设置名称（Name）为 name，宽度（Size）为 24，选中"必填"（ Required）复选框，关联的表单（Form）为 form2，如图 5-2-121 所示。

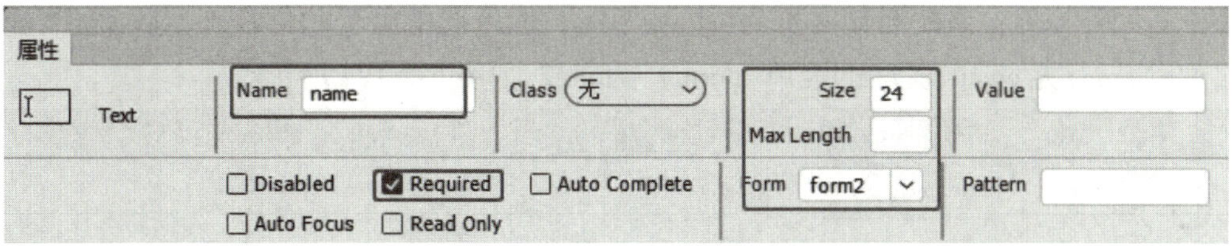

图 5-2-121　属性设置

步骤6▶ 在下一行中，输入："性别："打开"插入"面板"表单"列表，单击"单选按钮组"按钮，插入一个单选按钮组，调整两个单选按钮在同一行中。如图 5-2-122 所示。

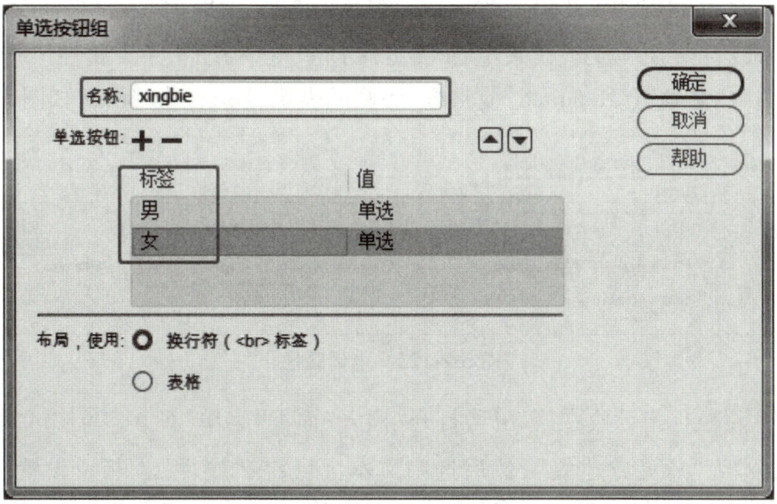

图 5-2-122　按钮组设置

步骤7▶ 设置单选按钮属性。选中"男"单选按钮，在"属性"面板上设置名称（Name）为 GP1，值（Value）为 0，关联的表单（Form）为 form2，如图 5-2-123 所示。

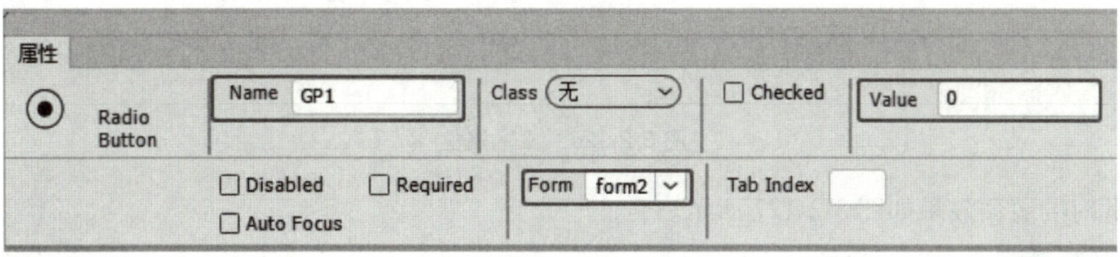

图 5-2-123　按钮组属性

步骤8▶ 选中"女"单选按钮，在"属性"面板上设置名称（Name）为 GP1，值（Value）为 1，关联的表单（Form）为 form2。

小贴士 此处插入单选按钮和单选按钮组效果相同，只要保证所有单选按钮的名称(name)相同即可。复选框和复选框组同理。

步骤 9▶ 将鼠标指针放在第 3 行，打开“插入”面板“表单”列表，单击“电子邮件”命令，插入一个电子邮件控件。修改标签文本为“电子邮件”，然后选中电子邮件控件，在“属性”面板上设置名称(Name)为 email，关联的表单(Form)为 form2，如图 5-2-124 所示。

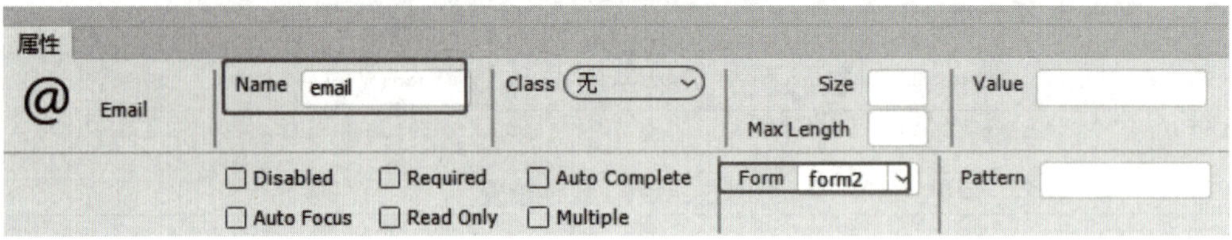

图 5-2-124 邮件属性

步骤 10▶ 将鼠标指针放在第 4 行，打开“插入”面板“表单”列表，单击“Tel”按钮，插入一个电话控件。修改标签文本为“联系电话”，然后选中电话控件，在“属性”面板上设置名称(Name)为 tel，选中“必填”(Required)复选框，关联的表单(Form)为 form2，如图 5-2-125 所示。

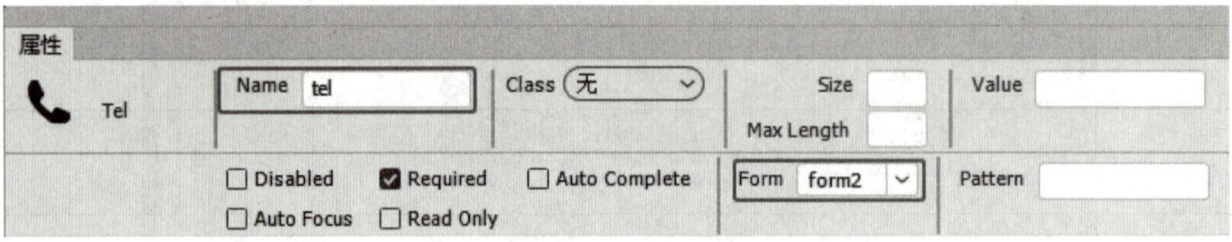

图 5-2-125 电话属性

步骤 11▶ 将鼠标指针放在第 5 行，打开“插入”面板“表单”列表，单击“文本区域”命令按钮。修改标签文本为“意见或建议”，然后选中文本区域，在“属性”面板上设置名称(Name)为 view，行数(Rows)为 10，列宽(Cols)为 50，选中“必填”(Required)复选框，关联的表单(Form)为 form1，如图 5-2-126 所示。

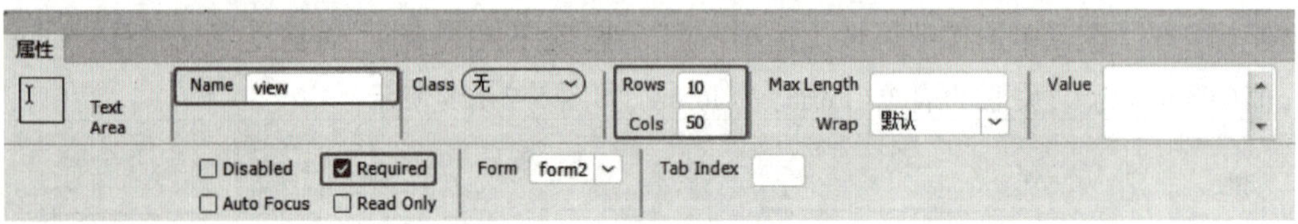

图 5-2-126 文本属性

此时的页面效果如图 5-2-127 所示。

步骤 12▶ 将鼠标指针放在第 6 行，输入文本“选择建筑”。打开“插入”面板“表单”列表，单击“复选框”命令按钮，插入一个复选框，设置复选框属性。修改标签文本为“艺术中心”，然后选中复选框，在“属性”面板上设置名称(Name)为 dibiao，关联的表单(Form)为 form2，如图 5-2-128 所示。

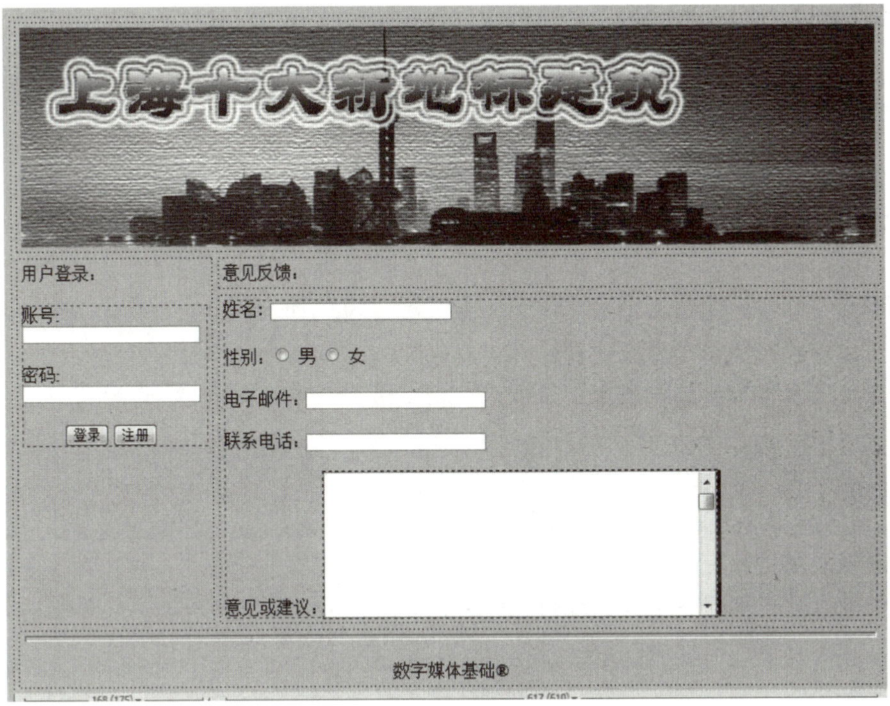

图 5-2-127 实时效果

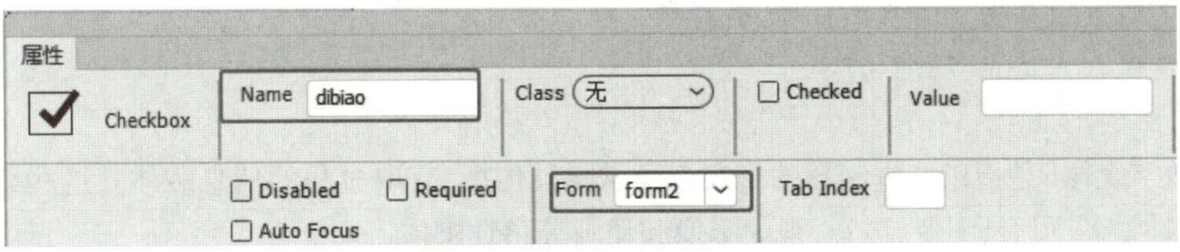

图 5-2-128 复选框属性

步骤 13▶ 按照步骤 12 的方法插入其他 3 个复选框,并分别设置名称(Name)为 dibiao,关联的表单(Form)为 form2,此时的页面效果如图 5-2-129 所示。

图 5-2-129 复选框效果

步骤 14▶ 将鼠标指针放在第 7 行,插入 10 个空格,打开“插入”面板“表单”列表,单击“提交”按钮,插入“提交”按钮。在“提交”按钮后,插入 4 个空格,插入“重置”按钮。

步骤 15▶ 保存文件,按“F12”在浏览器中预览效果。

5.3 数字媒体及特效应用

学习内容

✧ 网页中音视频编辑与属性设置;

✧ 网页中动态字幕的编辑制作。

学习目标

✧ 掌握网页中插入音视频的方法和属性设置;

✧ 掌握网页中循环动态字幕的编辑与应用。

思政目标

✧ 通过音视频素材的收集整理,提高学生综合的信息素养,提高学生信息检索能力和正确的信息价值观。

“数字媒体”是指以二进制数的形式记录、处理、传播、获取过程的信息载体。这些载体包括数字化的文字、图形、图像、声音、视频影像和动画等感觉媒体。

在 Adobe Dreamweaver CC 中,数字媒体主要指可以嵌入到网页中的各种数字化媒体元素,包括图像、音频、视频等。这些数字媒体可以通过 Dreamweaver 直观地插入和管理,从而丰富网页的视觉效果,使信息的传递更为生动和直观。下面我们将详细探讨如何在网页中添加音频、视频以及创建动态字幕效果。

5.3.1 网页中音频和视频

5.3.1.1 插入音频

在网页中可以添加多种类型的声音文件格式,不同类型的声音文件有不同的特点。在添加声音文件之前,用户需要先考虑添加声音的目的、受众、文件大小、声音品质,以及不同的声音格式在不同浏览器中的差异。

1. 常见的音频格式

.midi 或.mid(乐器数字接口)格式:一种用于音乐设备之间交换信息的标准文件格式。许多浏览器不需要插件就能播放 MIDI 文件。

.wav(Waveform 扩展名)格式:具有较好的声音品质,许多浏览器不需要插件支持,用户可以从 CD、磁带、麦克风等录制 WAV 文件。但是文件容量较大,限制了可以在网页中使用的声音剪辑的长度。

.mp3(运动图像专家组音频,即 MPEG-音频层-3)格式:一种压缩格式,可以在明显减小声音文件大小的同时保持非常好的声音品质,其质量甚至可以和 CD 质量相媲美。此外,这种技术可以对文件进行“流式处理”,访问者不必等待整个文件下载完即可收听。若要播放 MP3 文件,访问者必须下载并安装辅助应用程序或插件,例如 QuickTime、Windows Media Player 等。

2. 插入 HTML5 音频

Adobe Dreamweaver CC 支持在网页中插入和预览 HTML5 音频。HTML5 音频是在网页中嵌入音频内容的一种标准方式。

例 1 新建单一网页文件 yinpin.html,设置音频占位符,将网页和音频文件保存在 C:\KS 文件夹中。

步骤 1▶ 将 C:\素材\第 5 章\5-3-1-1 文件夹中的 gechangzuguo.mp3、gechangzuguo.wav、gechangzuguo.rm 音频文件复制到 C:\KS 文件夹中。

步骤 2▶ 新建网页文件 yinpin.html,将光标放置在要插入音频的位置。

步骤 3▶ 选择“插入”菜单“HTML”子菜单“HTML5 音频”按钮,或单击“插入”面板“HTML”列表“HTML5 音频”按钮,即可在指定位置插入 HTML5 音频占位符,如图 5-3-1 所示。

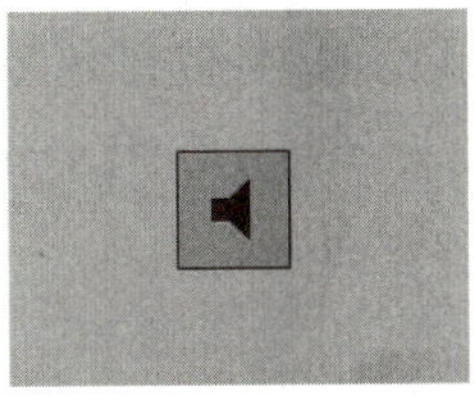

图 5-3-1 音频占位符

选中音频占位符,对应的属性面板如图 5-3-2 所示。

图 5-3-2 属性面板

Title(标题):设置音频文件的标题。

回退文本:在不支持 HTML 5 的浏览器中显示的文本。

Controls:用于设置是否要在 HTML 页面中显示音频控件,如播放、暂停和静音。

Autoplay:音频一旦在网页上加载完成就开始播放。

Loop:音频循环播放,直到用户使用播放控件停止播放。

Muted:在加载完成之后将音频静音。

预加载 preload:选择“自动”会在页面下载时加载整个音频文件。选择“元数据”会在页面下载完成之后仅下载元数据。

源/Alt 源 1/Alt 源 2:指定音频文件的位置。不同浏览器对音频格式的支持也会有所不同。如果浏览器不支持“源”中指定的音频格式,则会使用“Alt 源 1”或“Alt 源 2”中指定的格式。

步骤 4▶ 保存文件到 C:\KS 中,网页效果如图 5-3-3 所示。

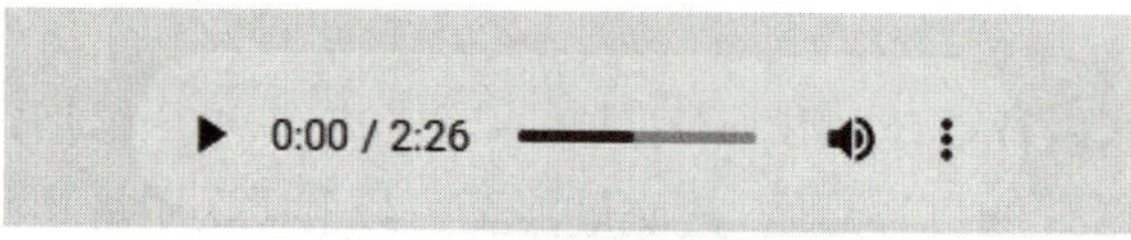

图 5-3-3　网页预览效果

小贴士

若要快速指定“源”/“Alt 源 1”/“Alt 源 2”，可以使用多重选择。同时选择同一音频的三种格式，列表中的第一个格式将用于“源”，其他两种格式自动填充“Alt 源 1”和“Alt 源 2”。

5.3.1.2　插入视频

视频是基于流媒体技术的文、图、声、像四者的结合，在网页中合理地使用视频会给网页带来意想不到的视觉效果。

1. 视频格式

在 Dreamweaver CC 中，视频元素支持以下格式：

MP4：带有 H.264 视频编码和 AAC 音频编码的 MPEG4 文件。

3GP：是 MP4 格式的一种简化版本，视频编码采用 MPEG-4 及 H.263，音频编码采用 AAC 或 AMR。

2. 插入 HTML5 视频

Adobe Dreamweaver CC 支持在网页中插入和预览 HTML5 视频。HTML5 视频元素提供了一种在网页中嵌入动画或视频内容的标准方式。

例 2　新建单一网页文件 shipin.html，插入视频，视频的大小为 300×300px，将网页和视频文件保存在 C:\KS 文件夹中。

步骤 1▶ 将 C:\素材\第 5 章\5-3-1-1 文件夹中的神奇的二进制.mp4 视频文件复制到 C:\KS 文件夹中。

步骤 2▶ 新建网页文件 shipin.html，将光标放置在要插入视频的位置。

步骤 3▶ 打开“插入”菜单中的“HTML”子菜单下的“HTML5 视频”命令，或“插入”面板中“HTML”列表中的“HTML5 视频”按钮，如图 5-3-4 所示。即可在指定位置插入 HTML5 视频占位符。

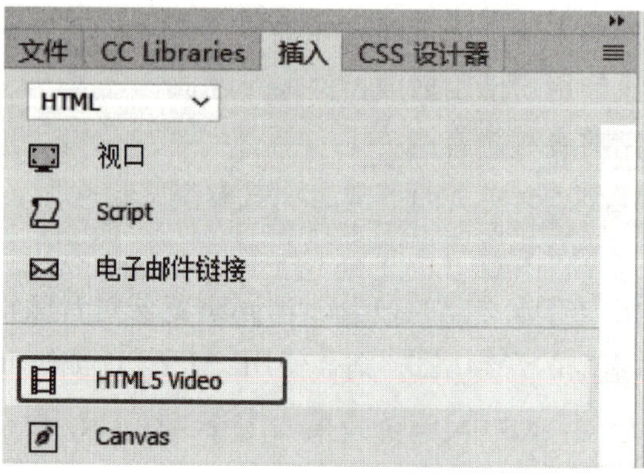

图 5-3-4　插入 HTML5 视频

步骤 4▶ 选中视频占位符，插入 C:\KS\神奇的二进制. mp5t，对应的属性面板如图 5-3-5 所示。

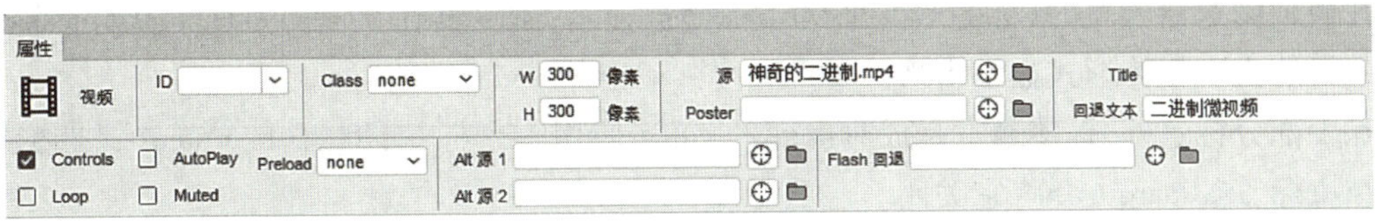

图 5-3-5 视频属性面板

Title(标题)：为视频指定标题。

宽度/高度(W/H)：视频的宽度和高度，以像素为单位。

控件(Controls)：选择是否显示视频播放控件，如播放、暂停和静音。

自动播放(AutoPlay)：视频是否一旦在网页上加载便开始播放。

海报(Poster)：在视频完成下载后或用户单击"播放"后显示的图像的位置。当插入图像时，自动填充宽度和高度值。

循环(Loop)：视频是否连续播放，直到用户停止播放视频。

静音(Muted)：设置视频的音频部分静音。

Flash 回退：指定不支持 HTML 5 视频的浏览器播放的 SWF 文件。

回退文本：指定不支持 HTML5 的浏览器显示的文本。

预加载(Preload)：指定页面加载时视频加载的首选项。选择"自动"会在页面下载时加载整个视频；选择"元数据"会在页面下载完成之后仅下载元数据。

源/Alt 源 1/Alt 源 2：指定音频文件的位置。不同浏览器对音频格式的支持也会有所不同。如果浏览器不支持"源"中指定的音频格式，则会使用"Alt 源 1"或"Alt 源 2"中指定的格式。

步骤 5▶ 保存文件到 C:\KS 文件夹中，按"F12"在浏览器中预览。网页效果如图 5-3-6 所示。

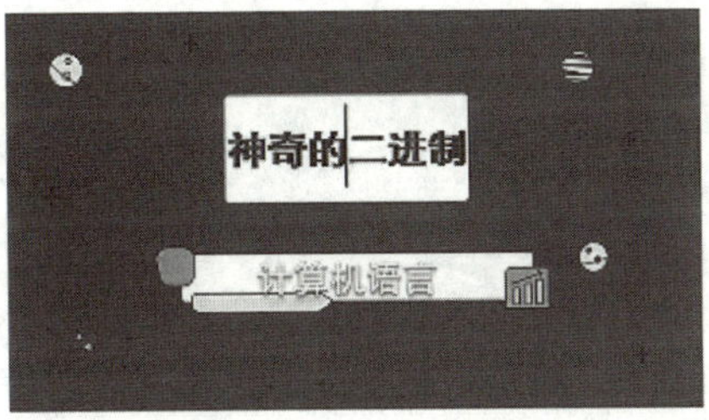

图 5-3-6 插入视频预览效果

5.3.2 网页中的动态字幕

动态字幕可以为网页增添活力，吸引用户的注意力。在 Dreamweaver 中，用户可以使用 HTML 标记语言来创建动态字幕效果。

5.3.2.1 HTML 标签

Dreamweaver CC 默认的 HTML 文档类型为 HTML5，是 W3C 与 WHATWG 合作创建的一个新版本 HTML。我们可以用任何文本编辑器建立 HTML 页面，例如"Windows"系统中的"记事本"

和“文本文件”等，与一般的文本文件不同的是，HTML 文件不仅包含文本内容，还包含一些 Tag（标签）。标准的 HTML 文件由标签和标签元素构成，并用一组“<”与“>”括起来。

在使用浏览器预览时，标签<b>和</b>不会被显示，浏览器在文档中发现了这对标签，就将其中包含的文字粗体形式显示出来。

除少部分标签外，标签通常是成对出现的，每当使用一个标签，例如<marquee>，则必须用相应的结束标签</marquee>将它关闭。

小·贴士

在 HTML 中，每一个打开的标签都必须关闭。空标签也要在标签尾部使用一个正斜杠"/"来关闭，例如
、<img src="banner. gif" />等。

5.3.2.2 <marquee>标签的应用

滚动标签的命令是<marquee>，它会对文字和图像进行滚动，形成滚动的页面效果。常用的属性如下：

Direction：用于设置字幕的滚动方向，属性值可设置为 left 和 right。

Behavior：用于设置字幕的滚动方式，属性值可设置为 slide、alternate、scroll，分别表示只滚动一次、来回滚动和单方向循环滚动。

Loop：用于设置字幕滚动时的循环次数，属性值可设置为整数，若未指定则循环不止。

Scrollamount：用于设置字幕滚动的速度，属性值为整数。

Scrolldelay：用于设置字幕滚动的延迟时间，属性值为整数。

1. 双向循环滚动字幕

这种字幕从一边滚动到另一边，然后反向滚动回来，形成一个循环。

例 1 为 C:\素材\第 5 章\5-3-2-1 文件夹下的 jpb. html 文件添加滚动字幕效果，将结果整体保存在 C:\KS\巴黎奥运站点中。效果如图 5-3-7 所示。

图 5-3-7　例 1 效果图

步骤 1▶ 在 C:\KS 文件夹中新建巴黎奥运文件夹，将 C:\素材\第 5 章\5-3-2-1 文件夹中的所有文件复制到 C:\KS\巴黎奥运文件夹中。

步骤 2▶ 打开 Dreamweaver CC 软件，新建站点巴黎奥运，站点文件夹路径 C:\KS\巴黎奥运。

步骤 3▶ 打开 jpb. html 网页文件，如图 5-3-8 所示，切换到拆分视图。

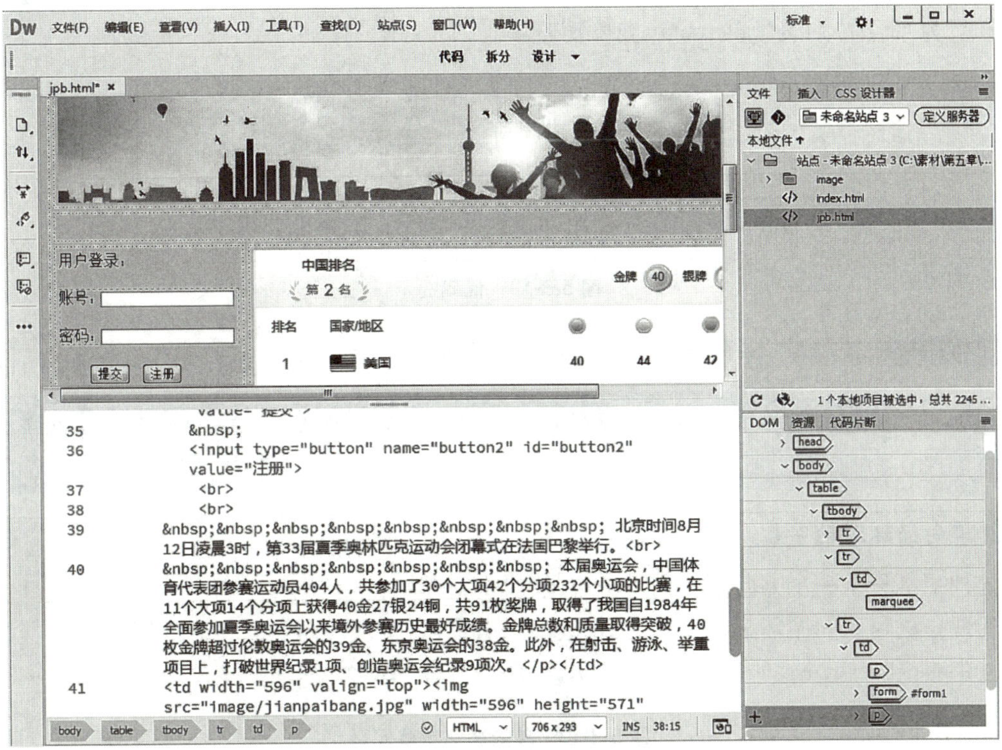

图 5-3-8 素材网页

将文本标记定位于第 2 行，选择第二行的表格代码，如图 5-3-9 所示。

```
<tr>
  <td colspan="2"> </td>
</tr>
```

图 5-3-9 代码标签

删除“ ”，输入文字“<marquee></marquee>”，如图 5-3-10 所示。

```
<tr>
  <td colspan="2"><marquee></marquee></td>
</tr>
```

图 5-3-10 代码标签

在<marquee>和</marquee>之间输入文字“奋勇争先,为国争光”,如图 5-3-11 所示。

```
<tr>
  <td colspan="2"><marquee>奋勇争先，为国争光</marquee></td>
</tr>
```

图 5-3-11　输入文字

在<marquee>代码 marquee 单词后按空格键,弹出如图 5-3-12 所示快捷菜单,依次选择“behavior(行为)”下拉列表“ alternate(交替)”选项。

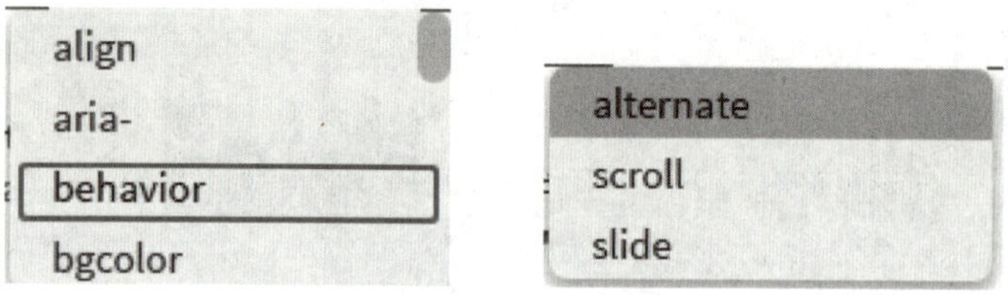

图 5-3-12　代码提示

步骤 4▶　按“F12”保存预览文件,如图 5-3-7 所示。

小贴士　由于<marquee>标签是成对出现的,所以当输入<marquee>后,</marquee>会自动出现,当在<…>输入空格后,会弹出相关命令快捷菜单。

2. 单向循环滚动字幕

这种字幕只从一个方向滚动到另一边,然后重新开始。

实现方法与双向循环滚动字幕类似,滚动一次字幕,实现代码如图 5-3-13 所示。

```
<td colspan="2"><marquee behavior="scroll" direction="left">奋勇争先，为国争光</marquee></td>
```

图 5-3-13　单向循环字幕代码

小贴士　<marquee>标签制作循环滚动字幕时,默认是从右向左运动,如需改变方向,可输入“direction(方向)= right”命令代码。还可以设置上下滚动。

3. 滚动一次字幕

这种情况下字幕只滚动一次,然后停止。

实现步骤与上述两种字幕相似,需要设置动画的迭代次数为 1 次。代码如图 5-3-14 所示。

```
<td colspan="2"><marquee behavior="scroll" direction="right" loop="1">奋勇争先，为国争光</marquee></td>
```

图 5-3-14　滚动一次代码

5.3.3　课后练习

利用 C:\素材\第 5 章\5-3-3-1 中素材,新建站点 C:\KS\巴黎奥运,参照样张制作主页 index. html,插入网页背景音乐,要求音乐在网页加载时自动循环播放且不显示控件。制作奥运奖牌榜滚动字幕,滚动字幕单向循环,并为滚动字幕设置超链接到 jpb. html。效果如图 5-3-15 所示，将结果保存在 C:\KS 文件夹中。

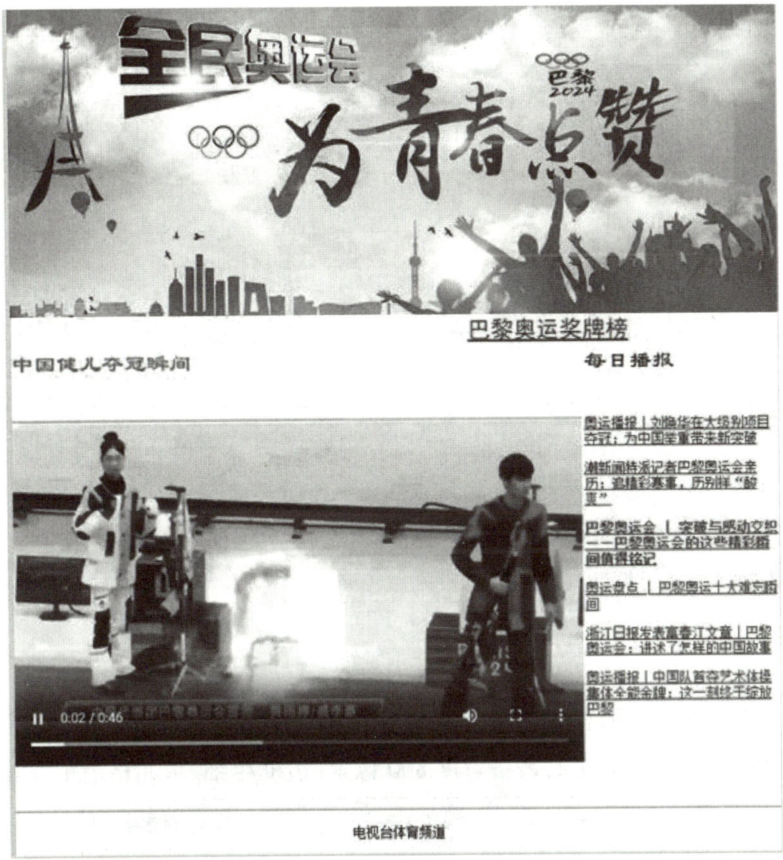

图 5-3-15　课后练习样张

步骤 1▶ 在 C:\KS 文件夹中创建“巴黎奥运”文件夹，将 C:\素材\第 5 章\5-3-3-1 中的素材全部复制到新建文件夹中。

步骤 2▶ 打开 Dreamweaver CC 软件，执行“站点”下拉列表“新建站点”命令，如图 5-3-16 所示，修改站点名称“巴黎奥运”，选择本地站点文件夹“C:\KS\巴黎奥运”。

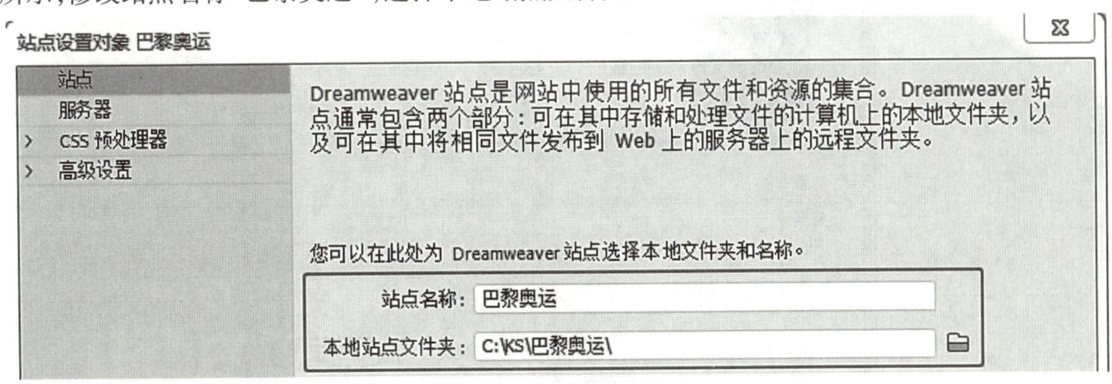

图 5-3-16　新建站点

步骤 3▶ 打开“文件”面板右上侧“≡”按钮，新建文件“index. html”，在页面属性中设置页面字体：宋体，大小 12，背景颜色#F5D8AE，页边界均设为 0。如图 5-3-17 所示。

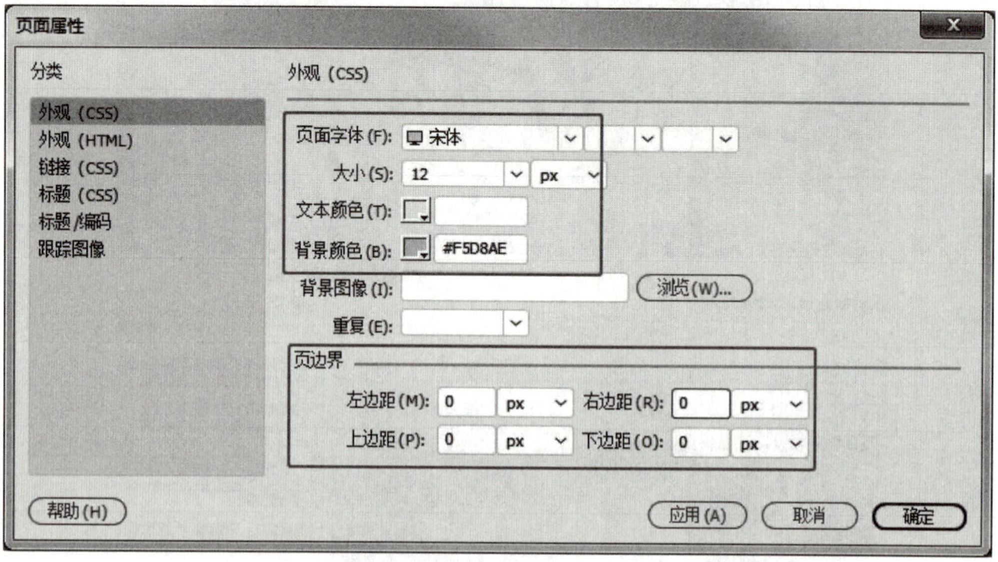

图 5-3-17　设置外观属性

步骤 4▶ 打开“插入”面板“HTML”列表中的“table(表格)”按钮，弹出如图 5-3-18 所示对话框，设置相关参数，行数 7 列数 2，表格宽度 800 像素，边框粗细、单元格边距、间距均设为 0。

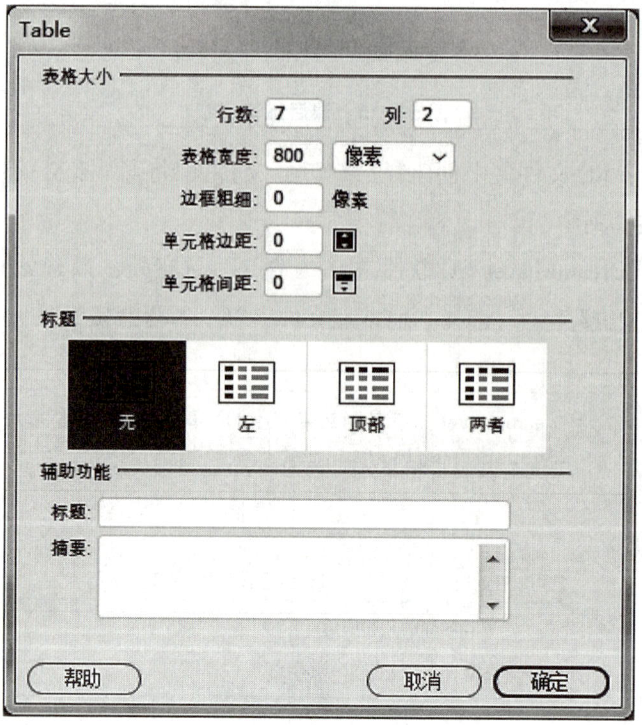

图 5-3-18　插入表格

步骤 5▶ 选中表格，设置表格对齐方式水平居中。选中所有单元格，在“属性”面板中设置背景颜色为#FFFFFF，效果如图 5-3-19 所示。

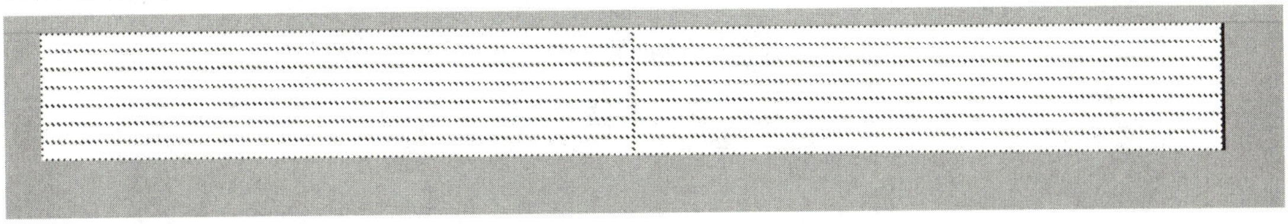

图 5-3-19 表格效果

步骤 6▶ 单击页面空白处，点击“插入”面板“HTML”列表中的“HTML5 audio”按钮，插入“image”文件夹中的 bj. mp3 文件，设置音频“属性”面板参数，如图 5-3-20 所示。

图 5-3-20 设置音频属性

步骤 7▶ 合并表格第 4-6 行第 1 列单元格，单击“插入”面板“HTML”列表中的“HTML5 video”按钮，插入“image”文件夹中的 gold. mp4 文件，设置视频“属性”面板参数，如图 5-3-21 所示。

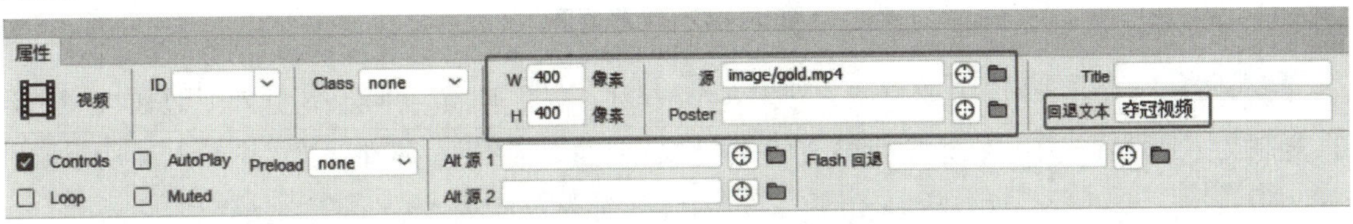

图 5-3-21 设置视频属性

步骤 8▶ 将文本标记放置于第 3 行第 1 列，输入文字“中国健儿夺冠瞬间”，字体隶书，大小 24，颜色#FF0000。设置文字“属性”面板如图 5-3-22 所示。按“F12”保存文件，在浏览器预览效果如图 5-3-23 所示。

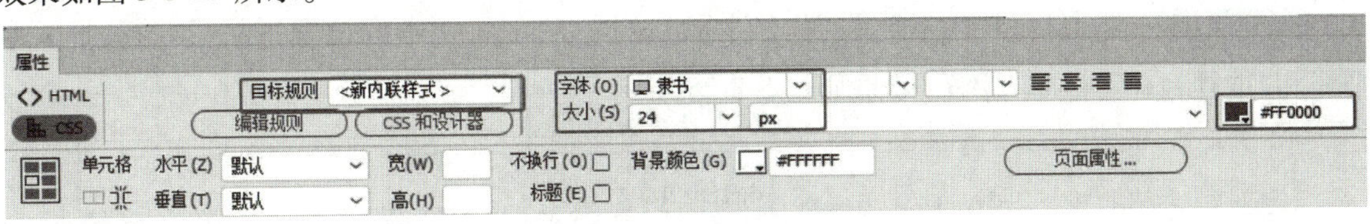

图 5-3-22 设置文字属性

图 5-3-23　字幕效果

步骤 9▶　合并表格第 4-6 行第 2 列单元格，打开“文件”面板“image”文件夹中的 wenzi. txt 文件，复制文字到单元格中。在第 3 行第 2 列，输入文字“每日播报”。属性设置如图 5-3-24 所示。

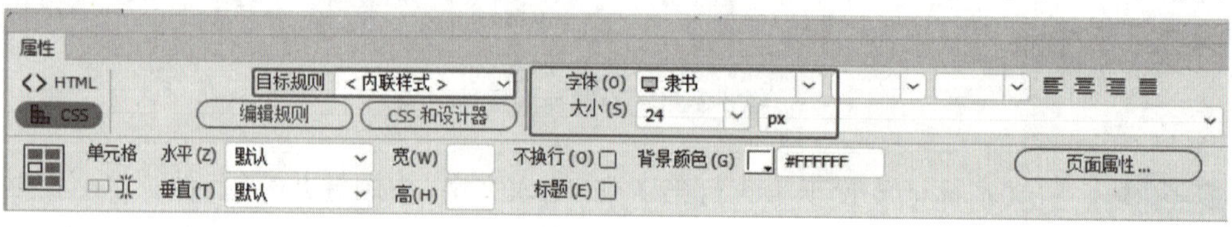

图 5-3-24　文字属性

步骤 10▶　选中“每日播报”，设置文字为空链接“#”。将文本标记置于最后一行，插入水平线和“电视台体育频道”字样，效果如图 5-3-25 所示。

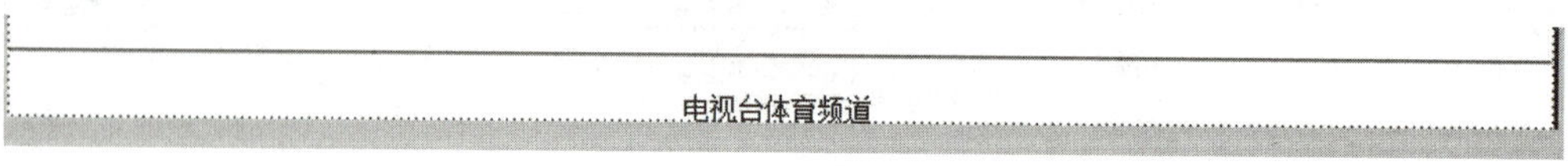

图 5-3-25　插入水平线

步骤 11▶　合并第 2 行，输入“巴黎奥运奖牌榜”字样，如图 5-3-26 所示，设置字体黑体，大小 24。

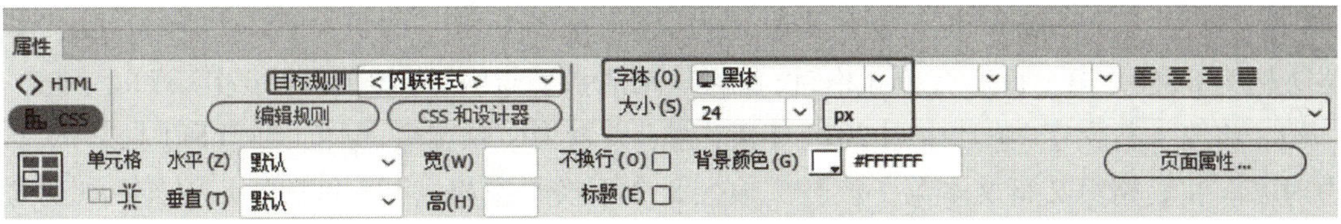

图 5-3-26　设置字体属性

步骤 12▶ 切换到“拆分”视图，设置上述文字自左向右单向无限循环滚动播报。代码如图 5-3-27 所示。

```
<tr>
  <td colspan="2" bgcolor="#FFFFFF" style="font-family: '黑体'; font-size: 24px;">
<marquee behavior="scroll" direction="right">
  巴黎奥运奖牌榜
</marquee></td>
</tr>
```

图 5-3-27　输入代码

步骤 13▶ 选中“中国健儿夺冠瞬间”文字，如图 5-3-28 所示，设置本地文档超链接属性。

图 5-3-28　设置文档链接

步骤 14▶ 保存文件，按“F12”预览浏览器，效果见图 5-3-15。

5.4　综合练习

1）利用 C:\KS\Awy 文件夹下的素材（图片素材在 Awy\images 文件夹下），按以下要求制作或编辑网页，结果保存在原文件夹下，样张见图 5-4-1。

图 5-4-1　综合练习 1 样张

（1）打开主页 index. html，设置网页标题为“感动中国专题”，网页背景图片为 bj. jpg。设置表格边框为 0，合并第 1 行所有单元格，设置该单元格水平居中，背景颜色（#B7B7B7）。

（2）将第 1 行文字“感动中国 2023 年度人物”设置为微软雅黑、颜色（#FFFFFF）、36px，内容居中对齐。在表格第 2 行文本第一段开头输入 8 个不换行空格，将第 1 段文字“在传承《感动中国》经典形象同时，”设置为微软雅黑、颜色（#FFFFFF）、14px。在第 2 行第 2 列插入图像 pic1. jpg，调整大小为 400×200px（宽×高）。

（3）按样张在第 3 行的表单中，插入 1 个名为 radio 的单选按钮组，标签分别为“是”和“否”，其中“是”为默认选项，并添加“提交”和“重置”按钮。在表格第 4 行“版权所有”上方插入水平线，宽度 900 像素，并在文字“版权所有”后面插入版权符号，单元格内容水平居中对齐。

2）利用 C:\KS\Bwy 文件夹下的素材（图片素材在 Bwy\images 文件夹下），按以下要求制作或编辑网页，结果保存在原文件夹下，样张见图 5-4-2。

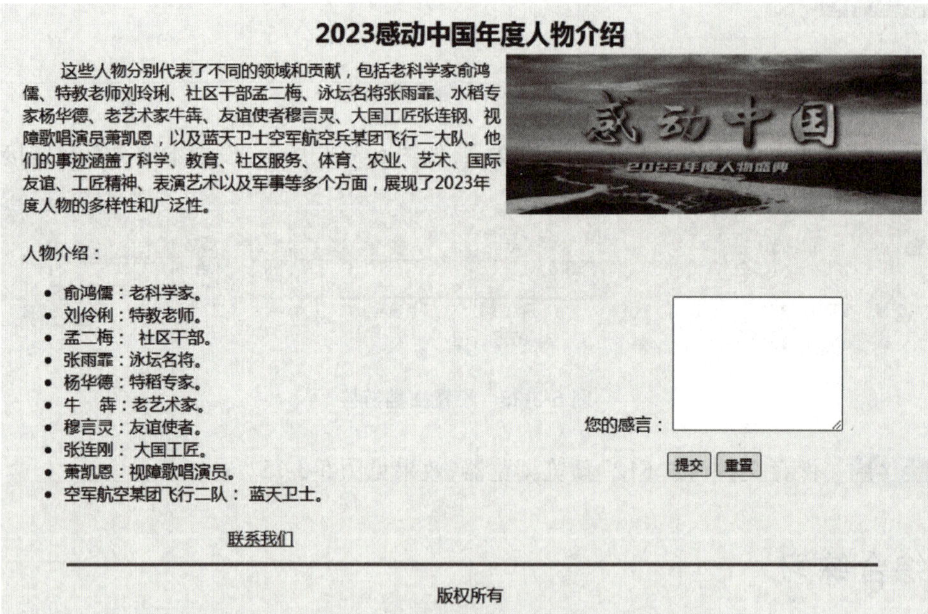

图 5-4-2　综合练习 2 样张

（1）打开主页 index. html，设置网页标题为“年度人物”，网页背景颜色（#FFFFCC）。设置表格宽度为 70%，边框为 0，合并第 1 行和第 2 行的第 2、3 列单元格，单元格内容水平居中对齐。

（2）在表格第 1 行第 2 列插入鼠标经过图像效果，原始图像为 pic1. jpg，鼠标经过图像为 pic2. jpg，调整图像大小为 400px×150px（宽×高）；为第 3 行第 1 列相关段落内容添加如样张所示的项目列表，设置“联系我们”邮件链接到 master@ tuve. com。

（3）按样张，在第 3 行第 2 列表单中：“您的感言：”后添加文本域，行高设置为 8。在“提交”按钮后添加“重置”按钮。在第 4 行“版权所有”上方插入水平线，宽度为 90%，高为 3，无阴影。

3）利用 C:\KS\Cwy 文件夹下的素材（图片素材在 Cwy\images 文件夹下），按以下要求制作或编辑网页，结果保存在原文件夹下，样张见图 5-4-3。

（1）打开主页 index. html，设置网页标题为“上海新基建专题网站”，网页背景颜色（#A6C2FD）；表格居中对齐，合并第一行单元格，并设置其水平居中。

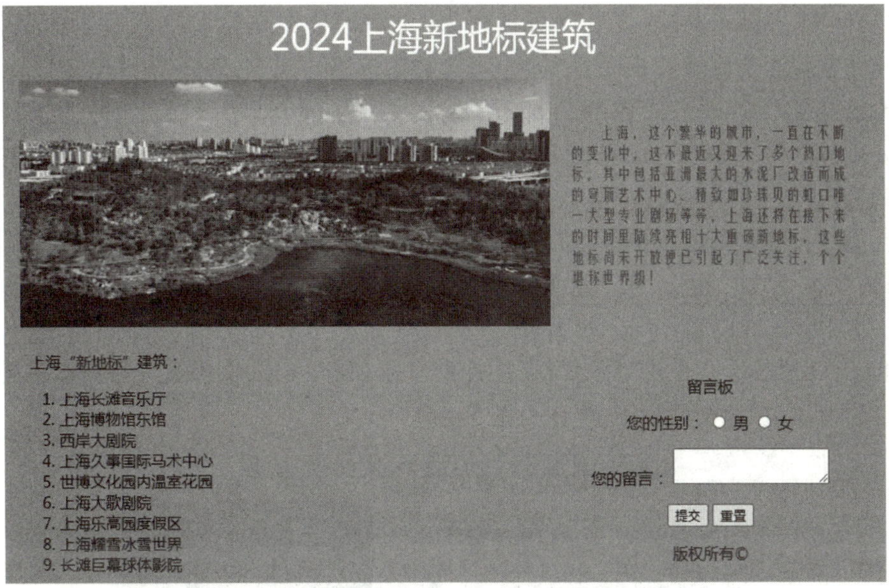

图 5-4-3　综合练习 3 样张

(2) 将第 1 行文字“2024 上海新地标建筑”设置为微软雅黑、颜色(#FFFFFF)、36px,内容居中对齐。设置表格第 2 行中的文字:方正姚体,16px,颜色(#E1272A);在表格第 2 行第 1 列中插入图像 wyimg. jpg,调整图片大小为 550×250px(宽×高);将表格第 3 行第 1 列中文字“新地标”设置超链接到 https://baijiahao. baidu. com/,在新窗口中打开。

(3) 第 3 行第 1 列单元格中的相关文字添加项目列表;在第 3 行第 2 列的表单中,插入标签为“男”和“女”的单选按钮组及文本区域;在文字“版权所有”后面插入版权符号。

4)利用 C:\KS\Dwy 文件夹下的素材(图片素材在 Dwy\images 文件夹下),按以下要求制作或编辑网页,结果保存在原文件夹下,样张见图 5-4-4。

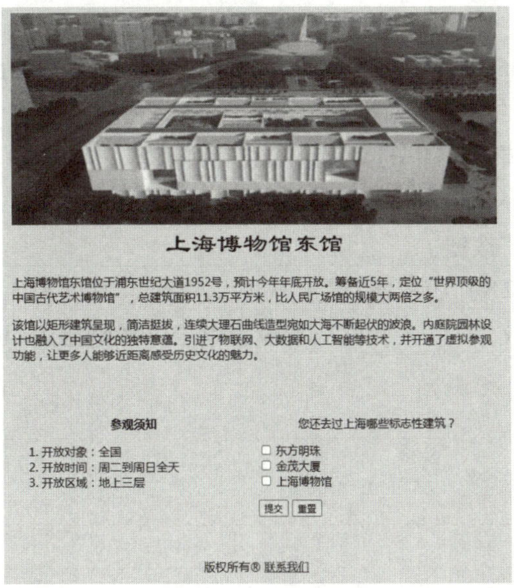

图 5-4-4　综合练习 4 样张

（1）打开主页 index. html，设置网页标题为“上海博物馆东馆”，网页背景颜色为（#EAEAEA）；表格边框设置为 0，第 2 行开头的“上海博物馆东馆”：隶书，36px，居中对齐。

（2）在表格第 1 行插入图像 pic. jpg，调整其大小为 680×290px（宽×高），并超链接到 https://www. shanghaimuseum. net/，设置该单元格水平居中；为第 4 行第 1 列单元格中的相关文字添加编号列表。

（3）在第 4 行第 2 列的表单中，插入名为 checkbox 的复选框组，选项标签为：东方明珠、金茂大厦、上海博物馆，添加“提交”和“重置”按钮；在文字“版权所有”后面插入注册商标符号，将“联系我们”链接到 abc123@ yeah. net 邮箱。

5）利用 C：\KS\Ewy 文件夹下的素材（图片素材在 Ewy\image 文件夹下），按以下要求制作或编辑网页，结果保存在原文件夹下，样张见图 5-4-5。

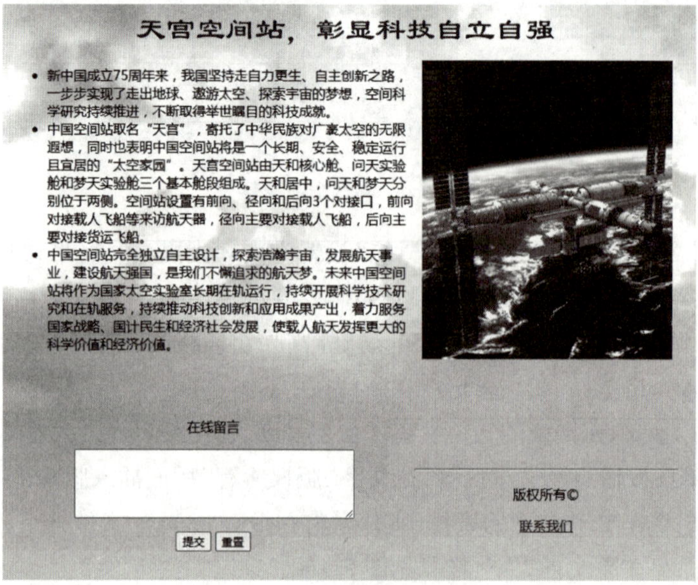

图 5-4-5　综合练习 5 样张

（1）打开主页 index. html，设置网页标题为“天宫空间站”，网页背景图像为 bj. jpg，表格居中对齐。设置表格第 1 行中的文字格式：隶书、36px，单元格内容水平居中对齐。

（2）为第 2 行第 1 列单元格中的文字添加项目列表。在表格第 2 行第 2 列，插入图片 pic. jpg，调整图片大小为 300px×350px（宽×高）。在第 3 行第 1 列的表单中，如样张插入一个文本区域，并添加“提交”和“重置”按钮。

（3）在表格第 3 行第 2 列“版权所有”上方插入水平线，高度为 3，并在文字“版权所有”后面插入版权符号。下方输入文字“联系我们”，并设置电子邮件链接到 abc@ yeah. net。

模拟试题 1

1.1　文件管理

1）在 C:\KS 中新建文件夹 KA 和 KB，在 KB 中新建 KC 文件夹；将 C:\KS\win. ini 文件内容中所有的字母“o”改成数字“8”并保存。

2）在 C:\KS 文件夹下创建一个名为 jb. txt 的文本文件，文件内容为“第七届中国国际进口博览会将于 2024 年 11 月 5 日－10 日在国家会展中心（上海）隆重举办”，并设置该文件属性为只读。

1.2　数据处理

1. 电子表格处理

打开 C:\KS\Excel. xlsx 文件，按要求对各工作表进行编辑处理，将结果以原文件名保存在 C:\KS 文件夹中（计算必须用公式，否则不计分）。

（1）在 Sheet1 中，设置 A1:L1 区域“跨列居中”；利用函数，在 L4:L15 中计算各学生的期末总分，将计算结果水平右对齐；为 A2:L15 区域添加“所有框线”。

（2）在 Sheet2 中，利用条件格式，将 I 列排名前三位的成绩设置为浅红填充色深红色文本；在 J2 单元格输入“名次”，利用 rank 函数对总分进行降序排名。

（3）利用 Sheet3 中数据，在 A15 的起始位置创建数据透视表，要求：以“性别”为行标签，统计“信息”的平均分，均保留 2 位小数；参考样张，在 D15:H25 区域创建“簇状柱形图”，标题为“语文成绩”，图表样式套用“样式 5”。

2. 文字信息处理

打开 C:\KS\Word. docx 文件，参照样张，按要求进行编辑和排版，将结果以原文件名保存在 C:\KS 文件夹中。

（1）设置标题样式为标题 2，居中并添加拼音指南；设置正文各段落为 1.5 倍行距；将正文第 2 段分为等宽三栏、加分割线。

（2）插入图片 C:\素材\C919. jpg，图片大小为高 4 厘米、宽 6 厘米，四周型环绕；给文档标题添加尾注，内容为“本文摘自央视新闻”。

3. 演示文稿处理

打开 C:\KS\PPT. pptx 文件，请按要求进行编辑和排版，将结果以原文件名保存在 C:\KS 文件夹中。

(1) 将所有幻灯片的主题设置为“丝状”，并修改变体颜色为“紫罗兰色”，变体字体为“黑体”；设置第 1 张幻灯片背景格式为“浅色渐变-个性色 1”的渐变填充。

(2) 设置所有幻灯片的切换方式为“华丽型”中的“涟漪”，效果选项为“从左上部”；设置第 1 张幻灯片右侧图片的动画效果为“进入”中的“轮子”，持续时间为 01.00。

1.3 网络应用基础

1) 打开 C:\素材\网页. html，将该网页以 PDF 格式保存在 C:\KS 文件夹中，文件名为 WY. pdf。

2) 利用命令查找本机 Windows IP 配置，复制主机名、主 DNS 后缀、节点类型、IP 路由已启用、WINS 代理已启用的信息，粘贴到 C:\KS\IP. txt 文件内，每个信息独占一行。

1.4 网页制作

利用 C:\KS\wy 文件夹下的素材（图片素材在 wy\images 文件夹下），按以下要求制作或编辑网页，将结果以原名保存在原文件夹下。

(1) 打开主页 index. html，设置网页标题为“2022 冬奥运动会”，背景颜色#99CCFF。表格居中对齐，第 1 行文字“第二十四届冬季奥运会”设置格式:36px，华文隶书，加粗，颜色为#FF0000。

(2) 在表格第 2 行第 1 列插入鼠标经过图像，原始图像 img1. jpg，鼠标经过图像 img2. png，调整图片大小为 200×200px（宽×高）。为表格第 2 行第 2 列内容添加项目列表。为表格第 3 行第 2 列段首添加 8 个半角空格，并对“冬季奥林匹克运动会”设置超链接 https://www. beijing2022. cn。

(3) 在第 3 行第 1 列表单中“你的年龄:”后面添加选择菜单，列表值分别为“20 岁以下”、“20-30 岁”、“30 岁以上”；在“你的性别:”后插入名为 gd 的单选按钮组，标签分别为“男”和“女”，并添加“提交”和“重置”按钮。

（注意:样张仅供参考，相关设置按题目要求完成即可。由于显示器分辨率或窗口大小及浏览器的不同，做出的结果可能与样张图片存在差异。）

1.5 图像处理

使用“C:\素材”文件夹中的资源，参考样张（“样张”文字除外），利用选择、变换、滤镜、图层操作、图层样式、图层混合模式、文字等，按要求完成图像制作，将结果以 photo. jpg 为文件名另存在 C:\KS 文件夹中。结果保存时请注意文件位置、文件名及 JPEG 格式。

(1) 将 pic2. jpg 中的龙凤合成到 pic1. jpg 中,适当调整大小和位置。

(2) 输入文字“吉祥如意”,字体为华文琥珀 Regular、大小:120 点;设置投影图层样式,颜色(#FF0000)、不透明度 100%、扩展 30%。

(3) 设置前景色(#ffffff),对背景图层的矩形边框应用染色玻璃滤镜效果(滤镜库)。

1.6 人工智能基础

1. 简答题(AIGC 应用设计)

假设你正在使用 AIGC 工具辅助撰写一篇关于“智能家居安全风险与防护措施”的短文,你需要与模型进行两轮对话以逐步完善内容。要求:

(1)设计两轮对话的提示词,简要说明你设计第二轮提示词的意图。

(2)第二轮提示词需基于第一轮回答提出更深入的问题。

(3)体现从“获取基础信息”到“深化分析”的过程。

2. 人工智能算法理解(KNN)

某图书馆正在开发一个智能图书推荐系统,根据读者的年龄和阅读时长推荐图书类别(文学类、科技类、历史类)。部分读者数据如下:

年龄	阅读时长(小时/周)	喜欢类别
20	5	文学类
35	12	科技类
40	8	历史类
25	10	科技类
30	6	文学类

现有一位新读者:年龄 28 岁,阅读时长 9 小时/周。请使用 KNN 算法(K=3)判断应推荐哪类图书。

请从以下步骤中选择正确流程并排序:

(1)计算新读者与每位已知读者的欧式距离。

(2)选取距离最小的 3 个样本。

(3)统计 3 个近邻中最多的类别。

(4)输出推荐类别。

(5)对距离从小到大排序。

正确步骤顺序(填数字):________________________

模拟试题 2

2.1 文件管理

1）将 C:\素材\TU. rar 文件复制到 C:\KS 文件夹中，重命名为 SC. rar，并将其中的 TK. jpg 图片文件解压缩到 C:\KS 文件夹中。

2）在 C:\KS 文件夹中创建一个名为“画图”的快捷方式，该快捷方式指向 Windows 系统文件夹中的应用程序 mspaint. exe，快捷键为<Ctrl>+<Alt>+<U>。

2.2 数据处理

1. 电子表格处理

打开 C:\KS\Excel. xlsx 文件，按要求对各工作表进行编辑处理，将结果以原文件名保存在 C:\KS 文件夹中（计算必须用公式，否则不计分）。

（1）在 Sheet1 中，对 A1:H20 区域套用“表样式浅色 9”的表格格式，表包含标题，并转换为普通区域；设置第一行行高为 30。

（2）在 Sheet1 中，利用函数在 G21 单元格计算“销售额”的平均值，保留 2 位小数；利用 COUNTIF 函数，在 I2 单元格中计算销售额大于 50000 的订单量。

（3）在 Sheet2 中，对所有数据按“地区”进行升序排序；根据排序结果创建分类汇总，按“地区”为分类字段，汇总“销售额”的总和，汇总结果显示在数据下方。

2. 文字信息处理

打开 C:\KS\Word. docx 文件，参照样张，按要求进行编辑和排版，将结果以原文件名保存在 C:\KS 文件夹中。

（1）将正文中所有的文字“花”替换为加粗、红色、加着重号的“flower”。在文章起始位置创建“自动目录 1”样式的目录。

（2）为最后一段添加阴影、双线、标准色-绿色的段落边框。使用 C:\素材\HBH. jpg 图片，制作图片水印，并设置为“冲蚀”。

3. 演示文稿处理

打开 C:\KS\PPT. pptx 文件，请按要求进行编辑和排版，将结果以原文件名保存在 C:\KS 文件夹中。

(1) 在第 1 张幻灯片右上空白处插入“动作按钮:前进或下一项”,鼠标单击时超链接到“最后一张幻灯片”;设置图片超链接到:https://www. rgzn. com。

(2) 设置幻灯片的放映方式为“观众自行浏览(窗口)”,循环放映、按 ESC 键终止;在第 2 张幻灯片前新增节,节名称为“人工智能”。

2.3 网络应用基础

1) 打开 C:\素材\网页. html,将该网页以 PDF 格式保存在 C:\KS 文件夹中,文件名为 WY. pdf。

2) 利用命令测试本机与路由器(192. 168. 0. 1)是否连通,将使用的命令与反馈的信息截图保存在 C:\KS 文件夹中,文件名为 IP. jpg。

2.4 网页制作

利用 C:\KS\wy 文件夹下的素材(图片素材在 wy\images 文件夹下),按以下要求制作或编辑网页,结果原名保存在原文件夹下。

(1) 打开主页 index. html,设置网页标题为“第四届进口博览会”,网页背景图片为 jb. png,y 轴重复。设置表格的宽度为 800 像素,填充、间距为 5,边框为 0,居中对齐。表格第 1 行背景颜色为#FFFF99,文字“中国进口博览会”设为华文行楷、36px,加粗。

(2) 在第 2 行第 1 列段首添加 8 个半角空格。在第 2 行第 2 列插入鼠标经过图像,原始图像 img1. jpg,鼠标经过图像 img2. png,调整图片大小为 380×200px(宽×高)。为第 3 行第 1 列中“友情链接”设置超链接到网站 https://www. ciie. org,并在新窗口中打开。

(3) 在第 3 行第 2 列的表单中,文字“进博会举办场馆:”后面插入 1 个文本域,字符宽度为 30;在文字“进博会展区:”后面插入 1 个选择菜单,列表值为“汽车展区、农产品展区、医药保健展区”。在表格第 3 行第 1 列文字下方插入存储时可以自动更新的日期。

(注意:样张仅供参考,相关设置按题目要求完成即可。由于显示器分辨率或窗口大小及浏览器的不同,做出的结果可能与样张图片存在差异。)

2.5 图像处理

使用“C:\素材”文件夹中的资源,参考样张(“样张”文字除外),利用选择、变换、滤镜、图层操作、图层样式、图层混合模式、文字等,按要求完成图像制作,将结果以 photo. jpg 为文件名另存在 C:\KS 文件夹中。结果保存时请注意文件位置、文件名及 JPEG 格式。

(1) 将 pic1. jpg 中的大雁合成到 pic2. jpg 中,调整大小并水平翻转,设置图层不透明度 80%。

(2) 输入文字“秋去冬来”:字体为隶书 Regular,大小 72 点,添加描边的图层样式:(大小:5 像素,位置:外部,颜色:#FF6432),制作空心字效果。

(3) 为背景图层应用径向模糊(数量:15、模糊方法:缩放)的模糊滤镜效果。

2.6 人工智能基础

1. 简答题(AIGC 应用设计)

假设你正在使用 AIGC 工具辅助设计一个“校园垃圾分类宣传方案”,你需要通过多轮对话完善方案细节。要求:

(1)设计两轮对话提示词,简要说明你设计第二轮提示词的意图。

(2)第二轮需针对第一轮提出的某个措施进行深化。

(3)体现从“框架搭建”到“具体执行”的推进。

2. 人工智能算法理解(KNN)

某健身 App 根据用户的年龄、每周运动次数推荐运动类型(有氧、力量、柔韧)。现有数据如下:

年龄	运动次数/周	推荐类型
25	3	有氧
30	5	力量
35	2	柔韧
40	4	力量
28	6	有氧

新用户:年龄 32 岁,运动次数 4 次/周。试使用 KNN 算法(K=3)进行推荐。请排序正确步骤(填数字):

(1)计算新用户与各样本的欧式距离。

(2)选取距离最近的 3 个样本。

(3)统计 3 个近邻中最多的运动类型。

(4)输出推荐结果。

(5)对距离排序(从小到大)。

正确步骤顺序:______________________________

模拟试题 3

3.1 文件管理

1）将 C:\素材中的“image”文件夹压缩为.rar 文件，复制到 C:\KS 文件夹中并解压，修改解压后的文件名为“年度人物”。

2）在 C:\KS 文件夹中创建一个名为“画图”的快捷方式，该快捷方式指向 Windows 系统文件夹中的“画图”程序，设置其运行方式为“最大化”，快捷键为 Ctrl+Shift+P。

3.2 数据处理

1. 电子表格处理

打开 C:\素材\Excel.xlsx 文件，按下列要求对工作表进行编辑处理，将结果以原文件名保存在 C:\KS 文件夹中。（计算必须用公式或函数，否则不得分）

（1）设置标题为“国际旅游平均营业情况”，字号 14 磅、加粗、居中、加底纹深蓝，文字 2，淡色 80%；表头字号 12 磅、水平居中，底纹橙色，个性色 6，淡色 60%。

（2）表格内字体字号 10 磅，数据格式右对齐。表格行高 20，自动调整列宽。外框线双线粗，内部线最细线。

（3）计算每个国家旅游 6 个月的平均营业额（保留 1 位小数）以及营业总计。

（4）在 A8:I24 区域内，制作 6 个月各个国家旅游半年营业额的三维柱形堆积统计图，设置图表纵坐标单位 100 万。

（5）统计图设置“国际旅游营业情况”标题，样式 6。

2. 文字信息处理

打开 C:\素材\word.docx 文件，利用 logo.jpg 和 pic.jpg 素材文件，参照样张，按题目要求进行编辑和排版，将结果以原文件名保存在 C:\KS 文件夹中。

（1）设置张张大小“A4”，页边距：上、下为 2.5 厘米，左、右为 3 厘米。

（2）将正文标题“第七届中国国际进口博览会”设置为文本效果：填充，橙色，主题色 2；边框，橙色，主题色 2，字体为黑体，字号一号，居中对齐，“博览会”三字位置提升 5 磅。

（3）设置正文所有段落首行缩进 2 字符，行距 1.5 倍，段前间距 0.5 行。

（4）设置小标题段落底纹颜色蓝-灰，文字 2，淡色 40%，宋体加粗，字体颜色白色。

（5）将正文第三段分为 3 栏，加分隔线。

（6）在文中相应位置插入 logo. jpg 和 pic2. jpg（素材\logo. jpg、pic2. jpg），图片大小 20%，环绕方式为紧密型。

（7）添加页眉文字“进口博览会”，字体为幼圆、小四、蓝色、左对齐。

3. 演示文稿处理

打开“C：\素材\ppt. pptx 文件，制作一个介绍上海新地标的演示文稿，详情参见样张“C：\素材\样张文件夹中的 ppt. pptx”。

（1）第一张是标题“上海新地标”，黑体，66，设计主题“画廊”。

（2）第二张幻灯片目录页，5 个新地标文字可以链接到相应文档。

（3）第三张幻灯片开始，每张幻灯片上介绍一个地标的内容（内容从 dibiao. docx 中摘取）。在相应的幻灯片上设置返回按钮，能返回到目录幻灯片，返回按钮大小、位置相同。

（4）幻灯片上使用的图片大小统一，高度为 7 厘米，宽度为 10 厘米；图片加 2. 25 磅彩色边框；预设效果 4。

（5）各幻灯片播放时设置“时钟”切换方式，效果选项为“顺时针”。

（6）标题幻灯片的动画效果：对象设置为“陀螺旋”动画；效果选项：逆时针，作为一个对象。

3.3 网络应用基础

1）在 C：\KS\MAC. txt，使用网络命令将当前计算机任意一个以太网适配器的物理地址、IPv6 地址的信息保存到 MAC. txt 文件中，每个信息独占一行。

2）打开 C：\素材\WY. html 文件，将该网页以 PDF 格式保存在 C：\KS 文件夹中，文件名为 WY. pdf，并将网页中任意一张图片保存为 pic. png 格式文件。

3.4 网页制作

利用“C：\素材\WY”文件夹下的素材（图片素材在 wy\images 文件夹下），按以下要求制作或编辑网页，所有相关文件全部保存在 C：\KS 下。

（1）打开主页 index. html，设置网页标题为“中国航天”；表格居中对齐，宽度为 800 像素；表格第 1 行内容居中对齐，设置该单元格背景颜色（#E66F21）。

（2）设置表格第 1 行中的文字：微软雅黑，40px，颜色（#0D2FF7），并设置超链接到 https：//www. cnsa. gov. cn/，在新窗口中打开；在表格第 2 行第 1 列插入鼠标经过图像，原始图像为 pic1. jpg，鼠标经过图像为 pic2. jpg，调整图片大小为 500×400px（宽×高）；在第 2 行第 2 列的文本开头输入 8 个不换行空格。

（3）在第 3 行第 2 列的表单中，“您的留言：”后添加一个 8 行 30 列文本区域，并添加“提交”和“重置”按钮；在表格下方插入水平线，宽度 80%；在文字“版权所有”后面插入版权符号。

（注意：样张仅供参考，相关设置按题目要求完成即可。由于显示器分辨率或窗口大小及浏览器的不同，做出的结果可能与样张图片存在差异。）

3.5 图像处理

使用 C:\素材\pic1. jpg、pic2. jpg 图片文件,参照样张(除"样张"文字外),利用选择、变换、滤镜、图层操作、图层样式、图层混合模式、文字等,按要求完成图像制作,将结果以 photo. jpg 为文件名另存在 C:\KS 文件夹中。结果保存时请注意文件位置、文件名及 JPEG 格式。

(1) 将 pic2. jpg 中手托水滴场景合成到 pic1. jpg 中,调整大小和位置,并将其水平翻转。

(2) 输入文字"保护水资源 从我做起":华文琥珀、60 点、颜色(#ff0000),并添加斜面和浮雕、大小为 3 像素的白色(#ffffff)外部描边效果。

(3) 背景图层应用胶片颗粒滤镜效果(滤镜库)。

3.6 人工智能基础

1. 简答题(AIGC 应用设计)

打开图像文件 C:\素材\AIGC 图像. JPG,该图像由大模型依据特定提示词生成。请你根据图像的视觉风格与具体内容,重新拟定相应的提示词,并将提示词写在 C:\KS\JDT. TXT 中。

2. 人工智能算法理解(KNN)

假设有一个商品喜好预测系统,根据用户年龄和月消费水平(高/中/低)预测其喜欢的产品类型(科技产品或生活用品)。系统使用了不同年龄、不同消费水平的用户喜欢的产品类型的数据集,部分数据如下表所示:

用户 ID	年 龄	月消费水平	喜欢的产品类型
1	25	低(1)	生活用品(0)
2	30	中(2)	生活用品(0)
3	45	高(3)	科技产品(1)
4	28	中(2)	科技产品(1)
5	35	高(3)	科技产品(1)
6	45	中(2)	生活用品(0)
7	32	高(3)	科技产品(1)
8	50	低(1)	生活用品(0)

系统使用 KNN 算法(K=4),应该向一位年龄 35 岁、月消费水平为"高"的用户推荐哪种产品类型。请对以下项目排序。

(1)选取距离最小的 4 个样本。

(2)输入新用户信息(年龄:35,消费水平:高)。

(3)统计 4 个近邻中喜欢的产品类型,按多数原则推荐。

(4)距离从小到大排序。

(5)计算新用户与每个样本的欧氏距离。

(6)输出推荐结果。

从(1)-(6)中选择合适的项目,并排序(请输入数字):________________

模拟试题 4

4.1 文件管理

1）在 C:\KS 中新建文件夹 AA，在 AA 中新建 AB 文件夹；在 AA 文件夹中新建“sh.txt”文本文档，输入内容“上海书展，书香中国”。

2）新建名为“上海书展”的快捷方式，指向“http://www.shbookfair.cn”，设置运行方式为“最大化”。

4.2 数据处理

1. 电子表格处理

打开 C:\KS\Excel.xlsx 文件，按要求对各工作表进行编辑处理，将结果以原文件名保存在 C:\KS 文件夹中（计算必须用公式，否则不计分）。

（1）在 Sheet1 中，设置 A1:F1 区域“合并后居中”；利用函数，在 F3:F14 中计算每个商品的销售金额，将计算结果保留 1 位小数；为 A2:F14 区域添加“所有框线”。

（2）在 Sheet1 中，利用条件格式，将销售数量超过平均值的数据设置为绿填充色深绿色文本；复制 A2:F14 区域的数据，以值的形式粘贴在 Sheet2 的 A1:F13 区域。

（3）在 Sheet2 中筛选出花生的销售数据。利用每个销售员的花生销售金额数据，在 A15:F27 区域创建簇状柱形图，图表标题为“花生销售金额”。

2. 文字信息处理

打开 C:\KS\Word.docx 文件，参照样张，按要求进行编辑和排版，将结果以原文件名保存在 C:\KS 文件夹中。

（1）设置标题为第 2 行第 2 列的艺术字，环绕文字为“上下型环绕”，水平居中对齐。设置正文所有段落首行缩进 2 字符、行距为固定值 16 磅。将“基本信息”“主要活动”“特色亮点”“其他信息”4 个段落添加编号“一、二、三、四、”。

（2）在文中适当位置插入图片“shsz.jpg”，图片样式为“柔化边缘椭圆”，环绕文字为“四周型”：为“特色亮点”部分内容添加“蓝色，个性色 5，淡色 80%”的底纹。

3. 演示文稿处理

打开 C:\KS\PPT.pptx 文件，请按要求进行编辑和排版，将结果以原文件名保存在 C:\KS 文件夹中。

(1) 将所有幻灯片的主题设置为“环保”;在第 2 张幻灯片的下方空白处插入“动作按钮:获取信息”,单击鼠标时超链接到 URL:http://www. shbookfair. cn。

(2) 设置所有幻灯片的切换方式为“华丽”类别中的“门”。设置第 2 张幻灯片中图片的动画效果为“进入”类别中的“浮入”,效果选项为“下浮”。

4.3 网络应用基础

1)打开 C:\素材\网页. html,将该网页以 PDF 格式保存在 C:\KS 文件夹中,文件名为 WY. pdf。

2)利用命令测试本机 TCP/IP 是否正常,回送地址为 127. 0. 0. 1,将反馈信息复制粘贴到 C:\KS\connect. txt 文件内。

4.4 网页制作

利用 C:\KS\wy 文件夹下的素材(图片素材在 wy\images 文件夹下),按以下要求制作或编辑网页,结果原名保存在原文件夹下。

(1) 打开主页 index. html,设置网页标题为“上海书展”,网页背景图片为 bj. jpg。设置表格属性:单元格边距、间距均为 5,边框为 0;将表格第 1 行合并单元格,背景颜色(#0000FF)。

(2) 将第 1 行文字“上海书展介绍”设置为微软雅黑、颜色(#FFFFFF)、36px,内容居中对齐。在表格第 2 行第 2 列,插入图像 shsz. jpg,调整图片大小为 200px×300px(宽×高)。表格第 2 行中的“更多详情...”设置超链接到网站 http://www. shbookfair. cn,并在新窗口中打开。

(3) 按样张在第 3 行的表单中,插入 1 个名为 radio 的单选按钮组,标签分别为“是”和“否”,其中“是”为默认选项,并添加“提交”和“重置”按钮。在表格第 4 行“版权所有”上方插入水平线,宽度 900 像素,并在文字“版权所有”后面插入版权符号,单元格内容水平居中对齐。

(注意:样张仅供参考,相关设置按题目要求完成即可。由于显示器分辨率或窗口大小及浏览器的不同,做出的结果可能与样张图片存在差异。)

4.5 图像处理

使用“C:\素材”文件夹中的资源,参考样张(“样张”文字除外),利用选择、变换、滤镜、图层操作、图层样式、图层混合模式、文字等,按要求完成图像制作,将结果以 photo. jpg 为文件名另存在 C:\KS 文件夹中。结果保存时请注意文件位置、文件名及 JPEG 格式。

(1) 将 pic2. jpg 中的书本合成到 pic1. jpg 中,调整大小和位置。

(2) 输入文字“我爱阅读”:方正舒体、60 点;添加 3 像素颜色为“#6699ff”、不透明度 80%的外部描边,并制作透明文字效果。

(3) 对背景图层应用添加杂色(10%、平均分布)的滤镜效果。

4.6 人工智能基础

1. 简答题(AIGC应用设计)

假设你需要完成一份关于“校园共享自习室预约平台运营优化方案”的调研报告。请设计一个包含两轮对话的交互方案,以高效地利用 AIGC 工具完成此项任务。要求:

(1)写出这两轮对话中打算提交给 AIGC 工具的提示词。

(2)简要说明设计第二轮提示词的意图。

(3)在文心一言、腾讯混元、DeepSeek、Kimi、讯飞星火、豆包 6 款语言与智能 AIGC 引擎中选择一款,并说明选择理由。

2. 人工智能算法理解(KNN)

假设你正在开发一个简单的电影推荐系统,需要根据用户的年龄和观影时长向用户推荐合适的电影类型(仅有喜剧片或剧情片两种类型)。系统使用了不同年龄、观影时长和喜欢的电影类型(喜剧片或剧情片)的数据集,部分数据如下表所示:

用户 ID	年龄	每周观影时长(小时)	喜欢的电影类型
1208 喜剧片(0)			
2353 剧情片(1)			
3227 喜剧片(0)			
4402 剧情片(1)			
5266 喜剧片(0)			
6304 喜剧片(0)			
7451 剧情片(1)			

请描述利用 KNN 算法(K=3)时,应该向一位年龄为 28 岁、每周观影时长 5 小时的用户推荐哪种电影类型的算法流程。从以下项目中选择合适的项目,并排序。

(1)选取排序后距离最小的 3 个样本。

(2)输入新用户的信息(年龄:28,每周观影时长:5)。

(3)输入一位已有的用户信息(年龄:20,每周观影时长:8)。

(4)统计 3 个近邻样本中喜欢的电影类型。根据“少数服从多数”的原则,数量占优的电影类型即为推荐结果。

(5)统计与决策:统计 3 个近邻样本中最不占优势的电影类型作为推荐结果。

(6)计算新样本与数据集中每一个已知样本的欧式距离。

(7)输出最终的推荐结果。

(8)选取排序后距离最远的 3 个样本。

(9)将所有计算出的距离按从小到大的顺序进行排序。

(10)将所有计算出的距离按从大到小的顺序进行排序。

从(1)-(10)中选择合适的项目,并排序(请输入数字):______________________

模拟试题 5

5.1 文件管理

1）在 C:\KS 文件夹中新建 2 个文件夹：TA、TB；在 C:\KS 文件夹中新建一个文本文件 AI.txt，其内容为“人工智能”。

2）解压 C:\素材 文件夹中压缩文档 tu.rar 内的文本文件 YJ.txt 到 C:\KS 中，并设置其属性为只读；在 C:\KS 中创建一个名为 GAME 的快捷方式，该快捷方式指向网址“http://www.baidu.com/”，并指定快捷键为 Ctrl+Alt+R。

5.2 数据处理

1. 电子表格处理

打开 C:\KS\Excel.xlsx 文件，按要求对各工作表进行编辑处理，将结果以原文件名保存在 C:\KS 文件夹中（计算必须用公式，否则不计分）。

（1）设置 A1 单元格字体为：“微软雅黑，20”；将 A1:N1 区域设置为合并居中，修改其填充图案颜色：浅绿，图案样式：“细 水平 剖面线”。

（2）设置 A2:N32 区域的内容为居中对齐、自动调整列宽；对班级按照“甲班、乙班、丙班”自定义排序，然后按照“班级”进行分类汇总，汇总方式：求和，汇总项：考试课。

（3）按照样张所示，在 L5:S21 区域利用甲班的考试课成绩，生成一张“三维簇状柱形图”，添加图表标题“甲班考试课成绩统计表”，按样张对图表区填充“粉色面巾纸”纹理。

2. 文字信息处理

打开 C:\KS\Word.docx 文件，参照样张，按要求进行编辑和排版，将结果以原文件名保存在 C:\KS 文件夹中。

（1）按样张将文档中除标题段落外的所有段落首行缩进两个字符；为第一段标题设置标题 1 样式，居中；为正文第二段设置首字下沉 2 行，并将该字突出显示：红色。

（2）按样张插入图片“建党 100 周年.jpg”，设置图文混排；图片大小为原来的 18%；添加“红色、3 磅、双线型”外框线。按样张，在文末插入一个心形自选形状，形状样式为“强烈效果-红色，强调颜色 2”，高 3.8 厘米，宽 4 厘米；添加文字“爱我中华”，设置字体格式为：方正姚体、四号、加粗、白色。

3. 演示文稿处理

打开 C:\KS\PPT.pptx 文件，请按要求进行编辑和排版，将结果以原文件名保存在 C:\KS 文件夹中。

(1) 将所有幻灯片背景填充纹理设为“花束”;将第一张幻灯片的标题占位符的背景色改为“标准色-橙色”。在第二张幻灯片右下角插入素材中的“学习四史.jpg”图片,大小改为原来的50%;将该图片超链接到第三张幻灯片。

(2) 第三张幻灯片的标题添加“弹跳”进入动画。为所有幻灯片添加自动更新的“年/月/日”,幻灯片编号以及页脚“庆祝建党100周年!”;设置所有幻灯片的切换方式为“涟漪”,3秒钟自动切换。

5.3 网络应用基础

1) 打开C:\素材\网页.html,将该网页以PDF格式保存在C:\KS文件夹中,文件名为WY.pdf。

2) 利用命令查找本机Windows IP配置,复制主机名、主DNS后缀、节点类型、IP路由已启用、WINS代理已启用的信息,粘贴到C:\KS\IP.txt文件内,每个信息独占一行。

5.4 网页制作

利用C:\KS\wy文件夹下的素材(图片素材在wy\images文件夹下),按以下要求制作或编辑网页,结果原名保存在原文件夹下。

(1) 打开主页index.html,设置网页标题为“水果世界”;设置网页背景图片为bg.jpg;设置表格属性:居中对齐、边框线宽度、单元格填充和单元格间距都设置为0。

(2) 按样张,合并第1行第1、2列单元格,设置“水果世界”的文字格式为:华文隶书,大小36px,颜色为“#CC6699”;合并第2行第1、2列单元格,单元格背景颜色为“#FFFF00”,插入居中水平线,宽度为80%,高度5像素,水平线颜色为“#00FF00”。

(3) 按样张,分别在第4、6行第2列插入图片shuiguo1.jpg和shuiguo2.jpg,均设置图片大小为300像素×200像素;设置第5行文字“榴莲”超链接到ll.html,并能打开。按样张,在表格最后一行添加表单及相关内容,“用户名”文本域(类型为单行)、“密码”文本域(类型为密码),字符宽度都为15字符。并在下面添加两个按钮,分别为“提交”和“重置”。所有内容均居中对齐。

(注意:样张仅供参考,相关设置按题目要求完成即可。由于显示器分辨率或窗口大小及浏览器的不同,做出的结果可能与样张图片存在差异。)

5.5 图像处理

使用“C:\素材”文件夹中的资源,参考样张(“样张”文字除外),利用选择、变换、滤镜、图层操作、图层样式、图层混合模式、文字等,按要求完成图像制作,将结果以photo.jpg为文件名另存在C:\KS文件夹中。结果保存时请注意文件位置、文件名及JPEG格式。

(1) 为 pic1. jpg 图像添加“镜头光晕”的滤镜效果,镜头类型为“105 毫米聚焦(L)”。

(2) 将 pic2. jpg 中的熊合成到 pic1. jpg 中,适当调整大小、方向和位置。为北极熊添加“大小”为 25 像素外发光的图层样式。

(3) 输入文字“爱护环境”,字体为华文行楷、100 点、绿色。文字变形:水平下弧、弯曲+80%,黄色描边。

5.6 人工智能基础

1. 简答题(AIGC 应用设计)

假设你正在利用 AIGC 工具辅助完成一份关于“人工智能在教育领域的应用现状与挑战”的调研报告。请设计一个包含两轮对话的交互方案,完成资料搜集与观点深化。要求:

(1)写出这两轮对话中的提示词,并简要说明第二轮提示词的设计意图。

(2)设计应体现以下过程:第一轮:获取一份基础的、结构化的信息清单。第二轮:基于第一轮的某个结果,提出一个更深入、更具体的追问,以深化你的调研。

2. 人工智能算法理解(KNN)

假设你正在开发一个简单的“大学生实习岗位推荐系统”,需要根据用户的专业匹配度(1-10 分)和实践经历时长(月),向用户推荐合适的实习岗位类型(仅有技术岗或运营岗两种类型)。系统使用了不同专业匹配度、实践经历时长和适配的实习岗位类型(技术岗或运营岗)的数据集,部分数据如下表所示:

用户 ID	专业匹配度(分)	实践经历时长(月)	适配的实习岗位类型
1	8	12	技术岗(0)
2	5	8	运营岗(1)
3	9	10	技术岗(0)
4	4	6	运营岗(1)
5	7	15	技术岗(0)
6	6	9	运营岗(1)
7	3	7	运营岗(1)

请描述利用 KNN 算法(K=3)时,应该向一位专业匹配度为 7 分、实践经历时长为 11 个月的用户推荐哪种实习岗位类型的算法流程。请从以下项目中选择合适的项目,并排序。

(1)选取排序后距离最小的 3 个样本。

(2)输入新用户的信息(专业匹配度:7,实践经历时长:11)。

(3)输出最终的推荐结果。

(4)计算新样本与数据集中每一个已知样本的欧式距离。

(5)选取排序后距离最远的 3 个样本。

(6)统计 3 个近邻样本中适配的实习岗位类型。根据“少数服从多数”的原则,数量占优的实习岗位类型即为推荐结果。

(7)将所有计算出的距离按从小到大的顺序进行排序。

从(1)-(7)中选择合适的项目,并排序(请输入数字)________________

模拟试题 6

6.1 文件管理

1）在 C:\KS 中新建文件夹 STUDY，在文件夹 STUDY 中新建子文件夹 TEST。在 C:\KS 文件夹中创建文本文件 MOTTO.txt，在该文档中输入文字“只要功夫深，铁杵磨成针！”并保存。将 C:\素材\LIB.zip 压缩包中的文件解压缩至 C:\KS\STUDY 文件夹中，将 math.jpg 文件复制到 C:\KS，并将复制后的图片文件重命名为 A.jpg。

2）在 C:\KS 文件夹中创建一个名为“学习资料”的快捷方式，指向 C:\素材\LIB.zip，将其运行方式设置为“最大化”，快捷键为 Ctrl+Shift+C。

6.2 数据处理

1. 电子表格处理

打开 C:\KS\ExcelJ.xlsx 文件，按要求对各工作表进行编辑处理，将结果以原文件名保存在 C:\KS 文件夹中（计算必须用公式或函数，否则不计分）。

（1）在 Sheet1 中，设置 A1:G1 区域“合并后居中”，区域背景填充“水绿色，个性色 5，淡色 80%”主题颜色。

在 G3:G22 区域中计算所有员工总工资（总工资=基本工资+项目工资），利用条件格式，将 G3:G22 区域中总工资“前 10%”的数据设置为“浅绿填充色深绿色文本”。

使用 COUNTIF 函数填入表格 J5:J7 的值，使用 AVERAGEIF 函数填入 K5:K7（保留两位小数）。利用 AVERAGEIFS 函数将 K13:K18 补充完整（不保留小数）。

（2）按样张，根据 Sheet1 工作表 I12:K18 的数据创建“簇状柱形图”，置于 I20:L31 区域，设置图表样式为“样式 7”、添加“数据标签”、设置绘图区格式“渐变填充/预设渐变/浅色渐变-个性色 1”。

（3）在 Sheet2 中，对所有数据按“所属区域”为主要关键字（升序）、“营业额（万元）”为次要关键字（降序）进行排序；对排序后的数据进行高级筛选，在数据清单前插入四行，条件区域设为 A1:F3，在对应字段列输入筛选条件，电影种类：“喜剧片”或“动作片”、营业额排名小于等于 15（在原有区域显示筛选结果）。

2. 文字信息处理

打开 C:\KS\WORDJ.docx 文件，参照样张，按要求进行编辑和排版，将结果以原文件名保存在 C:\KS 文件夹中。

(1) 将正文中所有“水利”替换为“水力”，将文中所有英文字母转换为半角，隐藏文字“【标题】”和“【正文】”，使其在不删除的情况下不被显示；为页面设置 1.5 磅、主题颜色“蓝色，个性色 1，深色 25%”的方框型页面边框。

设置“关于水力发电”为“标题 1”样式，二号、华文彩云、文字间距加宽 2.2 磅，将文本效果设置为文本轮廓中的实线、颜色为“蓝色，个性色 1，深色 50%”、宽度 1.5 磅、连接类型为“圆角”，设置“橄榄色，个性色 3，淡色 80%”底纹。

设置正文“水力发电……明显增加。”为黑体，段后间距 0.5 行；设置正文第一段“水力发电……”首字下沉 2 行(距正文 0.2 厘米)；将正文第二段“世界上……”转换为简体；为正文一、二段设置首行缩进 2 字符。

(2) 设置页边距左、右均为 3 厘米，在页面底端插入“带状物”样式页码，设置页码格式为“Ⅰ，Ⅱ，Ⅲ，…”，起始页码为Ⅲ，页脚底端距离 3 厘米。

在正文二、三段之间插入图片 slfd.jpg(见 C:\KS\素材)，环绕文字为“上下型环绕”，位置的水平对齐方式为居中(相对于页面)。

为正文最后三段设置[1]，[2]，[3]，…样式的编号，段落缩进特殊格式为(无)。参照样张为“物理方面”、“生物方面”和“物理化学性质方面”设置黄色突出显示。

3. 演示文稿处理

打开 C:\KS\PPTJ. pptx 文件，按要求进行编辑和排版，将结果以原文件名保存在 C:\KS 文件夹中。

(1) 在第一张幻灯片前插入 1 张新幻灯片，在最后一张幻灯片后插入 1 张新幻灯片，为整个演示文稿应用“回顾”主题，变体为“蓝色暖调”，放映方式为“观众自行浏览”；设置所有幻灯片大小为“自定义：宽度 31 厘米，高度 21 厘米”，确保适合。

设置第一张幻灯片版式为“标题幻灯片”，主标题为“世界人工智能大会”。副标题为“WAIC”，主标题设置为 88 磅字，副标题设置为微软雅黑、48 磅。

设置第二张幻灯片版式为“两栏内容”，在右侧区域插入图片 pic1. JPG(见 C:\KS\素材)，调整图片大小为高度 9 厘米、宽度 10.5 厘米，水平位置 17 厘米，从左上角、垂直位置 5.5 厘米，从左上角。

设置第三张幻灯片正文部分动画为“进入/浮入”，方向为“上浮”，序列为“按段落”，开始为“上一动画之后”。

(2) 设置第四张幻灯片版式为“标题和内容”，标题文字为“历届主题”，下方内容区插入一个 8 行 2 列的表格，表格第一行分别填入“年份”和“主题”，根据 SC. docx(见 C:\KS\素材)将表格其余内容补充完整。

调整表格样式为“中度样式 2-强调 2”，设置单元格内容水平居中、垂直居中，表格行高为 1.2 厘米，列宽分别为 14 厘米、16 厘米。表格第二行至第八行文字设置为微软雅黑、14 磅。

设置全体幻灯片切换方式为“切换”，效果选项“向左”，持续时间 2 秒。

6.3 网络应用基础

1）打开 C:\素材\网页 J. html 文件,将该网页以 PDF 格式保存在 C:\KS 文件夹中,文件名为 WEB. pdf。

2）在 C:\KS 文件夹中创建 NET. txt 文件,打开命令提示符,使用 ipconfig 命令查看网络信息,将当前计算机的 IP 配置、任一以太网适配器的物理地址、DHCP 是否已启用、自动配置是否已启用的信息粘贴在内。并使用 ping 命令测试本机网络连通情况,将命令及结果窗口截图以 PNG 格式保存在 C:\KS 文件夹中,文件名为 TEST. png。

6.4 网页制作

利用 C:\KS\WYJ 文件夹下的素材(图片素材在 WYJ\images 文件夹下),参照样张,按要求编辑网页,结果保存在原文件夹下。

(1) 打开主页 index. html,设置网页标题为“上海科技馆”,页面字体为华文新魏,网页背景颜色为#D9FBFF,网页超链接颜色为#82009D;表格居中对齐,宽度 79%,单元格边距、间距和边框粗细均为 3。

(2) 设置表格第 1 行单元格内文字水平居中对齐,24px,颜色为#2C7FFF。在表格第 2 行第 1 列插入鼠标经过图像,原始图像为 pic1. jpg,鼠标经过图像为 pic2. jpg,大小为 300×200px(宽×高);在表格第 2 行第 2 列第 2 段正文开头插入 8 个不换行空格。

(3) 表格第 3 行第 1 列中文字“特色影院”设置超链接到 images/pic3. jpg,并在新窗口中打开;参照样张对表格第 3 行中的相应文字添加编号列表;在第 3 行第 2 列的表单中插入 1 个单选按钮组,标签分别为“是”和“否”,默认选项为“是”;插入 1 个选择列表,项目标签分别为“巨幕影院”、“四维影院”、“球幕影院”、“太空影院”;插入一个 3 行 33 列的文本区域;在“提交”按钮后添加“重置”按钮;在文字“版权所有”前面插入储存时自动更新的日期,日期格式为“X 年/X 月/X 日”;在文字“版权所有”后面插入版权符号。

(注意:样张仅供参考,相关设置按题目要求完成即可。由于显示器分辨率或窗口大小及浏览器的不同,做出的结果可能与样张图片存在差异。)

6.5 图像处理

使用“C:\素材”文件夹中的资源,参照样张(除“样张”文字外),按要求完成图像制作,将结果以 photo. jpg 为文件名另存在 C:\KS 文件夹中。结果保存时请注意文件路径、文件名及 JPEG 格式。

(1) 将 ps2. png 中的小狗合成到 ps1. jpg 的中间偏下位置,按原始比例调整大小,并进行水平翻转;设置图层样式为光泽,混合模式为柔光,颜色#4b3104,不透明度 79%。

(2) 为“小狗”所在图层设置“干画笔”的艺术效果(滤镜/滤镜库),0 画笔大小、10 画笔细节,1 纹理。

(3) 输入文字“共度美好时光”:华文隶书 Regular、36 点、平滑效果、字符间距 50,添加 3 像素外部描边,填充类型为渐变、“橙,黄,橙渐变”、对称的样式、角度 33°,并制作透明文字效果。

6.6 人工智能基础

1. 简答题(AIGC 应用设计)

打开图像文件 C:\素材\AIGC 图像. JPG,该图像是由大模型依据特定提示词生成,请你根据该图像所呈现的具体内容,从画面风格、人物特征、动作细节、环境场景等方面重新拟定相应的提示词,并将提示词写在 C:\KS\JDT. TXT 中。

2. 人工智能算法理解(KNN)

假设你正在开发一个“健康运动推荐系统”,需要根据用户的年龄和日常活力值(1-10 分)向用户推荐合适的运动类型(有氧类或力量类)。系统使用了不同用户的数据集,部分数据如下表所示:

用户 ID	年 龄	活力值	喜欢的运动类型
1	25	9	有氧类(0)
2	40	6	力量类(1)
3	18	8	有氧类(0)
4	50	5	力量类(1)
5	30	7	有氧类(0)
6	35	6	力量类(1)
7	55	4	力量类(1)

请描述利用 KNN 算法(K=3)时,应该向一位年龄为 28 岁、活力值为 7 的用户推荐哪种运动类型的算法流程。请从以下项目中选择合适的项目并排序。

A. 输入一位已有的用户信息(年龄:18,活力值:8)。

B. 输入新用户的信息(年龄:28,活力值:7)。

C. 输出最终的推荐结果。

D. 统计 3 个近邻样本中喜欢的运动类型。根据“少数服从多数”的原则,数量占优的运动类型即为推荐结果。

E. 统计与决策:统计 3 个近邻样本中最不占优势的运动类型作为推荐结果。

F. 计算新样本与数据集中每一个已知样本的欧式距离。

G. 选取排序后距离最近的 3 个样本。

H. 选取排序后距离最远的 3 个样本。

I. 将所有计算出的距离按从小到大的顺序进行排序。

已知步骤 3 是 I,按顺序补全内容(请输入字母):____I__________

模拟试题 7

7.1 文件管理

1）在 C:\KS 中新建文件夹 LIFE，在文件夹 LIFE 中创建文件夹 HOPE。打开 C:\素材文件夹下的文本文件 SG.txt，把文件内容中的文字"jiran"全部替换为"既然"。将修改后的文本文件 SG.txt 移动至 C:\KS\LIFE\HOPE，并设置 SG.txt 的文件属性为"只读"。

2）在 C:\KS 文件夹中创建名为"热爱生命"的快捷方式，指向 C:\KS\ LIFE\HOPE\SG.txt，设置其运行方式为"最大化"，快捷键为<Ctrl>+<Shift>+<A>。

7.2 数据处理

1. 电子表格处理

打开 C:\KS\ExcelJ.xlsx 文件，请按要求对各工作表进行编辑处理，将结果以原文件名保存在 C:\KS 文件夹中（计算必须用公式或函数，否则不计分）。

（1）在 Sheet1 中，设置主标题在 A1:E1 区域"跨列居中"，标题字体格式为黑体、20 磅、加粗、蓝色（标准色）。使用填充柄将 A6:A34 的数据填充完整。

利用公式，按比例计算 F3:F34 的总成绩（保留 1 位小数），利用条件格式，对总成绩列"低于平均值"的数据设置为"浅红填充色深红色文本"。

使用 RANK.EQ 函数计算每个学生总成绩在所有学生总成绩中的排名（降序排列）置于 G3:G34，使用 AVERAGEIF 函数补充 I3:L5 区域的平均成绩。

（2）按样张，对 Sheet1 的 H2:L5 数据区域建立"带数据标记的折线图"，置于 H8:L21 区域，设置图表标题为"C 程序设计期末成绩统计图"，布局 5，样式 11，设置图表区格式为"蓝色面巾纸"的纹理填充。

（3）在 Sheet2 中，对工作表内数据清单内容按主要关键字"图书类别"升序和次要关键字"借阅册数"升序进行排序；以图书类别为分类字段，对"借阅人数"和"借阅册数"进行分类汇总，汇总方式为"求和"，汇总结果显示在数据下方。

2. 文字信息处理

打开 C:\KS\WORDJ.docx 文件，参照样张，按要求进行编辑和排版，将结果以原文件名保存在 C:\KS 文件夹中。

（1）设置纸张大小为宽度 27 厘米、高度 33 厘米。将标题段文字“你了解松鼠吗?”设置为二号、黑体、加粗、居中，字符宽度调整为 9 字符，文本渐变填充效果设置为“预设渐变/径向渐变-个性色 6、方向/从中心”。

为三个小标题“动物学史”、“形态特征”、“生活习性”应用“标题 4”样式，其余正文段落设置为四号华文楷体，首行缩进 2 字符，段前段后间距 0.5 行。

为正文第一段“松鼠科物种……南美热带倭松鼠。”设置首字下沉 2 行，居正文 0.2 厘米。

为小标题“形态特征”中的第 2、3、4 段（即“树栖种类体较细长……被有长毛。”）添加❖样式的项目符号（Wingdings 字体集），项目符号颜色为主题颜色“橙色，个性色 6，深色 25%”。

为小标题“生活习性”的正文部分（即“松鼠每日开始活动……贮藏于树枝上。”）设置等宽两栏，栏宽 19 字符，栏间添加分隔线。

（2）为页面添加 pic1.jpg 的图片水印（见 C:\KS\素材文件夹），去除冲蚀效果，修改图片水印大小为高 23 厘米、宽 33 厘米，位置的垂直对齐方式为相对于页面的下对齐。

设置页面颜色的填充效果为“图案/点线 20%”，前景颜色为主题颜色“橙色，个性色 6”。

3. 演示文稿处理

打开 C:\KS\PPTJ.pptx 文件，按要求进行编辑和排版，将结果以原文件名保存在 C:\KS 文件夹中。

（1）在第一张幻灯片前插入 1 张新幻灯片，为整个演示文稿应用“回顾”主题，设置幻灯片大小为全屏显示（16:9），确保适合。幻灯片放映方式为观众自行浏览、放映时不加旁白、禁用硬件图形加速。

设置第一张幻灯片版式为“标题幻灯片”，主标题为“巧克力”、华文琥珀、字体颜色为 RGB（89,43,23），副标题为“chocolate”、36 磅。

在第二、三张幻灯片右侧区域依次插入图片 ppt1.jpg、ppt2.jpg（见 C:\KS\素材），统一调整图片大小为高度 8 厘米、宽度 11 厘米，水平位置 11.5 厘米，从左上角、垂直位置 3 厘米，从左上角。设置第二张幻灯片图片的艺术效果为“纹理化”、透明度 79%，设置第三张幻灯片图片发光效果为“预设/发光:5 磅，金色，主题色 6”。

（2）设置第四张幻灯片正文部分动画为“进入/淡化”，序列为“按段落”，开始为“上一动画之后”，标题动画为“强调/彩色脉冲”，动画顺序为先标题后文本。

在第五张幻灯片文本区域添加样式为“水平项目符号列表”的 SmartArt 图形，更改颜色为“彩色范围-个性色 5 至 6”、样式为“优雅”，将 choc.txt（见 C:\KS\素材）的文本填入 SmartArt 图形并依据内容调整格式。

调整表格样式为“中度样式 2-强调 2”，设置单元格内容水平居中、垂直居中，表格行高为 1.2 厘米，列宽分别为 14 厘米、16 厘米。表格第二行至第八行文字设置为微软雅黑、14 磅。

设置全体幻灯片切换方式为“时钟”，效果选项“逆时针”，自动换片时间为 2 秒。

7.3 网络应用基础

1）打开 C:\素材\网页 J.html 文件，将该网页以 PDF 格式保存在 C:\KS 文件夹中，文件名为

YM. pdf。

2）在 C:\KS 文件夹中创建文本文件 IP. txt，使用网络命令查看本机的网络信息，将使用的命令、媒体状态、连接特定的 DNS 后缀、物理地址、自动配置是否已启用、DHCP 是否已启用信息粘贴在内，每个信息独占一行；使用网络命令测试本机与某主机（IP 地址：192. 168. 6. 13）的连接是否正常，将使用的命令、反馈信息的窗口截图以 JPG 格式保存到 C:\KS 文件夹中，文件名为 CS. jpg。

7.4 网页制作

利用 C:\KS\WYJ 文件夹下的素材（图片素材在 WYJ\images 文件夹下），参照样张，按要求编辑网页，结果保存在原文件夹下。

（1）打开主页 index. html，设置网页标题为“上海世博展览馆”，网页背景图像为 pic. JPG，重复为 repeat，超链接颜色（#036100）；设置表格属性：居中对齐，宽度 73%，边距和间距均为 0，边框为 3。

（2）合并第 1 行所有单元格，设置表格第 1 行、第 3 行单元格背景颜色（#FFD2D2），设置表格第 1 行单元格水平居中对齐，单元格内文字：华文琥珀、24px、颜色#FF4F6A；在表格第 2 行第 1 列插入鼠标经过图像，原始图像为 pic1. jpg，鼠标经过图像为 pic2. jpg，调整图像大小为 300×200px（宽×高），设置空链接“#”；在表格第 2 行第 1 列正文开头输入 8 个半角空格，文字“上海市人民政府”设置超链接到 https://www. shanghai. gov. cn，并在新窗口中打开。

（3）按样张将第 4 行中的文字分为 4 段，设置项目列表；在“您是否期待日后举办的大型展览会：”后插入单选按钮组“是”和“否”；在“请简单说说您的建议：”后方插入一个添加 2 行 28 列的文本区域；参照样张在相应位置添加“提交”和“重置”按钮，将“重置”按钮文字显示为“清空”；将“联系我们”链接到 Admin@ 163. com 邮箱。

（注意：样张仅供参考，相关设置按题目要求完成即可。由于显示器分辨率或窗口大小及浏览器的不同，做出的结果可能与样张图片存在差异。）

7.5 图像处理

使用“C:\素材”文件夹中的资源，参照样张（除“样张”文字外），按要求完成图像制作，将结果以 photo. jpg 为文件名另存在 C:\KS 文件夹中。结果保存时请注意文件路径、文件名及 JPEG 格式。

（1）将 pic2. jpg 素材（带白色背景）移动至 pic1. jpg 中，参照样张调整其大小和位置，图层混合模式修改为线性加深。将 pic3. jpg 素材（去除白色背景）合成至 pic1. jpg，调整大小和位置，将图像的色相/饱和度设置为自定：色相+7、饱和度+70、明度+7。

（2）输入文字“中秋团圆”：华文琥珀 Regular、36 点、浑厚、字符间距 77、字体颜色#875417，设置其混合选项为斜面和浮雕中的“纹理”，图案为灰色花岗岩花纹纸、深度+10%，并设置文字填充为 79%。

(3) 参照样张,对背景图层的边框设置"海绵"的艺术效果(滤镜库),画笔大小:7、清晰度:6、平滑度:13。

7.6 人工智能基础

1. 简答题(AIGC 应用设计)

假设你正在利用 AIGC 工具,辅助完成一份关于"组织开展南湖'红船精神'思政主题实践研修活动"的通知草拟与方案优化工作。请设计一个包含两轮对话的交互方案,以高效地完成活动设计与内容深化。要求:

(1)写出这两轮对话中打算提交的提示词,并简要说明第二轮提示词的设计意图。

(2)设计应体现以下过程:

请打开 C:\KS\JDT. TXT,根据文档中的提示,填入相关内容,并按原名保存。

2. 人工智能算法理解(KNN)

假设你正在开发一个"个性化学习模式推荐系统",需要根据学生的自律评分(1-10 分)和团队合作倾向(1-10 分),向学生推荐适合的学习模式(合作式或自主式)。系统使用了不同学生的数据集,部分数据如下表所示:

学生 ID	自律评分	合作倾向	常用的学习模式
1	7	8	合作式(0)
2	9	3	自主式(1)
3	6	7	合作式(0)
4	8	4	自主式(1)
5	5	5	合作式(0)
6	9	2	自主式(1)
7	7	5	自主式(1)

目前,需要向一位自律评分为 7、合作倾向为 6 的学生进行学习模式推荐,经思考,决定采取 KNN 算法进行推算,请将正确答案填入合适位置。

(1)输入新样本(自律评分:________合作倾向:________)。

(2)计算新样本与数据集中每一个已知样本的欧式距离。

(3)选取距离________(最近/最远)的 3 个样本。

(4)根据______________(少数服从多数/一票否决)原则,统计选取样本中适合的学习模式。

(5)统计与决策:经统计,选取的 3 个样本,按照距离从小到大依次是学生 7(自主式)、学生 3(合作式)、学生 1(合作式)。

若 k=1,则结果为______________(自主式/合作式)。

若 k=3,则结果为______________(自主式/合作式)。

模拟试题 8

8.1 文件管理

1）在 C:\KS 文件夹中新建文件夹 KA 和 KB，在 KA 文件夹中创建文本文件 JDZX. txt，在该文档中录入文字“坚定文化自信，弘扬中华文化”。将 C:\素材\HS. zip 文件中的所有文件使用密码 321 解压到 C:\KS\KB 中。将解压得到的 pic. png 文件取消“只读”属性，将解压得到的文本文件 ZX. txt 重命名为 WHZX. txt。

2）在 C:\KS 文件夹中创建名为“背景”的快捷方式，指向 C:\KS\KB\pic. png 文件，同时设置其运行方式为“最大化”，快捷键为<Ctrl>+<Shift>+<B>。

8.2 数据处理

1. 电子表格处理

打开 C:\KS\ExcelJ. xlsx 文件，请按要求对各工作表进行编辑处理，将结果以原文件名保存在 C:\KS 文件夹中（计算必须用公式或函数，否则不计分）。

（1）在 Sheet1 中，设置主标题在 A1:E1 区域“合并后居中”，为标题所在单元格填充“橄榄色，个性色 3，淡色 80%”主题颜色。为 A1:E26 区域设置粗外侧框线。

利用 VLOOKUP 函数，参照 Sheet2 的“产品单价表”，计算 C3:C26 的值，并根据公式“销售额=产品单价×销售数量”计算 E3:E26 的值（注意单位换算，保留小数点后 2 位）。使用 SUMIF 函数对每位销售员的销售额进行汇总，填入 J3:J8（保留小数点后 2 位）；使用 IF 函数，参照 Sheet2 的“绩效等级评定规则”填写 J3:J8 的结果。

（2）按样张，在 Sheet1 中，根据 B2:B26 和 D3:E26 的数据，在 F10:L26 区域创建“组合图”中“簇状柱形图-次坐标轴上的折线图”，布局 3、样式 2，设置图表标题为“产品类别销售统计图”，设置图表区格式，发光效果为 5 磅、蓝色（标准色）、透明度 33%。

（3）按样张，在 Sheet3 中，根据数据清单内容建立数据透视表，置于现有工作表的 I7:N13 单元格区域，“产品编号”为行标签，“季度”为列标签，统计“销售数量（个）”的和，并在数据透视表中筛选出 B8、T7、S5 系列产品，数据透视表样式为“淡紫，数据透视表样式浅色 19”。

2. 文字信息处理

打开 C:\KS\WORDJ. docx 文件，参照样张，按要求进行编辑和排版，将结果以原文件名保存在 C:\KS 文件夹中。

（1）在文章起始位置创建“自动目录 1”样式的目录。设置纸张方向为“横向”，在页面下方添加 30 磅“”样式的艺术型页面边框。插入“空白”型页眉，页眉内容为自动更新的日期和时间，格式为“X 年 X 月 X 日”。

为页面添加内容为“上海国际自然保护周”的文字型水平水印，华文新魏，水印颜色为绿色（标准色）。

在标题“第十届上海国际自然保护周正式启动”左右两侧各插入一个“星与旗帜/星型：五角”的形状，形状填充均为“橄榄色，个性色 3”。

设置“2024 年 10 月 19 日……具体内容详见下表：”的正文段落（不包括三个节标题）首行缩进 2 字符、1.05 倍行距。设置正文第一段中的文字“科技赋能美丽中国，创新引领绿色发展”加粗、并为其添加绿色（标准色）的单波浪式下划线。

为节标题“活动介绍”中的文字“上海国际自然保护周”添加着重号。将节标题“主办单位”中的文字分为等宽三栏，栏宽 10 字符，栏间添加分隔线。

（2）将文中最后 10 行文字转换成一个 10 行 3 列的表格，文字分隔位置为空格。设置表格居中，第一行和第一列单元格内容水平居中，表格行高 0.5 厘米，列宽分别为 1.5 厘米、5 厘米、9 厘米。

按“编号”列依据“数字”类型对表格升序排序。为表格应用“网格表 2-着色 3”样式，设置表格所有框线为主题边框“单实线，1 1/2pt，着色 3”。

3. 演示文稿处理

打开 C:\KS\PPTJ.pptx 文件，按要求进行编辑和排版，将结果以原文件名保存在 C:\KS 文件夹中。

（1）设置幻灯片大小为“全屏显示（16:9）”，幻灯片主题为“平面”。在第一张幻灯片前插入一张空白幻灯片，设置背景格式为“羊皮纸”的纹理填充，插入内置样式为“填充：深绿色，主题色 2；边框：深绿色，主题色 2”的艺术字，文本内容为“营养物质”，设置其形状效果为“映像/映像变体/紧密映像：接触”，文字大小 77 磅，对齐方式为水平居中、垂直居中。

为第二张幻灯片的四行文本内容分别添加超链接至相应页面（如“糖类”超链接到第四张幻灯片，“蛋白质”超链接到第五张幻灯片）。

为第三张幻灯片新增节，将节名称重命名为“分类介绍”。

在第四张幻灯片正文下方空白处插入“动作按钮：结束”，鼠标悬停时超链接到“最后一张幻灯片”。

将第五张幻灯片正文的所有项目符号由▸改为□。

将第六张幻灯片的内容文本转换为“基本维恩图”的 SmartArt 图形，为 SmartArt 图形添加“脉冲”动画，效果选项为“逐个”，开始为“上一动画之后”。

（2）设置第 1、3、5、7 张幻灯片的切换方式为“淡入/淡出”，2、4、6 张幻灯片的切换方式为“显示”。

为全体幻灯片添加自动更新的日期和时间，添加幻灯片编号。

设置幻灯片的放映方式为“观众自行浏览（窗口）”“循环放映，按 ESC 键终止”。隐藏最后一张幻灯片，使其在幻灯片放映时不被显示。

8.3 网络应用基础

1）打开 C:\素材\网页 J. html，将该网页以 PDF 格式保存在 C:\KS 文件夹中，文件名为 NR. pdf；并将文中第二张图片以 JPG 格式保存在 C:\KS 文件夹中，文件名为 TP. jpg。

2）在 C:\KS 文件夹中创建 IP. txt 文件，将当前计算机的以太网适配器 DHCP 是否已启用、IPv4 地址、子网掩码、DNS 服务器的信息粘贴在内，每个信息独占一行。测试本机网络（127. 0. 0. 1）连通情况，将窗口中的命令与结果以截图形式保存至 C:\KS 文件夹，文件名为 LJ. png。

8.4 网页制作

利用 C:\KS\WYJ 文件夹下的素材（图片素材在 WYJ\images 文件夹下），参照样张，按要求编辑网页，结果保存在原文件夹下。

（1）打开主页 index. html，设置网页标题为“3. 21 世界睡眠日”，网页背景颜色为#FFFDE1，链接颜色为#FF9F5A，页面字体为隶书；表格居中对齐，宽度为 79%，单元格边框为 6，边距、间距均为 13。设置表格第 1 行第 2 列单元格内文字格式：36px，颜色#2A0069。

（2）合并表格第 1、2 行的第 1 列，插入图像 pic. jpg，调整图像大小为 200×180px（宽×高），并对图像中的月亮创建矩形热点链接，链接到本地网页 result. html。参照样张，设置表格第 4 行小标题的文字颜色为#610AB0；将表格第 5 行的内容删除，替换为水平线，宽度为 90%，高为 3，取消阴影效果。

（3）在表格最后一行相应位置插入 1 个单选按钮组，选项分别为“存在”“不存在”；添加选择，设置列表值为“0-18 岁”“19-25 岁”“26-35 岁”“36-55 岁”“56 岁以上”；添加 3 行 30 列的文本区域，并设置“提交”和“重置”按钮，将“提交”按钮显示为“发送”；对“与我联系”插入电子邮件链接 Problem@ 126. com，在新窗口中打开；在“版权所有”后方插入版权符号。

（注意：样张仅供参考，相关设置按题目要求完成即可。由于显示器分辨率或窗口大小及浏览器的不同，做出的结果可能与样张图片存在差异。）

8.5 图像处理

使用“C:\素材”文件夹中的资源，参照样张（除“样张”文字外），按要求完成图像制作，将结果以 photo. jpg 为文件名另存在 C:\KS 文件夹中。结果保存时请注意文件路径、文件名及 JPEG 格式。

（1）将 ps2. jpg（带白色背景）合成到 ps1. jpg 相应位置，设置水平翻转，调整大小和位置。为图案所在图层的混合选项设置为正片叠底（混合模式）、不透明度 77%。

（2）输入竖排文字“节约用水”：华文行楷 Regular、18 点、间距 33，添加描边（大小：3 像素，位置：内部，填充类型：橙，黄，橙渐变，样式：迸发状，角度 90 度）的图层样式，图层填充为 0%。输入竖排文字“从我做起”：华文行楷 Regular、18 点、颜色#577d81，添加图层样式：斜面和浮雕/等高线（消除锯齿，范围 70%）。

(3) 参照样张,为背景图层的下方矩形区域设置"海洋波纹"滤镜(滤镜库/扭曲),波纹大小:7,波纹幅度:9。

8.6 人工智能基础

1. 简答题(AIGC 应用设计)

假设你正在参加一个以"绿色低碳"为主题的大学生创新创业大赛,需要完成一份关于"校园新能源汽车充电服务平台可行性与社会价值分析"的研究报告。请设计一个包含两轮对话的交互方案,以高效地利用 AIGC 工具完成此项任务。要求:

(1)写出这两轮对话中你打算提交给 AIGC 工具的提示词。

(2)简要说明你设计第二轮提示词的意图。

(3)必须在文心一言、腾讯混元、DeepSeek、Kimi、讯飞星火、豆包这 6 款语言与智能 AIGC 引擎中选择一款,并说明选择理由。

请打开 C:\KS\JDT. TXT,根据文档中的提示,填入相关内容,并按原名保存。

2. 人工智能算法理解(KNN)

假设你正在开发一个"读物推荐系统",需要根据读者的年龄和阅读专注度(0-10 分)向读者推荐合适的读物类型(励志类或科普类)。系统使用了不同年龄、阅读专注度和订阅的读物类型的数据集,部分数据如下表所示:

读者 ID	年龄	阅读专注度	订阅的读物类型
1	20	8	励志类(0)
2	35	5	科普类(1)
3	16	9	励志类(0)
4	40	4	科普类(1)
5	28	7	励志类(0)
6	32	6	科普类(1)
7	45	3	科普类(1)

请描述利用 KNN 算法(K=3)时,应该向一位年龄为 25 岁、阅读专注度为 7 的读者推荐哪种读物类型的算法流程,根据以下步骤进行排序:

A. 选取排序后距离最小的 3 个样本。

B. 输入新读者的信息(年龄:25,阅读专注度:7)。

C. 统计 3 个近邻样本中喜欢的读物类型。根据"少数服从多数"的原则,数量占优的读物类型即为推荐结果。

D. 计算新样本与数据集中每一个已知样本的欧式距离。

E. 输出最终的推荐结果。

F. 将所有计算出的距离按从小到大的顺序进行排序。

请将步骤 A-F 按照正确的顺序排列:________________

参考文献

[1]张小毅、袁静主编:《数字媒体技术基础》,科学出版社 2021 年版。

[2]邓晓宁、金洪兰主编:《数字媒体技术基础(项目式微课版)》,人民邮电出版社 2022 年版。

[3]刘歆主编:《数字媒体技术基础》,人民邮电出版社 2021 年版。

[4]宗绪锋、韩殿元:《数字媒体技术基础》,清华大学出版社 2018 年版。

[5]敖蕾、张群力:《数字媒体美术基础》,清华大学出版社 2023 年版。

[6]曾祥民主编:《数字媒体技术基础》,电子工业出版社 2016 年版。

[7]上海市教委组编:《数字媒体基础与实践(第 3 版)》,华东师范大学出版社 2022 年版。

[8]严明主编:《数字媒体技术概论(融媒体版)》,清华大学出版社 2023 年版。

[9]张小毅、袁静编:《数字媒体技术基础(微课版)》,科学出版社 2021 年版。

[10]李四达主编:《数字媒体艺术概论(第 4 版)》,清华大学出版社 2020 年版。

[11]詹青龙、肖爱华主编:《数字媒体技术导论(第 2 版)》,清华大学出版社 2023 年版。

[12]张军英主编:《数字媒体技术基础实践指导》,中国铁道出版社 2024 年版。

[13]徐立萍编著:《数字媒体技术与应用》,电子工业出版社 2023 年版。

[14]丁向民主编:《数字媒体技术导论》,清华大学出版社 2021 年版。

[15]教材发展研究所组编:《信息技术拓展模块——数字媒体(修订版)》,高等教育出版社 2023 年版。

[16]张莉主编:《数字媒体设计》,清华大学出版社 2024 年版。